U0246533

中国茶文化丛书

陆羽《茶经》简明读本

程启坤　编著

中国农业出版社

图书在版编目（CIP）数据

陆羽《茶经》简明读本 / 程启坤编著. —北京：中国农业出版社，2017.12（2019.6重印）
（中国茶文化丛书）
ISBN 978-7-109-22841-2

Ⅰ. ①陆… Ⅱ. ①程… Ⅲ. ①茶文化—中国—古代 Ⅳ.①TS971.21

中国版本图书馆CIP数据核字（2017）第070907号

中国农业出版社出版
（北京市朝阳区麦子店街18号楼）
（邮政编码 100125）
责任编辑 姚 佳

北京通州皇家印刷厂印刷 新华书店北京发行所发行
2017年12月第1版 2019年6月北京第3次印刷

开本：700mm×1000mm 1/16 印张：16.75
字数：280千字
定价：48.00元

《中国茶文化丛书》编委会

主　编：姚国坤

副主编：王岳飞　刘勤晋　鲁成银

编　委（以姓氏笔画为序）：

王岳飞　卢湘萍　叶汉钟　朱红缨　任新来

刘勤晋　闫保荣　李远华　李新玲　赵　刚

姚　佳　姚国坤　梅　宇　程启坤　鲁成银

鲍志成　潘　城　魏　然

总序
TOTAL ORDER

茶文化是中国传统文化中的一束奇葩。改革开放以来，随着我国经济的发展，社会生活水平的提高，国内外文化交流的活跃，有着悠久历史的中国茶文化重放异彩。这是中国茶文化的又一次出发。2003年，由中国农业出版社出版的《中国茶文化丛书》可谓应运而生，该丛书出版以来，受到茶文化事业工作者与广大读者的欢迎，并多次重印，为茶文化的研究、普及起到了积极的推动作用，具有较高的社会价值和学术价值。茶文化丰富多彩，博大精深，且能与时俱进。为了适应现代茶文化的快速发展，传承和弘扬中华优秀传统文化，应众多读者的要求，中国农业出版社决定进一步充实、丰富《中国茶文化丛书》，对其进行完善和丰富，力求在广度、深度和精度上有所超越。

茶文化是一种物质与精神双重存在的复合文化，涉及现代茶业经济和贸易制度，各国、各地、各民族的饮茶习俗、品饮历史，以品饮艺术为核心的价值观念、审美情趣和文学艺术，茶与宗教、哲学、美学、社会学，茶学史，茶学教育，茶叶生产及制作过程中的技艺，以及饮茶所涉及到的器物和建筑等。该丛书在已出版图书的基础上，系统梳理，查缺补漏，修订完善，填补空白。内容大体包括：陆羽《茶经》研究、中国近代茶叶贸易、茶叶质量鉴别与消费指南、饮茶健康之道、茶文化庄园、茶文化旅游、茶席艺术、大唐宫廷茶具文化、解读潮州工夫茶等。丛书内容力求既有理论价值，又有实用价值；既追求学术品位，又做到通俗易懂，满足作者多样化需求。

一片小小的茶叶，影响着世界。历史上从中国始发的丝绸之路、瓷器之路，还有茶叶之路，它们都是连接世界的商贸之路、文明之路。正是这种海陆并进、纵横交错的物质与文化交流，牵连起中国与世界的交往与友谊，使茶和咖啡、可可成为世界三大无酒精饮料，茶成为世界消费量仅次于水的第二大饮品。而随之而生的日本茶道、韩国茶礼、英国下午茶、俄罗斯茶俗等的形成与发展，都是接受中华文明的例证。如今,随着时代的变迁、社会的进步、科技的发展，人们对茶的天然、营养、保健和药效功能有了更深更广的了解，茶的利用已进入到保健、食品、旅游、医药、化妆、轻工、服装、饲料等多种行业，使饮茶朝着吃茶、用茶、玩茶等多角度、全方位方向发展。

习近平总书记曾指出：一个国家、一个民族的强盛，总是以文化兴盛为支撑的。没有文明的继承和发展，没有文化的弘扬和繁荣，就没有中国梦的实现。中华民族创造了源远流长的中华文化，也一定能够创造出中华文化新的辉煌。要坚持走中国特色社会主义文化发展道路，弘扬社会主义先进文化，推动社会主义文化大发展大繁荣，不断丰富人民精神世界，增强精神力量，努力建设社会主义文化强国。中华优秀传统文化是习近平总书记十八大以来治国理念的重要来源。中国是茶的故乡，茶文化孕育在中国传统文化的基本精神中，实为中华民族精神的组成部分，是中国传统文化中不可或缺的内容之一，有其厚德载物，和谐美好，仁义礼智，天人协调的特质。可以说，中国文化的基本人文要素都较为完好地保存在茶文化之中。所以，研究茶文化、丰富茶文化，就成为继承和发扬中华传统文化的题中应有之义。

当前，中华文化正面临着对内振兴、发展，对外介绍、交流的双重机遇。相信该丛书的修订出版，必将推动茶文化的传承保护、茶产业的转型升级，提升茶文化特色小镇建设和茶旅游水平；同时对增进世界人民对中国茶及茶文化的了解，发展中国与各国的友好关系，推动“一带一路”建设将会起到积极的作用，有利于扩大中国茶及茶文化在世界的影响力，树立中国茶产业、茶文化的大国和强国风采。

姚国坤

2017年6月

前言
PREFACE

唐代陆羽《茶经》是世界上第一部茶叶专著，是中国茶文化的奠基之作。陆羽《茶经》的问世，是中国茶文化正式形成的标志。

《茶经》问世后，自唐至今在国内外已有近百种版本问世，现存的也很多，如宋代的百川学海本；明代的柯双华竟陵本、程福生刊本、孙大绶刊本、汪士贤刊本、郑熜校刻本、程荣校刻本、喻政茶书本；清代的仪鸿堂刊本、寿椿堂续茶经本、唐人说荟本、地理书抄本、道光天门县志本、四库全书本；民国时期的常乐重刻陆子茶经本、沔阳卢氏慎始基斋影印本、新明重刻陆子茶经本、林荆南茶经白话浅释本、张迅齐茶话与茶经本、黄炖岩中国茶道本等。

《茶经》一书分上、中、下三卷，共十章，七千余字。卷上“一之源”，论述茶的起源、性状、名称、功效以及茶与生态条件的关系；“二之具”，记载采制茶叶的工具；“三之造”，论述茶叶的采摘时间与方法、制茶方法及茶叶的种类和等级。卷中“四之器”，叙述煮茶、饮茶的用具和全国主要瓷窑产品的优劣。卷下“五之煮”，阐述了烤茶和煮茶的方法以及水的品第；“六之饮”，叙述饮茶的历史、茶的种类、饮茶风俗；“七之事”记录古代茶的故事和茶的药效；“八之出”，论述了当时全国著名茶区的分布及其评价；“九之略”，讲采茶、制茶、饮茶的用具，在某些情况下，哪些可以省略，哪些是必备的；“十之图”，指出要将《茶经》写在绢帛上并张挂座前，指导茶的产、制、烹、饮。

陆羽《茶经》，可以说是把唐以前我国劳动人民有关茶业的丰富经验，用客观忠实的科学态度，进行了全面系统地总结。

《茶经》一开篇记述了茶树的起源，为论证茶起源于中国提供了历史资料。《茶经》中关于茶树的植物学特征，描写得形象而又确切。在茶树栽培方面，陆羽特别注意土壤条件和嫩梢性状对茶叶品质的影响，这些结论至今已被科学分析所证实。茶树芽叶是“紫者上，绿者次；笋者上，牙者次；叶卷上，叶舒次。”这种与品质相关性的论述仍有现实意义。

《茶经》论述茶的功效时指出，茶的收敛性能使内脏出血凝结，在热渴、脑疼、目涩或百节不舒时，饮茶四五口，其消除疲劳的作用可抵得上醍醐甘露。

《茶经》“六之饮”中记载了唐朝时除团饼茶外，还有散叶茶、末茶，这对研究中国制茶历史很有帮助。《茶经》的“二之具”“三之造”中，详细地记述了当时采制茶叶必备的各种工具，同时把当时主要茶类——饼茶的采制分为七道工序，将饼茶的质量根据外形光整度分为八等。《茶经》“八之出”中，把唐代茶叶产地分成八大茶区，对其茶叶品质进行了比较，这在当时交通十分不便的情况下，作出这种调查研究的结论是很难得的。

另外，《茶经》还极其广泛地收集了中唐以前关于茶叶文化的历史资料，遍涉群书，博览广采，为后世留下了十分宝贵的茶文化历史遗产。《茶经》“七之事”中，记载了古代茶事47则，援引书目达45种，记载中唐以前的历史人物30多人。把中国饮茶之历史远溯于原始社会，说明中国是发现和利用茶最早的国家。《茶经》援引了《广雅》中关于荆巴间制茶、饮茶的记载，这些都是很难得的史料。

《茶经》内容丰富，按现代科学来划分，包括了植物学、农艺学、生态学、生化学、药理学、水文学、民俗学、训诂学、史学、文学、地理学以及铸造、制陶等多方面的知识，其中并辑录了现已失传的某些珍贵典籍片段。因此，《茶经》真可称为“茶学百科全书”。由于《茶经》总结出了茶叶科学中具有规律性的东西，并使之系统化、理论化，很多内容至今仍具有研究和指导实践的重要价值和意义，所以千百年来一直被国内外茶学界奉为经典巨著。自1 200多年前《茶经》闻世以来，广为传播，至今国内外流传的《茶经》版本有百余种之多。陆羽的丰功永垂青史，《茶经》的芳韵长存。

为了使广大读者读懂并更好地理解陆羽《茶经》，编写了这本《陆羽<茶经>简明读本》，旨在通过对陆羽《茶经》逐字逐句的解释，并提供一个白话文本以及对《茶经》中一系列疑难点进行必要的解析。

陆羽《茶经》归纳了唐代中期以前几乎所有的茶事，重点对唐代茶叶栽培、制造、烹煮、品饮、功效等进行了归纳与总结，这对我们认识唐及唐以前的茶文化有很大的帮助。陆羽《茶经》问世距今已有1 200多年了，唐代中期以来，经过了宋、元、明、清、现代与当代的漫长历史时期，茶产业、茶科技、茶文化都有了显著的进步，发生了一系列的变化。为了使大家能了解这些变化，有必要将茶有关的各个方面的演变与新时代的特点作一些介绍，为此将新时代《新茶经》的有关内容也随之介绍给大家。

相信通过这个简明读本对读者学习与研究中国茶文化会有所帮助。但由于本人知识的局限性，本书难免会有某些错误与偏见之处，望请广大读者批评指正。

目录
CONTENTS

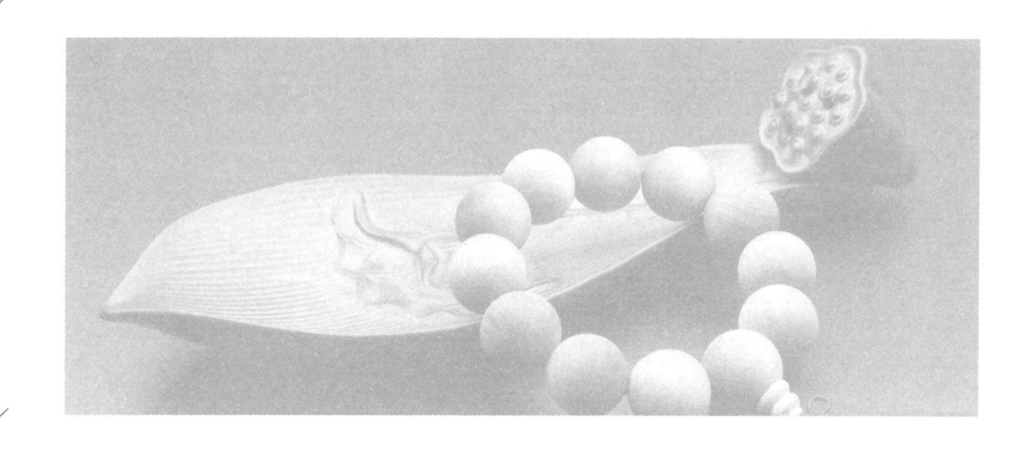

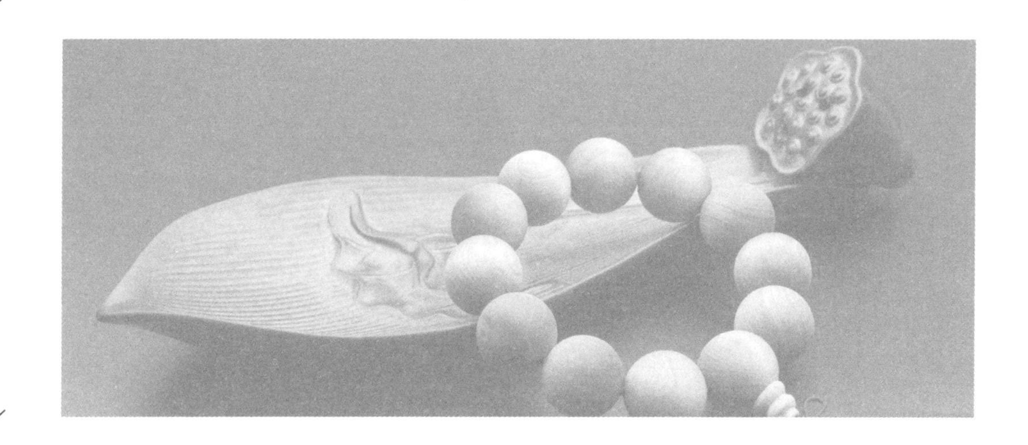

第一部分

陆羽其人

陆羽是中国茶及茶文化发展史上具有划时代意义的人物。其人、其事、其绩，历代多有记载。其所著《茶经》，在中国，乃至世界茶业发展史上是一本千秋不朽之作，虽历经1 200余年，至今仍有现实指导意义。有鉴于此，后人尊陆羽为茶圣，誉陆羽是茶仙，祀陆羽若茶神，长留在人间。

■ 陆羽与《茶经》塑像

一、陆羽身世

陆羽身世，谜团丛生。他出世于哪家，生于何年何月，姓甚名谁？历来说法不一。古书云：陆羽，“不知所生”，指的就是这个意思。

1. 陆羽是弃婴？

据宋代欧阳修、宋祁《新唐书·隐逸》、清代道光《天门县志》载：陆羽“不知所生，或言有僧晨起，闻湖畔群雁喧集，以翼覆一婴儿，收蓄之。”说：一天，竟陵（今湖北天门，下同）龙盖寺智积大师，早晨起来，在当地的西湖之滨，闻听有群雁喧闹，并发现有许多大雁张开翅膀，用羽翼温暖和掩护一个婴儿，于是智积把他抱回寺院收养。因此，说陆羽原本是个弃婴，这也是多数学者的认识。不过在这里，对陆羽的出世不免带有一些神奇色彩。为此，有的学者提出疑问，宋代欧阳修（1007—1072年）、宋祁（998—1061年）认为，他们与陆羽生平相距200年之多，此前对陆羽出身，并无此说；而“群雁”“翼覆”“婴儿”，终究是一种传闻，难以置信。何况在一个寺院里，作为一个僧侣，要养一个襁褓中的“嗷、嗷”待乳的婴儿，似乎与常理相悖，难以使人信服。

而《陆文学自传》云：陆羽“始三岁，惸（读：琼，无兄弟之意）露，育于竟陵大师积公之禅。”说陆羽原本是个遗孤，三岁时孤孤单单地遗弃在露天之下，为积公大师收养于龙盖寺，才养育成人。这与《新唐书·隐逸》说法是不一样的，陆羽究竟是弃婴，还是遗孤？仍然是个谜。不过，有一点是明确的，无论是《陆文学自传》，还是《新唐书·隐逸》，都说是为竟陵龙盖寺智积大师收养而成人的。

■ 积公教陆羽煮茶

这里，积公是对湖北天门龙盖寺智积大师的尊称。说他有一日，早晨

起来在湖边散步，见露天下有个孤单的幼童，于是就带回寺中，抚养长大。有学者认为：说陆羽是个遗孤，收养在寺院中长大，合乎情理，较为可信。但也有不同看法：认为陆羽平生立志事业，不慕名利，无意仕途，即使朝廷诏拜"太子文学""太常侍太祝"，均拒不从命，怎么会在《陆文学自传》前冠以"太子"官衔炫耀自已呢？认为《陆文学自传》是后人冒名杜撰之作。于是，陆羽是弃婴，还是遗孤？就成了学术界对陆羽研究的一大疑点。

2. 被竟陵龙盖寺智积大师收养

龙盖寺坐落在复州竟陵城西西湖的覆釜洲上，相传始建于东汉。东晋时，高僧支遁（即支公）就在此居住过。支遁还曾在西湖附近的官池旁开凿了一口井，井口有三个眼，呈品字形，后人称其为三眼井，专供龙盖寺煮茶饮水之用。唐开元年间（713—741年），智积禅师为龙盖寺住持，直至圆寂，一直未曾离开龙盖寺，因而使龙盖寺名声大振。陆羽在年少孩提时，被智积大师收养，也曾在龙盖寺生活过近十年，在此自幼习文，智积可谓是陆羽的再生父母。此后，龙盖寺又改名为西塔寺，所以在研究陆羽生平时，有不少引文提到西塔寺，其实指的就是龙盖寺。

3. 陆羽出生年月

在《新唐书》《唐才子传》《唐诗纪事》中，虽然都谈到陆羽的出生，但均称不知其生年和他的父母。唯在《全唐文·陆文学自传》中，说陆羽在"上元辛丑岁，子阳秋二十有九"。而上元辛丑岁是761年，再按此推算，陆羽的出生年月应是733年，即唐玄宗开元二十一年。可也有人认为：《全唐文·陆文学自传》的这个说法缺少前提。所以，在

■ 陆羽瓷像

《中国人名大词典》等一些典籍中，在谈到陆羽出生年月时，均注为“约733年”，即“733？”。不过，对于陆羽卒于唐德宗贞元二十年（804年），几乎没有人提出疑虑。

4. 陆羽姓和名

史载：陆羽（733？—804年），唐代复州竟陵人，字鸿渐。那么，陆羽既是领养，不知其父、其母，他的姓和名又是怎么来的呢？史载：陆羽幼年时，抚养陆羽的智积，叫他虔诚占卦，根据卦辞，智积遂给他定姓“陆”，取名“羽”。这在《全唐文·陆羽小传》中写得很清楚，说：陆羽“既长，以易自筮，得蹇之渐曰：‘鸿渐于陆，其羽可用为仪。’乃以陆为氏，名而字之。”对此，《唐才子传·陆羽》中，亦有类似描述：“以《易》自筮，得蹇之渐曰：‘鸿渐于陆，其羽可用为仪。’以为姓名。”如此，这个被智积大师收养的孩子，便有了自己的姓和名，他就是后来成为茶圣的陆羽。

5. 陆羽的出生地

陆羽既是唐代时，在复州竟陵湖滨捡得，自幼在竟陵龙盖寺长大，因此当为唐代复州竟陵人。所以，史载：陆羽，唐代复州竟陵人，名羽，字鸿渐。一名疾，字季疵（见《新唐书·陆羽传》）。但也有对陆羽的名和字不作肯定的，说：“陆子名羽，字鸿渐，不知何许人也；或云：字羽，名鸿渐，未知孰是（陆文学自传）。”

还有，陆羽的号很多：因出生于复州竟陵，所以自称竟陵子（见《广信府志·杂记》）；又因隐居湖州苕溪，所以又自称桑苎翁（见《新唐书·陆羽传》）；曾因在竟陵城东东岗村居住过，所以还自称东岗子。

此外，同代人颜真卿等称陆羽为陆生或陆处士，潘述称陆羽为陆三，皇甫曾等称陆羽为陆鸿渐山人。

又因陆羽在信州（今江西上饶）府城北茶山寺居住过，人称茶山御史；因朝廷曾诏拜陆羽为太子文学，人称陆文学；因陆羽在广州东园居住过，人称东园先生（见《广信府志》）；因朝廷诏徒过陆羽为太常侍太祝，人称

陆太祝。更有出于对陆羽的崇敬，有称陆羽为茶颠（见《茶录》)、茶仙（诗人耿漳与陆羽联句诗）、茶神（见《新唐书·陆羽传》）的。不过，字和号多了，自然会给后人带来一些麻烦。但却表明：陆羽虽“不知所生”，但也有姓有名，有字有号。

另外，对于陆羽长相和为人，亦有不少记载。多说陆羽其貌“不扬”，脾气“倔强”，讲话“口吃”。关于这些方面，在陆羽《陆文学自传》中说得最为明白。说陆羽：“有仲宣、孟阳之貌陋，相如、子云之口吃，而为人才辩笃信，偏躁多自用意。朋友规谏，豁然不惑。凡有人宴处，意有不适，不言而去。人或疑之，谓多生瞋。及与人为信，虽冰雪千里，虎狼当道，而不矕也。”对此，在元代辛文房的《唐才子传·陆羽》中，亦有类似记述。说陆羽是：“貌寝，口吃而辨。闻人善，若在己。与人期，虽阻虎狼不避也。”其意与《陆文学自传》中说的一样。

二、陆羽一生事茶

陆羽一生，从小被遗弃，历经少年、成年，直至晚年，潜心茶事，志矢不遗，最终业绩辉煌，成为一代宗师。但一生走过的路，可谓艰难、曲折、多磨。

1. 青少年时爱茶

陆羽孩提时，受尽磨难。青年时，巧遇名师，加之陆羽好学，学问大有长进，为以后的事业有成打下良好的基础，终使陆羽成为茶及茶文化事业的开创者，茶学科的奠基人。

（1）年幼习茶，为致力茶学打下基础 孩提时的陆羽，在龙盖寺被智积大师收养后，就生活在寺院之中。智积在教他习文的同时，又教他煎茶。由于少年陆羽煎茶技能长进甚快，使积公非陆羽煎茶不饮。近十年的寺院生活，为陆羽以后择茶为己任，以及在茶学事业上取得的卓越成就，打下了基础。所以，历史学家范文澜在《中国通史简编》里说：“僧徒生活是最闲适的，斗茶品茗，各显新奇，因之在寺院生长的陆羽，能依据见闻，著

《茶经》一书。"

（2）幼小不愿皈依佛门，沦为"优伶" 史载：陆羽从幼年开始，直至长成少年，一直生活在寺院中。大约在陆羽9岁时，据《陆文学自传》载：陆羽"自幼学属文"，对文学感兴趣。而收养他的智积大师想让他修佛业，"示以佛书出世之业"。但陆羽的回答是"终鲜兄弟，无复后嗣，染衣削发，号为释氏，使儒者闻之，得称为孝乎？羽将校孔圣之文，可乎？"认为出家修佛业，是不"孝"之事，由于陆羽喜"受孔圣之文"，终不愿学佛书，更不愿皈依佛门，坚持要读儒书，结果是"公执释典不屈，子执儒典不屈"，以致惹恼了积公，罚他"历试贱务，扫寺地，洁僧厕，践泥污墙，负瓦施屋"。以重力代苦役。

据《陆文学自传》载：由于陆羽不愿学佛书，更不愿皈依佛门，遂罚他服苦役，后又要他"牧牛一百二十蹄。"放牧在西湖覆釜洲。由于洲小如覆放着的锅子，年少的陆羽只得赶牛在寺西村放牧。此时的陆羽尽管体魄瘦小，重负不堪忍受。但苦役劳累，仍压不息陆羽强烈的求知欲望，只好"学书以竹画牛背为字"。陆羽在放牧时，有时还溜进附近学堂听课。识字不多的陆羽，有一次还借了一本张衡的《南都赋》认真阅读。陆羽无心放牧，专心学文之事被寺院发现后，又被禁在寺院劳动。其时，陆羽决心逃离寺院，投奔杂耍戏班。

陆羽因"困倦所役，舍主者而去"，"卷衣"出走，逃离寺院后，在竟陵街头巧遇杂耍戏班。根据《陆羽小传》记载：陆羽离开寺院后，就加入"伶党"戏班，"匿为优人"，即古代以乐舞戏谑为业的艺人，也称"优伶"，相当于当今的滑稽演员。史称，陆羽脾气很倔，容颜不佳，还有口吃，惟演优人，却演技出色，又善于动脑，使他很快成为一个"伶师"，开始了他的文学创作生活。少年陆羽著《谑谈》三卷，传为佳话。殊不知一个年少的陆羽，"以身为伶正，弄木人、假吏、藏珠之戏"，在未成名前，已成为一个出色的艺人。

（3）巧遇名师，遂了读书心愿 约在天宝中（746年），河南府尹李齐物，因韦坚犯罪牵连，贬谪竟陵司马。到任不久，李太守邀请当地一些德高望重的长者举行乡礼，为此召集陆羽所在的戏班子献艺助兴。因陆羽演

技不凡，演得惟妙惟肖，遂引起了李齐物的注意和赞赏。其时，又闻陆羽好学，文学才华出众。于是李齐物便召见陆羽。陆羽随即送上《谑谈》三卷，深得李齐物赞许。为此，李氏亲自赠送给他一些诗书，并介绍陆羽去竟陵西北火门山邹坤老夫子处读书，李齐物是第一个发现陆羽才华的伯乐。是年冬，陆羽负笈前往火门山邹夫子处求学，遂了多年来梦寐以求的学文心愿。期间，陆羽还经常与李太守之子李复交往。由于陆羽的这段经历，所以在近代《中国大戏考》中，专门著有"陆羽曾为伶正，著有《谑谈》三卷。"一说。

（4）邹夫子是少年陆羽的启蒙老师 邹夫子，即邹坤，可谓是陆羽的启蒙老师。据查，邹坤是一个精通经史的学者，天宝年间隐居在竟陵火门山（今天门市西北四十里处的石河镇境内）自建的别墅之内。陆羽拜师之后，因倾倒于邹公的学识，潜心读书。攻读之余，仍不忘茶事，常抽空到附近龙尾山考察茶事，为师煮茗，供其品饮。久之，邹公见陆羽爱茶成癖，于是邀来好友帮助他在山下凿泉煮茗。现存火门山南坡有一股长流不断的清泉，就是陆羽当年品茶汲水之处。如此转眼到了天宝十一年（752年），陆羽学识大有长进，但仍不忘习茶之事，为了却陆羽心愿，邹夫子放他回竟陵。于是，陆羽遂千恩万谢拜别老师邹夫子后，回到竟陵城寄居李齐物幕府。

■ 青年陆羽像

2. 成年后著书立说

陆羽成年后，拜师结友，调研茶事，使自己学识大有长进，终于写出举世之作《茶经》，成为一代宗师，名留千秋。

（1）崔国辅是陆羽成才的关键人物 陆羽回到竟陵，在寄居李齐物幕府的当年，又一位受株连的京官贬到竟陵，此人乃是当时盛名诗坛的礼部郎中崔国辅。

崔国辅（678—755年），山阴人（今

浙江绍兴人），唐开元进士，学问渊博，诗名与王昌龄、王之涣齐名，与朝廷重臣王鉷是近亲。天宝十一年（752年），因王鉷之弟王銲犯叛逆罪受株连，已过古稀之年的崔国辅也被朝廷贬官到竟陵作司马，陆羽闻名前往拜师，向崔国辅请教学习。其间，受崔国辅指点熏陶，陆羽诗文造诣更深。两人相处三年，交情甚笃，常常整日，品茶汲水，各抒己见，畅所欲言，结成忘年莫逆之交。当崔国辅了解到陆羽无心功名仕途，致力茶学研究的抱负后，甚是赞赏。据《陆文学自传》云：当陆羽与崔国辅分别时，崔特赠陆羽："白驴、乌犎牛各一头，文槐书函一枚"。崔还赋《今别离》诗一首，诗曰：

送别未能旋，相望连水口。
船行欲映洲，几度急摇手。

诗中，对陆羽的惜别之情，深深流露于笔端。

（2）拜别恩师，终于踏上探茶之路 约在唐天宝十三年（754年），陆羽拜别恩师离开竟陵北上，终于专心一致地踏上了探茶之路。出游义阳、巴山、峡州，品尝巴东"真香茗"。后又去宜昌，品茗峡州茶，汲水蛤蟆泉。次年，再回竟陵东冈村小住。

天宝十五年（756年），正值"安史之乱"之际，陆羽离开家乡竟陵东冈村后，广游湖北、四川、陕西、贵州、河南、江西、安徽、江苏等地，一路东行，跋山涉水，考察调查茶事，品泉鉴水，探究茶学，并搜集了大量茶事资料。

上元元年（760年），抵达湖州妙喜寺，与诗僧皎然结为"忘年之交"，并结识了名僧高士灵澈、孟郊、张志和、李冶（季兰）、刘长卿等这为他日后撰写《茶经》，以及事业的更大成功打下了基础。

期间，陆羽对战乱时期的沿途所见所闻，心中留下了不可磨灭的印象。他的《四悲诗》就是写他在"安史之乱"时，一路上慌不择路的情景。诗曰：

欲悲天失纲，胡尘蔽上苍。
欲悲地失常，烽烟纵虎狼。
欲悲民失所，被驱若犬羊。
悲盈五湖山失色，梦魂和泪绕西江。

此诗虽落笔于以后的居住地湖州苕溪草堂，但诗中叙述的是“安史之乱”时，民不聊生的景象。

（3）下苏南品泉，上浙北问茶 乾元元年（758年）开始，陆羽广游江苏、浙江等地。他先在江苏品丹阳观音寺水，又品扬州大明寺泉，还品庐州龙池山顶水。但终因受战事牵制，陆羽经江苏急转南下，经扬州、润州（镇江）、常州，又南下杭州考察茶事，住灵隐寺与住持道标相识，结为至交，并对天竺、灵隐两寺产茶及茶的品第作了评述。此后，还几度到灵隐寺与道标探讨茶道，并著《天竺、灵隐二寺记》。期间，几度深入越州的剡县（今嵊州、新昌）一带，亲访道士李季兰等茶友。

事后，陆羽还伤感怀情，作《会稽小东山》诗一首，以示铭心。诗曰：

月色寒潮入剡溪，青猿叫断绿林西。

昔人已逐东流去，空见年年江草齐。

期间，陆羽还到浙江余杭苎山暂居。为此，陆羽自称桑苎翁，搜集和调研茶事资料。接着，又移居余杭双溪，发现其地清泉，是品茗佳水。为此，陆羽用此清泉品茗写书做学问，为编著《茶经》搜集素材。于是后世为纪念陆羽，称此泉为陆羽泉，又称桑苎泉。在余杭《志书》中提及的“唐陆鸿渐隐居苕霅著《茶经》”，说的就是这件事。

（4）应皎然之邀，住进杼山妙喜寺 约在上元元年（760年）春、秋之季，应湖州诗僧皎然之邀，来到杼山妙喜寺后，陆羽进深山、采野茶，辛苦万分。所以，在《陆文学自传》中，写有“往往独行野中，诵佛经，吟古诗，杖击林木，手弄流水，夷犹徘徊，自曙达暮，至日黑兴尽，号泣而归”之说。对此，高僧灵一就记有一首描写陆羽行状的诗。诗曰：

披露深山去，黄昏蜷佛前。

耕樵皆不类，儒儒又两般。

诗中，灵一将陆羽在妙喜寺的行踪，以及陆羽的为人品行，都作了概述性的描述。

进入中年时期的陆羽寓寄杼山妙喜寺，在湖州考察茶事。并经皎然指引，专门来到长兴顾渚山考察茶事，发现“八月坞”“茶窠”（丛生茶树的山谷）。与此同时，悉心研究茶业栽制技术，对茶树的种植、生态、品质、采摘，茶叶的制造、工具，煮茶、器皿、饮用等方面，进行了系统的调查研究与实践比较，掌握了茶的基本知识；同时也整理了亲自从各地搜集到的茶事资料。所以，在《陆文学自传》写道：“上元初，结庐于苕溪之滨，闭关对书，不杂非类，名僧高士，谈宴永日，常扁舟往来山寺……。”特别是陆羽与皎然，两人情趣相投，结为忘年之交，又常在一起品茶论道。在以后的岁月里，平日隐居苕溪之滨的桑苎园苕溪草堂，并常去湖州长兴顾渚山考察紫笋名茶，于是著《顾渚山记》两篇，其中也多处写到茶事。并初步完成《茶经》原始稿三篇。期间，皎然还多次邀陆羽上山品茶。一次，还邀陆羽赏菊。为此，皎然还作诗与陆羽共勉。诗曰：

九日山僧院，东篱菊也黄。
俗人多泛酒，谁解助茶香。

诗中，皎然用赏菊助茶香的情景，与陆羽共勉。

■ 皎然塔

（5）陆羽到江宁栖霞寺，仍不忘调研茶事 上元二年（761年），陆羽寄居江宁（今江苏南京市）栖霞寺，潜心研究茶事，调研茶情。在途中，还去江苏丹阳看望了诗人皇甫冉。对此，诗人皇甫冉作《送陆鸿渐栖霞寺采茶》诗为记。诗曰：

采茶非采菉，远远上层崖。
布叶春风暖，盈筐白日斜。
旧知山寺路，时宿野人家。
借问王孙草，何时泛碗花。

诗中谈到陆羽要攀崖去很远的地方采茶，有时甚至不能回家，还得在农家借宿。

明代的李日华，在他的《六研斋二笔》中也写到陆羽入栖霞山采茶之事，足见陆羽对茶的一往情深。

（6）上扬州品泉，悔恨有加 足迹踏遍浙北和苏南茶区，采集了大量的茶事资料。而苏杭一带，历来是文人墨客云集之地，陆羽在此结识了许多贤达名士，从中又得到了许多素材。

永泰元年（765年），吏部侍郎李季卿由河南江淮宣慰使，奉命进江南宣慰。他爱煮茶品茗，到江南扬州时，知“陆君善于茶，盖天下闻名矣”。为此，至江淮时请常伯熊展示煮茶技艺。到江南时，就请陆羽煮茶。唐代封演的《封氏闻见记》载：常伯熊“因鸿渐之论广润色之”，为此煮茶时常氏“着黄被衫，乌纱帽”。而陆羽“身披野服，随茶具而入”。对此，李氏心中不乐，心鄙之。为此，陆羽悔恨不已，遂著《毁茶论》。不过后人对此事说法不一，很难定论，终成悬案。

（7）应邀下常州，力荐紫笋为贡茶 约在大历元年至大历五年（766—770年）间，陆羽在长兴“置茶园”，考察茶事期间，应时任常州刺史的李栖筠之邀，到常州考察茶情。此时，陆羽还带去长兴顾渚山茶。对此，《义兴重修茶舍记》有载：“前此故御史大夫李栖筠典是邦，僧有献佳茗者，会客尝之。野人陆羽以为芳香甘辣，冠于他境，可荐于上。”正是由于陆羽的推荐，御史的认可，遂使长城（即长兴）顾渚紫笋茶与义兴阳羡茶，作贡朝廷，“始进万两”。以后，由于贡茶数迅速增多，至大历五年，实行“分山析造”，并建贡茶院单独作贡。对此，在《吴兴记》中有载。同年，陆羽著《顾渚山记》两篇，其中有许多篇幅，“多言茶事”。

（8）建苕溪草堂，结束无定居生活 大历四年（769年），在好友皎然支持下，新建在苕溪霅水旁的“苕溪草堂”终于竣工。陆羽终于第一次结束了居无定所的生活，有了一个可以较为安定地整理资料，专心可供写作的场所。为此，皎然作诗《苕溪草堂自大历三年夏新营泊秋及春》，以作纪念。

以后，皎然又多次去苕溪草堂会晤好友陆羽。皎然诗《寻陆鸿渐不遇》就是例证。诗曰：

移家虽带郭，野径入桑麻。
近竹篱边菊，秋来未著花。
扣门无犬吠，欲去问西家。
报道山中去，归时每日斜。

诗中，表达了皎然去访问陆羽，因陆羽不在家，只得去问邻居，方知陆羽去深山问茶，要“日斜”才归。

（9）深居青塘别业，埋头做学问 陆羽好友、诗才耿湋《联句多暇赠陆三山人》云“一生为墨客，几世作茶仙”中，就可知在大历年间，陆羽已是名声雀跃。但陆羽并不满足，接着，陆羽移居湖州青塘别业后，进一步专心致志研究茶学，审订《茶经》，继续寻究茶事，充实内容。

大历七年（772年），颜真卿自抚州刺史出任湖州刺史。次年，陆羽、皎然等参加由颜真卿为盟主的“唱和集团”，多次与诸多友人，在湖州杼山、岘山、竹山潭等地，举行茶会，探讨茶学，作诗联句。诸如颜真卿、陆羽、皇甫曾、李萼、皎然、陆士修的《三言喜皇甫曾侍御见过南楼玩月

■ 陆羽与青塘别业

联句》，颜真卿、皇甫曾、李萼、陆羽、皎然的《七言重联句》等，就是例证。

（10）建三癸亭，与知己品茗吟诗　陆羽与湖州刺史颜真卿、诗僧皎然，交往甚笃，经常聚会，品茗吟诗作歌。为此，颜真卿于大历八年（773年）十月，在湖州市郊建三癸亭，作为好友间的品茗聚会之处。茶圣陆羽以癸丑岁、癸卯朔、癸亥日建亭，赐名三癸亭。诗僧皎然在《奉和颜使君真卿与陆处士羽登妙喜寺三癸亭》诗题注中，也说："亭即陆生所创。"三癸亭落成后，颜真卿作《题杼山癸亭得暮字》诗曰："欻构三癸亭，实为陆生故"。三癸亭建成后，三人又以诗颂之。颜真卿诗云："不越方丈间，居然云霄遇。巍峨倚修岫，旷望临古渡。左右苔石攒，低昂桂枝蠹，山僧狎猿狖，巢鸟来枳椇。"皎然诗曰："俯砌披水容，逼天扫峰翠。境新耳目换，物远风烟异。倚石忘世情，援云得真意。嘉林增勿剪，禅侣欣可庇。"清康熙年间湖州知府吴绮到过杼山，作有《游三癸亭》诗。诗曰：

望岭陟岧峣，沿溪入葱蒨。
遂至夏王村，复越黄蘗涧。
三癸溯遗迹，登高足忘倦。
清流绕芳原，晴阳叠层巘。

其实，三癸亭是陆羽彪炳千秋功业的见证，也是陆羽与颜真卿、皎然深厚友谊的象征，是茶文化发展史上的一座丰碑。

■　三癸亭

（11）置茶园于顾渚山，补充与修订《茶经》 陆羽在顾诸山考察时，为了探究茶树生长习性和采制技术，约在大历九年（774年）前，还“置茶园”于顾渚山。这可在耿湋与陆羽的《联句诗》“禁门闻曙漏，顾渚入晨烟”中得印证。其意是说天刚亮，陆羽就踏着晨雾去采茶了。明代长兴知县游士任《登顾渚山记》中亦有：“癖焉而园其下者，桑苎翁也。”说在顾渚山开辟茶园的是桑苎翁陆羽。以后，清代前后有几部《长兴县志》，都谈到陆羽在顾渚山“置茶园”之事。而陆羽《茶经·一之源》中，对茶园土壤、茶树生长、茶叶质量的精到评述，也正好符合顾渚山古茶园的写照。甚至连顾渚山紫笋茶名称，也出自“阳崖阴林，紫者上，笋者上”而得名。为此，陆羽最终在《茶经·八之出》中得出：“浙西以湖州为上，湖州生长城（即今长兴）顾渚山谷……”。先后提到长兴顾渚山的产茶地名有十余个，至今犹存。

（12）倾注四十多年心血，终使《茶经》问世 大历九年（774年），陆羽参加了颜真卿的《韵海镜源》的编写工作，使陆羽有幸博览群书，从中辑录了古籍中大量有关古代茶事历史资料。于是从大历十年（775年）开始，陆羽在《茶经》中充实了大量茶的历史资料，又增加了一些茶事内容，大约于建中元年（780年），《茶经》书写成卷，正式问世。这样，从陆羽从寺院长大，到六七岁跟积公学习烹茶开始，到陆羽约48岁《茶经》问世为止，共倾注了四十多年的心血，才得以完成了世界上第一部举世瞩目的《茶经》著作，广为传抄。

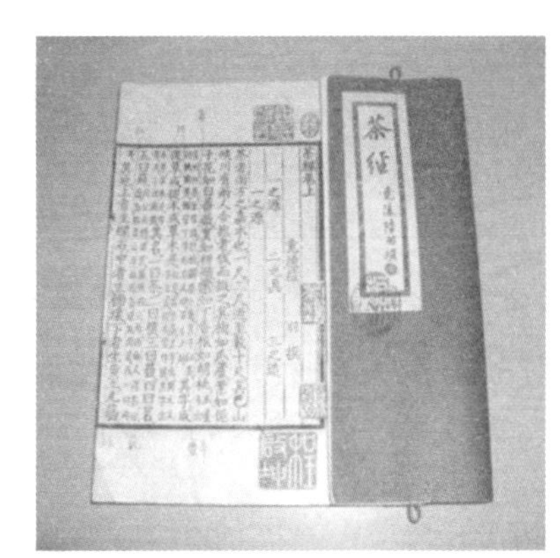

■ 宋百川本《茶经》

（13）去上饶开山种茶，挖井灌浇 陆羽《茶经》问世后，建中二年（781年），朝廷诏拜陆羽为“太子文学”，不就。接着，改任“太常寺太祝”，又不从命。大约于建中四年（783年），陆羽从浙江湖州苕溪来到信州上饶城西北的茶山旁建宅立舍，凿井开泉，种植茶树，灌溉茶园，品泉试茗，在此隐居下来。据清道光六年（1826年）《上饶县志》载：“陆鸿渐宅，

在府城西北茶山广教寺。昔唐陆羽尝居此……《图经》：羽性嗜茶，环居有茶园数亩，陆羽泉一勺，今为茶山寺。”陆羽性嗜茶，环居多植茶，名为茶山，又将广教寺称为茶山寺。对此，历代志书和名家诗文广有记载。清代的张有誉《重修茶山寺记》中说：“信州城北数武岿然而峙者，茶山也。山下有泉，色白味甘，陆鸿渐先生隐于尝品斯泉为天下第四，因号陆羽泉。”于是，此泉又有“天下第四泉”之称。特别是古代佚名作者为上饶陆羽泉题写的一副泉联，更为人称道，曰：“一卷经文，苕霅溪边证慧业；千秋祀典，旗枪风里弄神灵。”它既道出了陆氏为茶学、茶文化、茶业作出的卓越贡献，也说出了世人对陆氏业绩的敬仰之情。直到20世纪60年代，陆羽泉仍保存完好。可惜，后因开挖洞穴，泉流切断，井水干竭，遂使陆羽泉成为一口枯井。不过清代信州知府段大诚所题的“源流清洁”四个大字，依然清晰可辨。近年来，后人又在泉旁建了亭，以纪念和凭吊陆羽用它灌浇茶园、品泉试茗业绩。

■ 上饶陆羽井

（14）结交孟郊，居洪州编诗，去广州辅佐 贞元元年（785年），陆羽与诗人孟郊在信州茶山相会。事后孟郊在追忆诗《题陆鸿渐上饶新辟茶山》中称：

惊彼武陵状，移归此岩边。
开亭拟贮云，凿石先得泉。
啸竹引清吹，吟花成新篇。
乃知高洁情，摆落区中缘。

孟郊的这首诗，是写诗人去陆羽在上饶茶山住宅相会时的情景。诗中，孟郊说陆羽在上饶时的生活情况，俨然是一副庄稼人模样：开亭、凿泉、啸竹，已成为了“摆脱区中缘”，成了一位摆脱凡尘的隐君子。

次年，陆羽应洪州（今南昌）御史肖喻之邀，寓居洪州玉芝观，并编就《陆羽移居洪州玉芝观诗》一辑。三年后，又应岭南节度使、李齐物之子李复之邀，去广州辅佐李复。第二年，重又辞归洪州玉芝观。

3. 晚年与茶结伴

晚年，陆羽继续考察茶事，并身体力行，种茶制茶，试水品茗，调研茶事，考察茶情，终生与茶结缘。

（1）返回青塘别业，闭门著述 贞元八年（792年），陆羽从洪州返回湖州青塘别业，丰富的学识，不同凡响的经历，促使他悠闲品茗，闭门著述，潜心写作。为此，他花大力气整理资料，先后花了两三年时间，著就《吴兴历官记》三卷、《湖州刺史记》一卷。

（2）虎丘种茶小隐，如今古井犹存 贞元十年（794年），陆羽从湖州移居苏州虎丘寺。在虎丘汲水品茗，调研茶事，并亲自在虎丘山上的剑池附近，地处千人岩的右侧，冷香阁之北开凿井泉，用它煮水试茗。同时，还在井泉外开山植茶，汲泉灌浇，使种茶成为一业。以后，陆羽又按自己经历所至，定“苏州虎丘寺石泉水，第五”。后人为纪念陆羽对茶学所做出的贡献，把陆羽亲手开凿的虎丘石泉，称之为陆羽泉或陆羽井。而与陆羽同时代的刘伯刍，根据他的经历，说“苏州虎丘寺石泉水，第三”。于是，人间又称苏州虎丘山石泉为“天下第三泉”。如今，在石泉南侧的冷香阁，开有茶室，坐在虎丘山上，汲石泉之茶沏茶，品茗小憩，观景揽色，别有一番风情。在石泉附近，除了上述提到的古迹外，还有虎丘塔、阖闾墓、

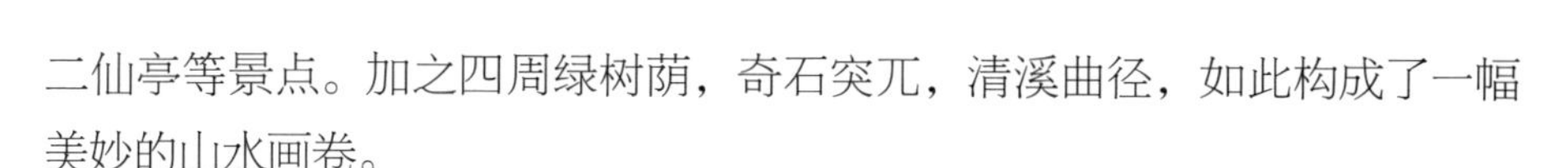

二仙亭等景点。加之四周绿树荫，奇石突兀，清溪曲径，如此构成了一幅美妙的山水画卷。

（3）功成身退，归宿湖州 贞元十五年（799年），岁值陆羽晚年，因他怀念湖州，重回青塘别业。最终在陆羽的第二故乡湖州，在他的知己、诗僧皎然圆寂几年后，于贞元二十年（804年），告老于青塘别业，葬于杼山，与皎然塔近距相望。一代茶文化宗师，就此结束了生命。

三、陆羽生平年表

约在唐玄宗开元二十一年（733年），陆羽生于竟陵（今湖北天门市）。

开元二十三年（735年），3岁。由竟陵龙盖寺智积禅师收养。

开元二十九年（741年），9岁。陆羽欲学儒典，但不好学佛，为此，受到种种不应有虐待。

■ 竟陵龙盖寺池塘

天宝四年（745年），13岁前后，陆羽逃出寺院，成为"伶人"。

天宝五年（746年），14岁。其时，河南尹李齐物出守竟陵，见陆羽聪颖优异，遂亲授书集，使陆羽受益匪浅。李齐物是第一个发现陆羽才华横溢的恩人。

天宝十一年（752年），20岁。这年，崔公国辅出守竟陵郡，与陆羽结交，相处约三年。期间，陆羽受崔公熏陶指点，诗文造诣日深。临别时，崔公赠给陆羽白驴、乌犎牛一头，文槐书函一枚，鞭策与鼓励陆羽，使陆羽学业有成。崔国辅是第二个培养陆羽的恩师。

天宝十三年（754年）春，22岁。陆羽拜别崔国辅，出游义阳、巴山、峡州，品尝巴东“真香茗”；后转道宜昌，品峡州茶和蛤蟆泉，去各处实地调研茶事。

天宝十四年（755年），23岁。陆羽回到竟陵，定居晴滩驿松石湖畔的东冈村，整理调研所得，为出版《茶经》作准备。

天宝十五年（756年），24岁。安禄山作乱中原，为《四悲诗》。“洎至德初，秦人过江，子亦过江，与吴兴释皎然为缁素忘年之交。”相处甚笃。

上元元年（760年），28岁。陆羽抵达湖州，与皎然、灵彻三人同居杼山妙喜寺。并结庐于苕溪之滨，闭关对书，不杂非类，名僧高士，谈宴永日，常扁舟往来山寺。是年，十一月刘展反，陷润州（今镇江），张景超据苏州，孙待封进陷湖州。陆羽受战乱波及，作《天之未明赋》。

上元二年（761年），29岁。正月，田神功平定刘展之乱，纵军大掠十余日，江淮之民罹荼毒。是年，陆羽作《自传》，称“陆子自传”。后又写有作品8种：《君臣契》《源解》《江表四姓谱》《南北人物志》《吴兴历官记》《湖州刺史记》《梦占》《茶经》（初稿）。

同年，陆羽到江宁栖霞寺（今南京东北），途经阳羡（今宜兴）看望诗人皇甫冉。

广德元年（763年），31岁。陆羽、皎然、吴兴太守卢幼平等七人泛舟联句。

永泰元年（765年），33岁。吏部侍郎李季卿充河南江淮宣慰，至临淮请常伯熊展示茶艺，极表欣赏；至江南，有人推荐陆羽展示，心鄙之。陆羽悔恨，著《毁茶论》，不传。是年，殿中侍御史李栖筠出为常州刺史。

永泰二年、大历元年（766年），34岁。应常州刺史李栖筠之邀，陆羽到义兴考察茶叶。据《义兴重修茶舍记》载：“前此故御史大夫李栖筠典是邦，僧有献佳茗者，会客尝之，野人陆羽以为芳香甘辣，冠于他境，可荐于上。栖筠从之，始进万两。”“僧有献佳茗者”，献的是顾渚山的茶，后与阳羡茶同贡，始进万两。陆羽遂在顾渚山区作深入的考察。至大历五年这

四年里，陆羽还先后到丹阳访皇甫冉和赴越州投访鲍防。

大历四年（769年）春，37岁。新建的苕溪草堂竣工。皎然作《苕溪草堂自大历三年夏新营　秋及春》。

大历五年（770年），38岁。陆羽作《顾渚山记》两篇，多言茶事。是年，杨绾徙国子监祭酒，陆羽致“杨祭酒书”。同年，顾渚紫笋茶与宜兴分山析造，岁有客额，建贡茶院单独作贡。

大历七年（772年），40岁。颜真卿任湖州刺史。

大历八年（773年），正月，41岁。颜公到任，张志和往谒，陆羽参加湖州“唱和集团”，以颜真卿为盟主，有三十多位文人，先后在杼山、岘山、长兴筱浦竹山潭，举行茶会，作诗联句。

大历九年（774年），42岁。颜真卿主编《韵海镜源》360卷，陆羽为编纂之一。是年，颜真卿、陆羽等十九名士，会聚长兴竹山潭潘子读书堂，作诗联句。

大历十年（775年），43岁。陆羽参与编纂《韵海镜源》，在掌握资料的基础上，对《茶经》进行一次大的修改补充。

大历十二年（777年），45岁。陆羽与友人送颜真卿离任返京。后到婺州东阳访戴叔伦，至冬回湖州。是年，杨绾为相，颜真卿入京为刑部尚书。

大历十三年（778年），46岁。迁居无锡，结识权德舆，畅游惠山。

德宗建中元年（780年），48岁。在皎然支持下，《茶经》修改定稿，广为传抄。

建中二年（781年），49岁。诏拜“太子文学”不就；改任“太常寺太祝”，复不从命。

约建中四年（783年），51岁。移居上饶，建宅筑亭，环居植茶栽竹，于兴元元年（784年）落成，称“鸿渐宅”。

贞元元年（785年），53岁。诗人孟郊在上饶与陆羽相会。

贞元二年（786年），54岁。陆羽应洪州御史肖瑜之邀，寓洪州玉之观。翌年，编成《陆羽移居洪州玉之观诗》一辑，权德舆为之序。

贞元四年（788年），56岁。戴叔伦因事留洪州，与陆羽交游。

贞元五年（789年），57岁。应岭南节度使李复（李齐物之子）之邀，去广州。结识判官周愿，共佐李复。次年辞归洪州，仍居玉之观。

贞元八年（792年），60岁。于洪州返回湖州青塘别业，闭门著书。著有《吴兴历官记》三卷、《湖州刺史》一卷。

贞元十年（794年），62岁。移居苏州，在虎丘山北结庐，后称“陆羽楼”，凿一岩井，引水种茶，著《泉品》一卷。

贞元十五年（799年），67岁。怀念湖州，回青塘别业，度过晚年，于贞元二十年（804年）辞世，终年72岁。

■ 湖州陆羽墓

四、陆羽功绩不只是茶

陆羽功绩，莫过于撰著了世界上第一部集自然科学和社会文化于一体的茶事专著《茶经》，其实陆羽一生的重大贡献，有茶学方面的，还有文学等其他诸多方面的，只是由于对茶和茶文化方面的贡献盖世，才使得陆羽在其他方面做出的贡献为其所掩而已。

1. 被称为茶圣

由于陆羽为茶及茶文化事业做出的杰出贡献，深受人民赞颂。在中国茶学史上，有称陆羽为茶仙的。如元代文人辛文房，在他写的《唐才子传·陆羽》中写道：“（陆）羽嗜茶，著《茶经》三卷……时号茶仙”；同样称陆羽为茶神的也有之，《新唐书·陆羽传》记有：“羽嗜茶，著经三篇，言茶之源、之法、之具尤备，天下益知饮茶矣。时鬻茶者，至陶羽形置炀突间，祀为茶神。”宋代苏轼在《次韵江晦叔兼呈器之》诗中，有“归来又见茶颠陆”之句。明代的程用宾，在《茶录》称：“陆羽嗜茶，人称之为茶颠。”他们都赞誉陆羽对茶孜孜不倦，追求事业的精神。清同治《庐山志》中，又将陆羽隐居苕溪，“阖门著书，或独行野中，击木诵诗，徘徊不得意，辄恸哭而归，时谓唐之接舆。”宋代的陶谷在《清异录》中称：“杨粹仲曰，茶至珍，盖未离乎草也。草中之甘，无出茶上者。宜追目陆氏（陆羽）为甘草癖。”其实，亦为茶癖之意。不过，还有人称陆羽为“茶博士”的，但陆羽拒绝接受这一称谓。据唐代封演的《封氏闻见记》载：称御史李季卿宜慰江南，至熙淮县馆，闻伯熊精于茶事，遂请其至馆讲演。后闻陆羽亦能茶，亦请之。陆羽“身衣野服”，李季卿不悦，煎茶一完，就“命奴取钱三十文，酬煎茶博士（陆羽）。”陆羽受此大辱，愤然离去，遂写《毁茶论》，为后人留下了一个谜团，至今仍无定论。近代，有更多的人称陆羽为“茶圣”的。

■ 天门陆羽纪念馆

2. 陆羽《茶经》名声盖世

如今，人们多知陆羽是茶及茶文化创始者，其实他还是一位文学家、史学家、地理学家。特别值得一提的，陆羽还是一位书法家。《中国书法大辞典》就将陆羽列入唐代书法家之列。该辞典援引唐代陆广微《吴地记》云："陆鸿渐善书，尝书永定寺额，著《怀素别传》。"陆羽为以狂草著称。他所作《怀素别传》，已成为列代书法家一评价怀素、张旭、颜真卿等书法艺术的珍贵资料。

从陆羽的主要经历来看，他虽与佛门相关，但把他视为一个文人，更符合陆羽的追求和努力。陆羽知识渊博，著作颇丰，精通诗文，懂得地理，但后人多知道陆羽是茶圣，是世间第一部茶学经典著作《茶经》的作者。这种情况的出现正如古书所云：他"书皆不传，盖为《茶经》所掩"之故。宋人费衮在《梁溪漫志》中说："人不可偏有所好，往往为所嗜好掩其他长。如陆鸿渐，本唐之文人达士，特以好茶，人止称其能品泉别茶尔。"书中，明确称陆羽是"文人达士"，因他在茶叶事业上做出了杰出贡献，以致掩盖了陆羽在其他方面的成就，这是对陆羽精当的总结和评价。

■ 元・赵原《陆羽烹茶图》

3. 还有《顾渚山记》等多部著述

陆羽自"结庐于苕溪之滨"后，虽多次北上、南下，调研茶事，考察茶事。但在永泰元年（765年）至大历四年（769年）间，在较多时间内，在顾渚山调研和考察茶叶。在此"尝置茶园"，撰写《顾渚山记》两篇。

如今，《顾渚山记》虽然已佚，但人们还可从唐代诗人皮日休的《茶中杂咏》序中找到它的踪迹。序曰："自周以降，及于国朝（指唐）茶事。竟

陵子陆季疵言之详矣。然季疵以前，称茗饮者，必浑以烹之，与夫瀹蔬而啜者无异也。季疵始为三卷《茶经》，由是分其源，制其具，教其造，设其器，命其煮饮之者，除痟而疠去，虽疾医之，不若也。其为利也，于人岂小哉！余始得季疵书，以为备矣。后又获其《顾渚山记》二篇，其中多茶事。"皮日休认为，从周至唐，有关论述茶事的著述，要数陆羽的《茶经》最为详尽。还说，陆羽的《茶经》初始时为三卷，分其源、具、造、器、煮、饮六个方面，强调饮茶对于防病治病的重要性。皮氏得到过一本，用以备用。后来，又获得陆羽著的《顾渚山记》二篇，其中"多茶事"。

附：《顾诸山记》（系旧志辑录片段）

获神茗

《神异记》曰，余姚人虞茳（洪），人山采茗。遇一道士，牵三百青羊，饮瀑布水。曰："吾丹丘子也。闻子善饮，常思惠。山中有大茗，可以相给。祈子他日有瓯牺之余，必相遣也。"因立茶祠。后常与人往山，获大茗焉。

飨茗获报

刘敬叔《异苑》曰，剡县陈婺妻，少与二子寡居，好饮茶茗。以宅中有古冢，每饮先辄祀之。二子恚之曰："冢何知？徒以劳祀。"欲掘去之。母苦禁而止。及夜，母梦一人曰："吾止此冢三百余年。母二子恒欲见毁，赖相保护，又享吾佳茗，虽泉壤朽骨，岂忘翳桑之报？"及晓，于庭内获钱十万，似久埋者，唯贯新。母告二子，二子惭之，从是祷酹愈至。

绿蛇

顾渚山赭石洞，有绿蛇，长三尺余，大类小指，好栖树杪。视之若鞶带，终于柯叶间，无螫毒，见人则空中飞。

报春鸟

顾渚山中有鸟，如鸲鹆而小，苍黄色。每至正月、二月，作声云："春去也。"采茶人呼为报春鸟。

昙济茶

豫章王子尚，访昙济道人于八公山。道人设茗。子尚味之云："此甘露也，言何茶名？"

（摘自：谢文柏，《顾渚山志》，浙江古籍出版社，2007年5月）

此外，陆羽还撰写过多部文学作品，详见《陆文学自传》。

4.《陆文学自传》

自"安史之乱"之际，陆羽离开竟陵东冈村，一路东下，于上元元年（760年）年抵达浙江湖州。是年十一月，宋州刺史刘展谋反，攻陷润州（今江苏镇江），接着又攻陷金陵（今江苏南京）。差不多在同一时期，苏州为张景超占据，湖州为孙待封占领，江南武装割据。次年一月，刘展遂为被田神功平定。苏州、湖州相继收复。但由于社会动乱不安，"江淮之民罹荼毒"。于是，陆羽闭门著书。是年，陆羽作《自传》，又称《陆子自传》，后人称其为《陆文学自传》。其文参见如下。

附：《陆文学自传》

陆子名羽，字鸿渐，不知何许人也；或云字羽，名鸿渐，未知孰是。有仲宣、孟阳之貌陋，相如、子云之口吃，而为人才辩笃信，褊躁多自用意。朋友规谏，豁然不惑。凡有人宴处，意有所适，不言而去。人或疑之，胃多生瞋。及与人为信，虽冰雪千里，虎狼当道，而不諐（qian）也。

上元初，结庐于苕溪之滨，闭关对书，不杂非类，名僧高士谈宴永日。常扁舟往来山寺，随身惟纱巾、藤鞋、短褐、犊鼻。往往独行野中，诵佛经，吟古诗，杖击林木，手弄流水，夷犹徘徊，自曙达暮，至日黑兴尽，号泣而归。故楚人相谓："陆子盖今之接舆也。"

始三岁，惸（qiong）露，育于竟陵大师积公之禅院。自幼学属文，积公示以佛书出世之业。子答曰："终鲜兄弟，无复后嗣，染衣削发，号为释氏，使儒者闻之，得称为孝乎？羽将授孔圣之文，可乎？"公曰："善哉，子为孝！殊不知西方染孝之道，其名大矣。"公执释典不屈，子执儒典不屈。公因矫怜无爱，历试贱务。扫寺地，洁僧厕，践泥污墙，负瓦施屋，牧牛一百二十蹄。竟陵西湖无纸，学书以竹画牛背为字。他日问字于学者，得张衡《南都赋》，不识其字，但于牧所仿青衿小儿，危坐展卷，口动而已。公知之，恐渐渍外典，去道日旷，又束于寺中，令其芟剪榛莽，以门人之伯主焉。或时心记文字，懵然若有所遗，灰心木立，过日不作。主

者以为慵惰，鞭之。因叹岁月往矣，恐不知其书，呜咽不自胜。主者蓄怒，又鞭其背，折其楚乃释。困倦所役，舍主者而去，卷衣指伶党。著《谑谈》三篇，以身为伶正，弄木人、假吏、藏珠之戏。公追之曰："念尔道丧，惜哉！吾本师有言，我弟子十二时中，许一时外学，令降服外道也。以我门人众多，今从尔所欲，可捐乐工书。"

天宝中，郢人酺于沧浪道，邑吏召子为伶正之师。时河南尹李公齐物出守见异，捉手拊背，亲授诗集。于是汉沔之俗亦异焉。后负书于火门山邹夫子别墅，属吏部郎中崔公国辅出守竟陵郡，与之游处，凡三年。赠白驴、乌犎牛一头，文槐书函一枚。白驴、乌犎襄阳太原守李憕见遗，文槐函故卢黄门侍郎所与。此物皆己之所惜也，宜野人乘蓄，故特以相赠。

洎至德初，秦人过江，子也过江，与吴兴释皎然为缁素忘年之交。少好属文，多所讽谕。见人为善，若己有之；见人不善，若己羞之。苦言逆耳，无所回避。由是俗人多忌之。自禄山乱中原，为《四悲集》；刘展窥江南，作《天之未明赋》，皆见感激当时，行哭涕泗。著《君臣契》三卷，《源解》三十卷，《江表四姓谱》八卷，《南北人物志》十卷，《吴兴历官记》三卷，《湖州刺史记》一卷，《茶经》三卷，《占梦》上中下三卷，并贮于褐布囊。

在《自传》中，人们不但从陆羽平凡生活中领略了他不平凡的一生，而且更使人们了解了陆羽的处世和处事，使人们更加敬佩陆羽，更加了解陆羽。

■ 陆羽塑像

5. 在文学艺术方面的成就

陆羽在文学艺术上取得的成就是多方面的，突出表现在文学作品、诗词歌赋、表演技能、书法造诣上。现简述如下：

（1）文学作品颇丰　据《陆羽小传》载：陆羽约13岁时，逃离寺院后，便加入“伶党”戏班，成为“优伶”。后因表演才艺出色，便成为“优师”。此时，陆羽便著有《谑谈》三卷。

乾元元年（758年）开始，陆羽去江苏调研茶事，品江苏丹阳观音寺水、扬州大明寺泉。后因受战事牵制，又南下浙江杭州考察茶事，住灵隐寺与住持道标相识，结为至交，并对天竺、灵隐两寺产茶及茶的品第作了评述，著《天竺、灵隐二寺记》。

上元二年（761年）正月，田神功平定刘展之乱，纵军抢掠十余日，江淮之民罹受荼毒。是年，陆羽作《自传》，称《陆子自传》，后人称其为《陆文学自传》。后又写有作品8种：《君臣契》《源解》《江表四姓谱》《南北人物志》《吴兴历官记》《湖州刺史记》《梦占》及《茶经》（初稿）。

永泰元年（765年），吏部李季卿江淮宣慰。据唐代封演《封氏闻见记》载：其时，御史李季卿宣慰江南，至熙淮县馆，闻（常）伯熊精于茶事，遂请其至馆讲演。后闻陆羽亦能茶，亦请之。陆羽“身衣野服”，李季卿不悦，煎茶一完，就“命奴取钱三十文，酬煎茶博士（陆羽）。”陆羽受此大辱，悔恨不已，愤然离去，写了《毁茶论》。

陆羽自“结庐于苕溪之滨”后，虽多次北上苏南，南下浙北等地调研茶事，考察茶情。在永泰元年（765年）开始，较长时期内在顾渚山调研和考察茶事，并于大历五年（770年）撰写《顾渚山记》两篇。《顾渚山记》虽然已佚，但人们还可从唐代诗人皮日休的《茶中杂咏》序中找到它的踪迹。序曰：“自周以降，长及于国朝（指唐）茶事。竟陵子陆季疵言之详矣。然季疵以前，称敬饮者，必浑以烹之，与夫瀹蔬而啜者无异也。季疵始为三卷《茶经》，由是分其源，制其具，教其造，设其器，命其煮饮之者，除痟而疠去，虽疾医之，不若也。其为利也，于人岂小哉！余始得季疵书，以为备矣。后又获其《顾渚山记》二篇，其中多茶事。”皮日休认为，从周至唐，有关论述茶事的著述，要数陆羽的《茶经》最为详尽。还说，陆羽的《茶经》初始时为三卷，分其源、具、造、器、煮、饮六个方面，强调饮茶对于防病治病的重要性。皮氏得到过一本，用以备用。后来，又获得陆羽著的《顾渚山记》二篇，其中“多茶事”。

大历九年（774年），陆羽参加了颜真卿的《韵海镜源》的编写工作，

从中辑录了古籍中大量唐以前茶事历史资料。使陆羽在《茶经·七之事》中充实了大量茶的历史资料。

大约于建中元年（780年），《茶经》三卷是稿，正式问世。《茶经》的内容是十分丰富的，涉及的知识面也很广，它包括了植物学、农艺学、生态学、生化学、水文学、药理学、历史学、民俗学、地理学、人文学、铸造学、陶瓷学等诸多方面的学科。它全面地总结和记录了唐代中期及唐以前有关茶的诸多方面的经验与茶事，俨如一面镜子，展示了唐代中期及唐以前各个历史时期茶及茶文化的画面，以及重要茶事的始末，是一部茶及茶文化的历史文献。

贞元八年（792年），陆羽从洪州返回湖州青塘别业，闭门著书，著有《吴兴历官记》三卷、《湖州刺史记》一卷。

贞元十年（794年），陆羽移居苏州，在虎丘山北结庐，凿一岩井，引水种茶，著《泉品》一卷。

另外，根据陆羽《陆文学自传》载，除上述提及的陆羽文学作品外，还有《居臣契》三卷、《源解》三十卷、《江表四姓谱》八卷、《南北人物志》十卷等。

（2）诗词歌赋俱佳 诗词歌赋，它通过语言的方式，除了表达文字的意义外，也表达情感与美感，用以引发共鸣。在这方面，陆羽也有出色的表现。

乾元元年（758年）开始，陆羽曾几度深入越州的剡县（今嵊州、新昌）一带，亲访道人知己李季兰。事后，陆羽还伤感怀情，作《会稽小东山》诗一首，以示铭心："月色寒潮入剡溪，青猿叫断绿林西。昔人已逐东流去，空见年年江草齐。"

上元元年（760年），刘展反叛，陷润州（今江苏镇江）；张景超造反，占据苏州；孙待封起兵，进陷湖州。是年，陆羽抵达湖州，"与吴兴释皎然为缁素忘年之交"。后又与皎然、灵彻三人同居杼山妙喜寺，并结庐于苕溪之滨，闭关对书，不杂非类，名僧高士，谈宴永日，常扁舟往来山寺。而战乱时期经受的所见所闻，在陆羽心中留下了深深的印象。他的《四悲歌》就是写他在战乱时，一路慌不择路的情景。诗曰："欲悲天失纲，胡尘蔽上苍。欲悲地失常，烽烟纵虎狼。欲悲民失所，被驱若犬羊。悲盈五湖山失色，梦魂和泪绕西江。”另外，陆羽还作《天之未明赋》，以泄怨愤。

大历七年（772年），颜真卿出任湖州刺史。次年，陆羽、皎然等参加由颜真卿为盟主的“唱和集团”，多次与诸多友人，在湖州杼山、岘山、竹山潭等地，举行茶会，探讨学句，作联句诗。现存世的有颜真卿、陆羽、皇甫曾、李萼、皎然、陆士修的《三言喜皇甫曾侍御见过南楼玩月联句》；颜真卿、皇甫曾、李萼、陆羽、皎然的《七言重联句》等，就是例证。

大历九年（774年），在协助颜真卿编修《韵海镜源》期间，陆羽与耿湋相聚一起，作《与耿湋水亭咏风联句》《溪馆听蝉联句》等，反映的是陆羽与耿湋的亲近与友谊。据统计，在《全唐诗》中，仅陆羽加盟的“唱和集团”内与友人共唱的联句诗就有十余首之多。

贞元二年（786年），陆羽应洪州御史肖瑜之邀，寓洪州玉之观。翌年，编成《羽移居洪州玉之观诗》一辑，权德舆为之序。

贞元六年（790年），为陆羽寓居江西上饶时，闻听积公圆寂。噩耗传来，陆羽号啕大哭，并作《六羡歌》以纪念恩师和再生之父：“不羡黄金罍，不羡白玉杯。不羡朝入省，不羡暮入台。惟羡西江水，曾向竟陵城下来。”

贞元八年（792年），陆羽自洪州返回湖州时，再次途经杭州，造访灵隐寺道标住持，两人开怀畅谈。据《西湖高僧事略》载：其时，陆羽以《四标》为题，写了四言诗一首：“日月云霞为天标，山川草木为地标。推能归美为德标，居闲趣寂为道标。”

由上可见，陆羽所作的诗词歌赋，一应俱全；而且体裁广、数量多。

（3）表演才华出众 据《陆文学自传》载：陆羽“自幼学属文”，对文学感兴趣。而收养他的智积大师想让他修佛业，“示以佛书出世之业”。但陆羽不愿学佛书，更不愿皈依佛门，坚持要读儒书。为此惹恼积公，罚他以重力代苦役，放牧在竟陵西湖覆釜洲和寺西村放牧。但苦役劳累，仍压不息陆羽强烈的求知欲望，陆羽只好“学书以竹画牛背为字”。识字不多的

陆羽，一次，还借了一本张衡的《南都赋》认真阅读。陆羽无心放牧，专心学文之事为寺院发现后，又被禁在寺院劳动。

约在陆羽13岁时，陆羽因“困倦所役，舍主者而去”，“卷衣”出走，逃离寺院后，在竟陵街头巧遇杂耍戏班。根据《陆羽小传》记载：陆羽离开寺院后，就加入“伶党”戏班，“匿为优人”，即古代以乐舞戏谑为业的艺人，也称“优伶”，相当于当今的滑稽演员。史称，陆羽脾气很倔，容颜不佳，还有口吃，惟演优人，却演技出色，又善于动脑，使他很快成为一个“伶师”，还开始了他的文学创作生活。少年陆羽著《谑谈》三卷，传为佳话。殊不知一个年少的陆羽，“以身为伶正，弄木人、假吏、藏珠之戏”，在未成名前，就成为一个出色的艺人。

史载，因陆羽演技不凡，戏演得惟妙惟肖，还赢得竟陵司马李齐物的关注和赞赏。其时，李齐物又闻陆羽好学，文学才华出众。于是李齐物便召见陆羽，并介绍陆羽去竟陵西北火门山邹坤老夫子处读书，李齐物是第一个发现陆羽才华的伯乐。

由于陆羽的这段经历，所以在近代《中国大戏考》中，专门著有“陆羽曾为伶正，著有《谑谈》三卷。”一说。只是陆羽把演艺生涯，仅仅看作是人生旅途中的一段插曲，他追求的是更为广阔的生活大舞台。但尽管如此，陆羽的演艺才华已经显露在世人面前，得到肯定。

（4）书法自成一体　特别值得一提的，陆羽还是一位书法家。《中国书法大辞典》就将陆羽列入唐代书法家之列。该辞典援引唐代陆广微《吴地记》云：“陆鸿渐（陆羽）善书，尝书永定寺额，著《怀素别传》。”陆羽为以狂草著称。他所作《怀素别传》，已成为列代书法家评价怀素、张旭、颜真卿等书法艺术的珍贵资料。

■ 茶圣陆羽

史载，颜真卿（709—785年）与陆羽关系甚密。他官至吏部尚书、太子太师，是继“书圣”王羲之之后的又一位杰出的书法家，也是唐代新书“颜体”的创造者，书法界有“亚圣”之称。颜真卿对陆羽而言，既是师，又是友，他们相处5年，情深谊重，共同编书撰文，吟诗联词，论书谈律，研讨学问。颜真卿在书法上取得的重大建树，以及后来与陆羽的亲密交往，自然对陆羽书法的长进，以及最后成家起过很大作用，有过很大关系。

第二部分

陆羽《茶经》的时代背景

陆羽《茶经》的问世，是中国茶在经历了最初的发现与利用及其以后的漫长积累和发展的过程，直到唐代中期，陆羽将这些历史的积淀进行分析整理后写成了这部具有划时代意义的茶叶专著《茶经》。现就陆羽《茶经》问世的时代背景简要介绍如下。

一、唐之前茶文化的萌生

茶树起源至少有百万年乃至几千万年历史了，而茶的发现和利用当在茶树起源千百万年以后。至于茶文化的孕育和萌芽，又是在茶发现和利用数千年后，同样是一个漫长的过程。

■ 云南镇沅千家寨古茶树

1. 茶树最早原产于中国

根据植物学家论证，属山茶科植物的茶树早在几十万年前就在中国西南部进化形成。唐代陆羽《茶经》称，茶树在“巴山峡川有两人合抱者”，说明在唐代中期，我国的川东、鄂西一带已分布有许多野生古老大茶树。近几年来通过考察和调查，已在全国10个省、自治区近两百处发现有野生大茶树，有的地区甚至成片分布。如云南普洱（思茅）地区镇源县千家寨的原始森林中就发现野生大茶树群落数千亩*，其中一株大茶树树龄约有2 700年。另外，云南西双版纳巴达大黑山密林中有一株树高32米的野生大茶树，树龄约有1 700年。云南勐海南糯山有上万亩的古茶树林。这些古茶树的发现，是茶树原产地的历史见证。

2. 茶之为饮，发乎神农

唐代陆羽《茶经》称："茶之为饮，发乎神农氏，闻于鲁周公"。说明茶之饮用，发源于史前的神农时代。神农是中国五千年前发明农业的传说人物，相传"神农尝百草，一日遇七十二毒，得茶而解之"。茶是我国原始先民在寻求各种可食之物、治病之药的采集过程中被发现的，先为药用，以后才发展为食用和饮用。因此，中国发现与利用茶的历史已有五千多年了。

■ 神农像

3. 巴蜀是中国茶文化的摇篮

巴蜀是中国古代一个广泛的地域，是指现在的四川、湖北以及云南、贵州两省的部分地区。巴蜀地区在史前的神农时代，从神农尝百草的传说中可知那时就发现和利用茶叶了，以后才开始有了饮茶的历史。

史籍记载，公元前11世纪商末周初以后已有种茶产茶的迹象，东晋常璩《华阳国志·巴志》称：周武王灭纣后，巴族地方出产的"……丹、漆、茶、蜜……皆纳贡之，"其地"园有……香茗"。《华阳国志·蜀志》载："什邡县，山出好茶"。又载："南安、武阳，皆出名茶。"说明商末周初之后就有种茶和名茶、贡茶了。

公元前316年蜀国王曾以葭萌（古代茶的称呼）作为人名、地名。公元

---

* 亩为非法定计量单位，1亩=1/15公顷。——编者注

■ 四川川青川古葭萌镇

前202年汉高祖五年于古长沙国置“荼陵县”(因产茶多而名之，“荼”字汉时就音茶)。汉《凡将篇》记载的20多种药物名称中有“荈诧”一名(荈音川，是巴蜀茶的方言)。

西汉王褒《僮约》中有“烹荼净具”“武阳买荼”两句。武阳在今四川彭山县，说明西汉时已有茶叶市场和饮茶习俗了。

三国魏张揖《广雅》载：“荆巴间采茶作饼，成以米膏出之……用葱姜芼之。”西晋孙楚《出歌》中有“姜、桂、茶、荈出巴蜀”之句。

以上史料都证明，巴蜀是中国茶业和茶文化的摇篮。

4. 茶文化的初始发展

西汉初年成书的《尔雅》“释木”部中收有“槚，苦荼”的字条(槚字音古，荼字音茶)。古时“荼”字虽有苦菜和茶等多种解释，但音茶者多指茶。汉代许慎《说文解字》记载：“荼，苦荼也。”“茗，荼芽也”。《三国志·吴书·韦曜传》中还有以茶代酒的记载。西晋张载《登成都白菟楼诗》中有“芳茶冠六清，溢味播九

■《尔雅》

区”的诗句，称茶是最好的饮料。西晋左思《娇女诗》中有“心为荼荈剧，吹嘘对鼎铴”的诗句，说明西晋一些贵族家庭妇孺都饮茶。东晋《晋·桓温列传》中有以茶为崇尚俭朴的记述。南北朝时《吴兴记》中有“乌程（浙江长兴古称）县西北二十里温山出御荈”的记载，说明宫廷用茶出现之早。隋《广韵》中同时收有樣、荼、茶三个字，并说明茶为俗称。以上均说明萌芽状态的茶文化已有了一定的发展。

二、唐代茶业经济繁荣

唐朝是我国封建社会中期极为鼎盛的时代，结束了自汉末以来400年的混乱割据和外族入侵的局面，加强了南方与北方、边疆与内地的联系，使南北方之间经常性的经济文化交流成为可能。同时又吸取了隋末农民大起义的经验教训，其制度和政策在一定程度上照顾到农民的利益和要求，因而形成了一个国家空前统一、国力强盛、经济繁荣、社会安定、交通发达、文化空前发展的局面。这样的社会条件为饮茶的进一步普及和茶文化的发展奠定了基础。

1. 唐代茶业发展迅速

作为唐朝农业部门中商品化程度最高的茶业，大大激发了当时农村经济的活力。茶叶的大面积种植，使得产茶区的许多空闲土地被开辟为茶场，拓展了农业生产的地域范围，土地资源得以充分利用，农民的生产方式也由原来的粗放经营向精耕细作转变。而且南方的一些地区茶叶经营取代粮食生产成为当地的主业，冒出了很多专业化的产茶区域，这改变了几千年来形成的传统农村经济结构。《册府元龟》中就有记载文宗太和时：“江淮人什二、三以茶为业。”也曾描述武宗时：“江南百姓营生，多以种茶为业。”

唐朝安史之乱前后，北方人口大量南迁，为南方茶叶生产提供了必要的劳动力条件。而在南方茶区，带有资本主义萌芽色彩的兼营茶叶生产或专门从事茶叶生产的茶园户应运而生。广泛的茶叶种植和充足的货源保证

使得茶叶流通及销售异常旺盛。大量商业资本涌入产茶地进行茶叶交易，这大大加强了南方茶叶产地与全国其他地区的商贸往来，繁荣了唐代商品经济。白居易诗作《琵琶行》中生动地描绘道："商人重利轻别离，前月浮梁买茶去。"表达出茶商们为利益所驱动，抛妻别子，长途贩运，导致出现了"茶自江淮而来，舟车相继，所在山积，色额甚多"的状况。唐朝经济制度的变革使带有资本主义萌芽色彩的茶业经济迅速发展，既稳定了茶叶供给，也使得新出现的茶商阶层成为茶文化普及的一股重要力量。与此同时，在唐朝广泛出现的商人阶层，为追求社会地位的提高和社会的认可，在茶文化的学习方面也不遗余力，加快了茶文化的世俗化、大众化，使得茶文化进一步在中下层市井社会中普及。

2. 唐代产茶区域辽阔

进入唐代以后，茶叶生产迅速发展，茶区进一步扩大。仅陆羽《茶经》就记载了有八大茶区43个州产茶，山南茶区有峡州、襄州、荆州、衡州、金州、梁州；淮南茶区有光州、义阳郡、舒州、寿州、蕲州、黄州；浙西茶区有湖州、常州、宣州、杭州、睦州、歙州、润州、苏州；剑南茶区有彭州、绵州、蜀州、邛州、雅州、泸州、眉州、汉州；浙东茶区有越州、明州、婺州、台州；黔中茶区有思州、播州、费州、夷州；江南茶区有鄂州、袁州、吉州；岭南茶区有福州、建州、韶州、象州。另又据其他史料补充记载，还有30多个州也产茶，因此统计结果，唐代已有80个州产茶。产茶区域遍及现今的四川、陕西、湖北、河南、安徽、江西、浙江、江苏、湖南、贵州、广西、广东、福建、云南14个省区。也就是说，唐代的茶叶产地达到了与我国近代茶区约略相当的局面。

3. 唐代茶业经济的发展对整个社会经济是一个重要的支撑

唐代商品经济能够取得长足的发展，与茶叶经济的崛起不无关系。唐朝安史之乱前后，北方人口大量南迁，为南方茶叶生产提供了必要的劳动力条件。玄宗后期爆发了"安史之乱"，这对社会生产力造成了巨大破坏，致使唐政府的国力日益匮乏。为缓解经济紧张的状况，统治者把目标瞄向了刚刚崛起的新兴产业——茶业，于是榷茶收入就顺理成章地成为国家的新税源。李氏王朝之所以能在“安史之乱”后社会动荡、藩镇割据的情况下维持较长时间的政权，一定程度上应得益于茶税从经济上给予的大力支持。

三、唐代名茶众多，贡茶制度形成

1. 唐代名茶众多

据唐代陆羽《茶经》和唐代李肇《唐国史补》（806—820年）等历史资料记载，唐代所产茶叶计有下列140余种，大部分都是蒸青团饼茶，少量是散茶。

产于雅州（今四川雅安）一带的茶叶是蒙顶茶，包括蒙顶研膏茶、蒙顶紫笋、蒙顶压膏露芽和谷芽、蒙顶石花、蒙顶井冬茶、蒙顶鑳芽、蒙顶鹰嘴芽白茶、云茶、雷鸣茶等，都江堰一带的有青城山茶、味江茶、蝉翼、片甲、麦颗、鸟嘴、横牙、雀舌等，眉州（今眉山、峨眉山）一带的有峨眉白芽茶（峨眉雪芽）、峨眉茶、五花茶。

产于四川名山的名山茶、百丈山茶，邛崃一带的火番茶、火井茶，绵阳一带的绵州松岭茶、骑火茶，温江一带的堋口茶、彭州石花、仙崖茶，泸州纳溪的纳溪梅岭茶，江油的昌明兽目（昌明茶、兽目茶），安县的神泉小团，汶川的玉垒沙坪茶，大邑的思安茶，剑阁以南地区的九华英。

产于浙江湖州长兴的顾渚紫笋，余杭的径山茶，建德、淳安的睦州细茶、鸠坑茶，金华的婺州方茶、举岩茶，东阳的东白茶，鄞县的明州茶，嵊县的剡溪茶，余姚的瀑布岭仙茗，杭州的灵隐茶、天竺茶，临安的天目茶。

产于今重庆市范围内的有茶岭茶，巫山巫溪的香山茶，彭水的黔阳都濡茶（都濡高技），石柱的多棱茶，武隆的白马茶，涪陵的宾化茶、三般茶，开县的龙珠茶，合川的水南茶，巴南的狼猱山茶。

产于湖北宜昌一带的夷陵茶、小江源（园）茶、朱萸簝、方蕊茶、明月茶，当阳的仙人掌茶，蕲春一带的蕲水团薄饼、蕲水团黄、蕲门团黄，

黄冈一带的黄冈茶，赤壁、崇阳一带的鄂州团黄，恩施一带的施州方茶，秭归一带的归州白茶（清口茶），松滋的荆州碧涧茶、楠木茶，枝城的峡州碧涧茶，襄阳、南漳的襄州茶。

产于湖南零陵的零陵竹间茶、沅陵的碣滩茶、龙山灵溪的灵溪芽茶、常德的西山寺炒青、长沙的麓山茶（潭州茶），安化、新化的渠江薄片，衡山的石禀方茶、衡山月团、岳山茶，岳阳的灉湖含膏（岳阳含膏茶）、岳州黄翎毛，淑浦的武陵茶，澧县的澧阳茶，沅陵的泸溪茶，邵阳的邵阳茶。

产于陕西安康一带的金州芽茶，汉中一带的梁州茶，西乡的西乡月团。

产于河南光山的光山茶，信阳的义阳茶。

产于安徽祁门的祁门方茶，黄山各县的新安含膏、牛轭岭茶，歙县的歙州方茶，东至的至德茶，青阳的九华山茶，宣州一带雅山茶（瑞草魁、鸦山茶、鸭山茶、丫山茶、丫山阳坡横纹茶），舒城的庐州茶，岳西的舒州天柱茶，六安的小岘春、六安茶，霍山、六安一带的霍山天柱茶、霍山小团、霍山黄芽（寿州黄芽），寿县的寿阳茶。

产于江西婺源的先春含膏、婺源方茶，吉安的吉州茶，九江的庐山云雾茶（庐山茶），景德镇的浮梁茶，宜春的界桥茶，南城的麻姑茶，南昌的西山鹤岭茶、西山白露茶。

产于江苏南京的润州茶，苏州的洞庭山茶，扬州的蜀冈茶，宜兴的阳羡紫笋。

产于贵州石阡的夷州茶，思南、德江的费州茶，婺川、印江的思州茶，遵义、桐梓的播州生黄茶。

产于福建建瓯的蜡面茶、建州大团、建州研膏茶（建茶、武夷茶），福州的唐茶、正黄茶、柏岩茶（半岩茶）、方山露芽（方山生芽）。

产于广东博罗的罗浮茶，韶关的岭南茶、韶州生黄茶，封开的西乡研膏茶，南海的西樵茶。

产于产西灵川的吕仙茶（吕岩茶、刘仙岩茶），象州的象州茶，桂平的西山茶，容县的容州竹茶。

产于云南西双版纳、思茅一带的银生茶（普茶）。

2. 唐代贡茶制度形成

唐之初仍以征收各地名产茶叶作贡品，一些贪图名位、求官谋职之士，阿谀奉承，投其所好，将某些地方品质特异的茶叶贡献皇室，以求升官发财。随着皇室、官吏饮茶范围的扩大，逐感这种土贡形式越来越不能满足需求，于是官营督造专门生产贡茶的贡茶院（贡焙）就产生了。

永泰元年至大历三年（765—768年）御史李栖筠为常州刺史，在宜兴修贡“阳羡雪芽”后，邀陆羽品茶，陆羽发现“顾渚紫笋”茶品质超群，建议可作贡茶。这段史实在《义兴重修茶舍记》中就有记载：“前此故御史大夫李栖筠典是邦，僧有献佳茗者，会客尝之，野人陆羽以为芳香甘辣，冠于他境，可荐于上。栖筠从之，始进万两。”于是，唐朝最著名的贡茶院就确定设在了湖州长兴和常州义兴（现宜兴）交界的顾渚山。贡茶院规模很大，每年役工数万人，采制贡茶“顾渚紫笋”。据《长兴县志》载，顾渚贡茶院建于唐代宗大历五年（770年），至明朝洪武八年（1375年），兴盛之期历时长达605年。在唐朝，产制规模之大，“役工三万人”“工匠千余人”。制茶工场有“三十间”，烘焙灶“百余所”，每岁朝廷要花“千金”之费生产万串以上（每串1斤）贡茶，专供皇室王公权贵享用。宋代蔡宽夫《诗话》述：“湖州紫笋茶出顾渚，在常湖（常州和湖州）二郡之间，以其萌茁紫而似笋也。每岁入贡，以清明日到，先荐宗庙，后赐近臣。”

■ 唐代顾渚贡茶院遗址

每年初春时节清明之前，贡焙新茶——“顾渚紫笋”制成后，快马专程直送京都长安，呈献皇上。茶到之时，宫廷中一片欢腾，唐代吴兴太守张文规的《湖州焙贡新茶》诗，就写下了此情此景，诗云：“凤辇寻春半醉回，仙娥进水御帘开，牡丹花笑金钿动，传奏吴兴紫笋来。”说的是帝王乘车去寻春，喝得半醉方回宫，

这时宫女手捧香茗，从御门外进来，那牡丹花般的脸上露着笑容，启口传奏新到紫笋贡茶来了。这首诗深刻地揭露了封建帝王的荒淫生活。《元和郡县图志》记载："贞元（785—804）以后，每岁以进奉顾渚山紫笋茶，役工三万余人，累月方毕"，可见当时采制贡茶耗费人力财力的浩繁。

唐代贡茶品目据李肇《国史补》记载，有十余品目，大部分是蒸青团饼茶，有方有圆，有大有小。其采制方法，根据陆羽《茶经·三之造》载："凡采茶，在二月、三月、四月之间。……晴，采之。蒸之，捣之，拍之，焙之，穿之，封之，茶之干矣。"陆羽当时总结记载的制法，实际上是顾渚紫笋的制法。

四、唐代饮茶之风盛行

随着产茶区域的扩大，饮茶习俗也随之在全国范围迅速普及开来，不仅如此，还流于塞外，传播到东瀛。

1. 唐代饮茶开始普及

唐代中期成书的《膳夫经手录》记载："茶，古不闻食之，近晋、宋以降，吴人采其叶煮，是为茗粥。至开元、天宝之间，稍稍有茶，至德、大

■ 文成公主下嫁西藏

历遂多，建中以后盛矣。”封演在其《封氏闻见记》中也说：“古人亦饮茶耳，但不如今人溺之甚；穷日尽夜，殆成风俗，始自中地，流于塞外。”北方也开始流行饮茶，正如《膳夫经手录》所说：“今关西、山东、闾阎村落皆吃之，累日不食犹得，不得一日无茶。”唐代贞观十五年（641年）唐太宗李世民将文成公主下嫁吐蕃松赞干布。同时带去了茶叶也传去了饮茶技艺，从此，西藏也开始普及饮茶。这些记载都说明，到了唐代中期，茶叶生产与饮茶习俗都全面扩大了。

2. 皇室崇尚饮茶引导茶为国饮

唐代皇室把茶叶作为祭祀、礼佛、赏赐之物。例如，每年清明节的祭祀茶宴，就是从唐朝开始并一直延续到清末。1987年，法门寺地宫出土的金银制全套茶具，更充分显示了唐代宫廷饮茶文化的发达和世俗文化对茶的偏爱。唐代的高级贡茶不但成为上好的饮品，而且是皇室赏赐的必备之物。如唐代王建有诗云：“延英引对碧衣郎，江砚宣毫各别床。天子下帘亲考试，宫人手里过茶汤。”大唐天子亲赐茶汤以示恩宠，对于考试的儒生们来说，能喝到一碗天子赐的香茶，真是三生有幸！难怪文人们称茶为“瑞草”之“魁”，又称之为“麒麟草”。上行而下效，以茶为礼便成为全社会的风俗。用于祭祀、礼佛和赏赐的茶，足以反映唐代皇室对茶的重视和推崇。这些举措超越了物质消费的层面，更多的被赋予了文化消费涵义，直接推动了茶文化的发展，也促进了社会其他阶层对茶的双重消费。此外，唐朝实行禁酒令，抑酒扬茶的制度安排，进一步刺激了茶叶的消费，更推动了茶产业和茶文化的发展。

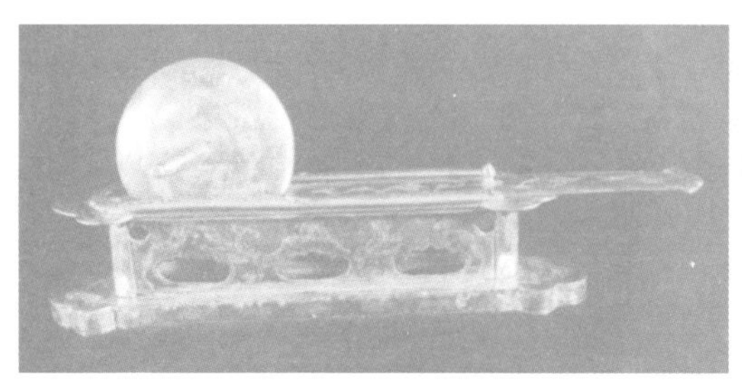

■ 法门寺出土唐代宫廷茶具茶碾子与琉璃茶盏

■ 唐·《宫乐图》

3. 已知饮茶有利健康促进饮茶发展

自汉代以来，很多历史古籍和古医书都记载了不少关于茶叶的药用价值和饮茶健身的论述。《神农本草》中称："茶味苦，饮之使人益思，少卧，轻身，明目。"《神农食经》说"茶茗久服，令人有力悦志。"东汉华陀《食论》中称："饮真茶，令人少眠。"《广雅》称："荆巴间采茶作饼，叶老者饼成以米膏出之，欲煮茗饮，先炙令赤色，捣末置瓷器中，以汤浇覆之，用葱，姜，桔子芼之，其饮醒酒，令人不眠。"《桐君录》中也记述："又巴东别有真香茶，煎饮令人不眠。"晋代张华《情物志》说："饮真茶，令人不眠。"梁代陶弘景《杂志》说："苦荼轻身换骨。"

唐代是茶叶发展较快，饮茶逐渐普及的朝代，斐汶《茶述》中就记述有：茶，起于东晋，盛于今朝，其性精清，其味浩洁，其用涤烦，其功致和，参百品而不混，越众饮而独高，烹之鼎水，和以虎形，人人服之，永永不厌，得之则安，不得则病。

《新修本草·木部》记述：茗，苦荼，味甘苦，微寒无毒，主瘘疮，利小便，去痰热渴，令人少睡，春采之。苦荼，主下气，消宿食。又称：下气消食，作饮，加茱萸、葱、姜良。

《枕中方》也称：疗积年瘘，苦茶、蜈蚣并炙，令香熟，等分捣筛，煮甘草汤洗，以末敷之。这是古时茶叶治疗外科病的记述。

《孺子方》中称：疗小儿无故惊厥，以苦茶葱须煮之。这是古时茶叶治疗儿科病的一例。

唐·孟诜《食疗本草》记述：茗叶利大肠，去热解痰，煮取汁，用煮粥良。又茶主下气，除好睡，消宿食，当日成者良，蒸捣经宿，用陈故者，即动风发气。这表明，唐代时已有用茶煮粥作食疗。并主张现煮现饮食，以增疗效。

唐·陈藏器《本草拾遗》中更有具体的论述：茗，苦，寒，破热气，除瘴气，利大小肠，食宜热，冷即聚痰，是茗嫩叶，捣成饼，并得火良，久食令人瘦，去人脂，使不睡。这不仅复述了古人的饮茶功效，而且总结出长久饮茶有助减肥健体。

唐代是佛教和社会文化发展较快的时期，佛门僧徒，文人墨客饮茶已成风尚，他们喝茶的目的，一是为了消遣，另外则是为了提神，很多古籍都有“令人不眠、少睡”的记述。大诗人白居易也有诗句称：“破睡见茶功”。

唐代顾况在《茶赋》中论茶功曰：“滋饭蔬之精素，攻肉食之膻腻，发当暑之清吟，涤通宵之昏寐。”这说明饮茶有消食去腻，解暑驱睡的作用。

■《神农本草》

另外，唐代诗人卢仝对饮茶更有深切的体会，他在《走笔谢孟谏议寄新茶》诗中曰，“一碗喉吻润，两碗破孤闷，三碗搜枯肠，惟有文字五千卷，四碗发轻汗，平生不平事，尽向毛孔散，五碗肌骨清，六碗通仙灵，七碗吃不得，唯觉两腋习习清风生。”卢仝的这首七碗茶诗流传甚广，博得赞赏和好评。

4. 饮茶既是物质享受也是一种精神寄托

中国历史上有很多关于以茶倡廉的记载。《晋书·桓温传》中记有：

"桓温为扬州牧，性俭，每宴饮惟下七奠柈茶果而已。"晋《中兴书》中记载了这样一个故事：陆纳任吴兴太守时，卫将军谢安常想去拜访他。陆纳的侄子陆俶埋怨陆纳没有准备什么东西，但又不敢问他，就私下准备了十多个人的酒食菜肴。谢安到了陆家后，陆纳招待他的仅仅是茶和果品而已。陆俶便当即摆上丰盛的肴馔，各种珍奇的菜肴全都有。等到谢安辞去，陆纳却打了陆俶四十大板，并训斥道：你既然不能给叔父增光，为什么要玷污我一向清廉的名声呢？一个历史故事，表明以茶倡廉的重要性。

东晋末刘敬叔《异苑》讲述了一个得茶报恩的故事：剡县陈务的妻子，年轻时就带着两个儿子守寡。喜欢饮茶。因为院子里有个古坟，每次饮茶就先祭祀它。两个儿子很不高兴地说："古坟知道什么，还不是白白地为它费心机吗？"所以想掘掉这座坟。母亲苦苦相劝，才没有掘掉。一天夜里，她梦见一个人说："我住在这个坟里已有三百余年了，你的两个儿子常想毁掉它，全靠你的保护，又给我好茶享用，我虽是地下的朽骨，怎能知恩不报呢？"等到天亮，她在庭院中得到了十万铜钱，像是埋在地下很久的样子，但穿钱的绳子却是新的。母亲将此事告诉两个儿子，他们心里很惭愧。从此祭祷更加经常和庄重。

唐代诗僧皎然在《饮茶歌诮崔石使君》诗中曰："一饮涤昏寐……再饮清我神……三饮便得道。"这是皎然饮茶的精神感受，说明通过饮茶确实可以使人的精神境界得到升华。

唐人刘贞亮把饮茶的好处归纳为十条，其中有"以茶利礼仁，以茶可行道，以茶可雅志。"说明饮茶有利于修身养性。

唐代高僧赵州和尚从谂禅师提出的禅林法语"吃茶去"，有一次你无论对他说什么，他总是说"吃茶去"，这是因为他认为饮茶可以悟茶理、悟佛理，始终保持一颗平常心，达到心态平衡，这就是茶能悟性的道理。

■ 赵州和尚"吃茶去"

5. 文人墨客起了推波助澜的作用

在唐朝茶文化由形成到兴盛的全过程，文人雅士推波助澜，参与创造，功不可没。他们从饮茶品茗中，来探寻自然之美、品赏生命之乐、体悟人生之理，从而让饮茶具有高妙的审美价值和玄远的生命意味，形成了独特的茶文化。丁文在《唐代茶诗》一书中说唐代茶人的主体是活跃在唐代文坛的文人雅士、墨人骚客，有戴纶巾的士、穿蟒袍的士、披袈裟的士。既有诗人和散文家，又包括画家、书法家、音乐家、舞蹈家。就诗人而言，诗仙李白、诗圣杜甫以及中晚唐诗界名流无不囊括在内。其杰出者有陆羽、卢仝、白居易、皮日休、陆龟蒙、刘禹锡、温庭筠、袁高、杜牧、张文规、

■ 唐·阎立本《肃翼赚兰亭》局部

■ 唐·周昉《调琴啜茗图》卷

颜真卿、柳宗元、齐己、吕岩、贯休等。他们用生花妙笔诠释茶道真谛。以《全唐诗》为例，融汇了儒、道、释三教文化，对中国茶道形而上主体有着鲜明的表述。全书录唐代茶诗（含赋和联句）600余首，涉及诗人140余位。诗体有古体、律诗、绝句，题材广泛，包括咏名泉、咏采茶、咏造茶、咏煮茶、咏名茶、咏茶具、味茶礼、咏茶功、咏茶会等，凡茶事诸方面无不涉及。可以说，在唐代不饮茶做不了名诗人，名诗人不能不写茶诗。

第三部分

《茶经》的历史价值与现实意义

唐代，中国茶文化进入了兴盛期。这种兴盛，与文人的推波助澜是分不开的，其中陆羽的贡献是最大的。他著述并发表了《茶经》，亲自奔赴长江流域的主要茶区，调查研究，品评茶叶，推荐贡茶，创导“陆氏煮茶法”等。可以说，茶圣陆羽是中国“茶学”学科的创始人。陆羽《茶经》不仅有深远的历史价值，而且很多论述具有重要的现实意义。这里就这方面内容进行简要论述。

一、陆羽《茶经》是世界上最早的茶学经典

中国是发现与利用茶最早的国家，因此中国也是最早为茶著书立说的国家。世界上第一个编写茶书的人是唐朝的陆羽，他亲临广大茶区调查，亲身实践，品饮各地名茶和名泉，并博采群书，终于在公元764年左右写出了世界上第一部茶书——《茶经》。

■ 陆羽塑像

自《茶经》问世以后，不少后代人均以陆羽《茶经》为范本，或增补，或就其中一部分加以发挥，著述专论。诸如五代蜀毛文锡《茶谱》，宋蔡襄《茶录》，宋周绛《补茶经》，明

■ 明·日文点本《茶经》

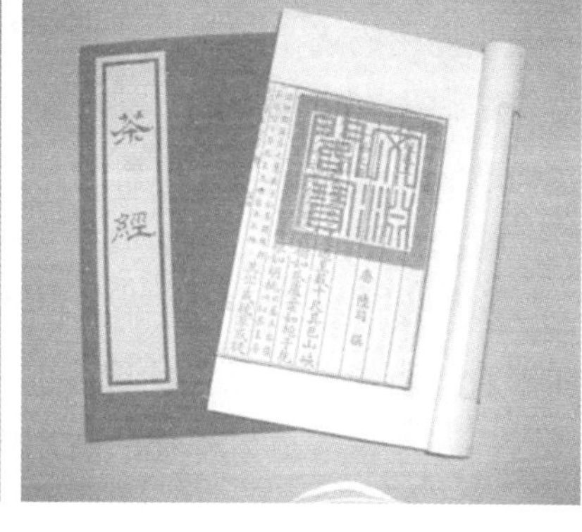

■ 清·四库本《茶经》

朱权《茶谱》，明顾元庆、钱椿年《茶谱》，明张源《茶录》，明张谦德《茶经》，清陆廷灿《续茶经》等均是如此。陆羽《茶经》传到国外，对国外学习研究茶的学者也有很大影响，韩国茶文化鼻祖草衣禅师曾学习抄录中国明代张源《茶录》而写成韩国茶书《东茶颂》。日本荣西禅师宋时来中国学习佛教与茶道，回国后写成《吃茶养生记》。以及现代欧美汉学家将陆羽《茶经》翻译成国外文本。这些都是直接或间接学习陆羽《茶经》的著述。因此，陆羽《茶经》是世界上最早、最有影响的茶学经典。

二、《茶经》是茶文化形成的标志

所谓“茶文化”，广义而言，它是人类在社会发展过程中所创造的有关茶的物质财富和精神财富的总和。

陆羽《茶经》称：“茶之为饮，发乎神农氏。”指出了人类发现与利用茶，具有悠久的历史。

陆羽《茶经》上、中、下三卷，包括了茶的形态特征、字源、名称、药用价值、茶叶采制用具、制茶方法、烹饮器具、煮茶方法、品饮技艺、唐代中期以前历史上有记载的茶事、唐代茶叶产地与品质状况等，内容十分丰富。是真正意义上的中国茶文化概述与历史总结，既有物质的东西，也有精神的内容。

在物质方面，《茶经》系统总结提出了采制茶叶需用的十五种工具和茶叶烹饮需用的二十四器。精神方面的有种茶、采茶、制茶、煮茶的技术经验总结，也有唐代中期以前有关茶事的历史记载，有人物、有故事、有史实，系统而全面。尤其可贵的是，提出了“精行俭德”的茶道精神，使茶文化得到升华。

历史发展到了唐代，茶区已扩大，从《茶经·八之出》介绍的茶叶产地来看，唐代茶区已包括现今的四川、重庆、湖北、湖南、陕西、安徽、江西、浙江、江苏、福建、贵州等省（区）。饮茶已成风俗，上至帝王宫廷，下至百姓平民，还有文人雅士，佛门寺院等都崇尚饮茶。陆羽《茶经》对唐代及其以前有关茶的各个方面都进行了系统地总结。因此可以说，陆羽《茶经》的问世，是中华茶文化正式形成的标志。

三、陆羽是“茶学”学科的创始人

现代“茶学”，狭义而言，它是“农学”的一个分支，“食品学”的一个方面；广义而言，“茶学”包括茶的自然科学和茶的社会科学两个方面。所谓茶的自然科学，包括茶的特征特性、茶的种植与加工、茶的类别与品质等方面；所谓茶的社会科学，包括茶业的经营管理、茶的经济贸易、茶的品饮、茶的文化艺术及其对社会的影响等方面。因此有人主张把传统的

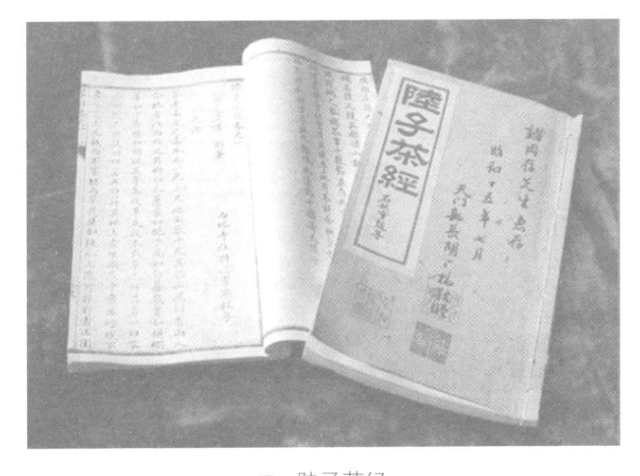

■ 陆子茶经

"茶学"扩充为广义的"茶文化学"，作为现代"茶学"的学科。

从这个意义上说，现代"茶学"学科包括的范围是很大的，既有自然科学的内容，也有社会科学的内容。通读唐代陆羽所著的《茶经》，从"一之源""二之具""三之造""四之器""五之煮""六之饮"直至"十之图"。其内容也是十分丰富的，既有茶的种植加工技术，也有茶的烹饮技艺和文化典故等，基本呈现出了"茶学"的雏形。而且书名《茶经》，是有关茶的各个领域的综合性专著。从此，后人在陆羽《茶经》的基础上，或补充、或模仿，类似著作不少，从而不断丰富着"茶学"学科的内容。由此看来可以认为，陆羽是"茶学"学科的创始人。

四、"精行俭德"是茶人精神的概括

陆羽《茶经·一之源》称："茶之为用，味至寒，为饮，最宜精行俭德之人。""精行俭德"是清正俭朴的意思，陆羽在这里提出了茶人的行为准则。什么是"茶人精神"？当代茶圣吴觉农先生一生事茶，清正俭朴。他临终前曾对家人说："我一生事茶，是一个茶人。我从事茶叶工作一辈子，许多茶叶工作者，我的同事和我的学生同我共同奋斗，他们不求功名利禄、升官发财，不慕高堂华屋、锦衣美食，没有人沉溺于声色犬马、灯红酒绿，

■ 茶人精神倡导者——吴觉农

大多一生勤勤恳恳，埋头苦干，清廉自守，无私奉献，具有君子的操守，这就是茶人风格。”

这种“精行俭德”的茶人精神，也被称之为“茶德”。现代最早提出茶德的人是庄晚芳先生，他于1989年在上海《茶报》上发表《中国茶德》一文，提出中国茶德是“廉、美、和、敬”四字，并浅释为“廉俭育德、美真康乐、和诚处世、敬爱为人。”1990年程启坤、姚国坤在杭州国际茶文化研讨会上发表论文，提出中国茶德可以用“理、敬、清、融”四个字表达，“理”即“品茶论理，理智和气”，“敬”即“客来敬茶，以茶示礼”，“清”即“廉洁清白，清心洁身”，“融”即“祥和融洽，和睦友谊”。后来，台湾茶艺协会也提出他们协会的基本精神为“清、敬、怡、真”。超百岁老茶人提出中国茶礼为“俭、清、和、静”。中国国际茶文化研究会周国富会长2012年在四届三次理事会的工作报告中提出了当代中国茶文化的核心理念是“清、敬、和、美”。

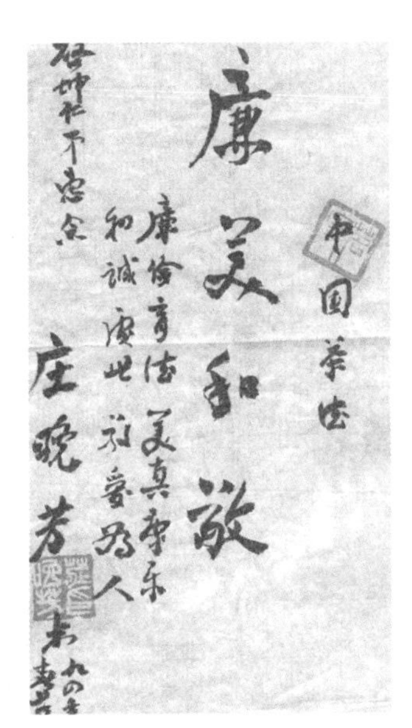

■ 庄晚芳提倡的茶德

中国古人将品茶之道称为“茶道”，中国茶道传至日本，发展形成了日本茶道，日本茶道精神是“和、敬、清、寂”。传至韩国，发展形成了韩国茶礼，韩国茶礼的精神是“清、敬、和、乐”。

综上所述，无论是茶道精神、茶人精神和茶德，可以说都是与陆羽提出的“精行俭德”一脉相承的。

五、《茶经》是唐代茶业种、采、制、饮技术系统总结

陆羽是在广泛调查研究、实地考察的基础上写成《茶经》，尤其是对长兴顾诸山的茶园地貌、生态环境以及制茶方法进行详细了解，甚至在顾渚

山置茶园，亲自采制实践之后才写成茶学经典《茶经》。

陆羽《茶经·一之源》中说："其地，上者生烂石，中者生砾壤，下者生黄土。凡艺而不实，植而罕茂。法如种瓜，三岁可采。野者上，园者次。阳崖阴林，紫者上，绿者次。笋者上，牙者次。叶卷上，叶舒次。阴山坡谷者，不堪采掇，性凝滞，结瘕疾。……采不时，造不精，杂以卉莽，饮之成疾。"《茶经·三之造》中说："凡采茶，在二月、三月、四月之间。茶之笋者，生烂石沃土，长四、五寸，若薇蕨始抽。凌露采焉。茶之牙者，发于丛薄之上。有三枝、四枝、五枝者，选其中枝颖拔者采焉。其日有雨不采，晴有云不采。晴，采之，蒸之，捣之，拍之，焙之，穿之，封之，茶之干矣。"《茶经·五之煮》中说："其水，用山水上，江水中，井水下。……其沸，如鱼目，微有声，为一沸；缘边如涌泉连珠，为二沸；腾波鼓浪，为三沸。已上，水老不可食也。初沸，则水合量，调之以盐味，……第二沸出水一瓢，以竹策环激汤心，则量末当中心而下。有顷，势若奔涛溅沫，以所出水止之，而育其华也。"此外，《茶经》中还有唐代茶叶采制用具和煮茶品饮器具的具体记载等内容。

上述这些有关唐代茶业的科学记载与论述，可以说是唐代茶业种、采、制、饮技术的系统总结。

六、《茶经》是中唐前茶事的历史总结

中国在唐代以前，已有茶文化的萌芽，在不少史书中已有一些零星的记载。如公元前2世纪西汉初年成书的《尔雅》中，就有"槚，苦荼"的记述；三国《广雅》中有"荆巴间采茶作饼"的记载；司马相如《凡将篇》已把茶列为一味中草药。到了晋代，更有以茶倡廉、以茶敬客、以茶健身、以茶治病等多种记述。陆羽《茶经》将这些零星分散的历史记述，从浩瀚如海的大量史书典籍中寻找出来，一一作了记录。陆羽《茶经·七之事》中，引述了49本典籍中有关茶事的记载，记述的人物有几十个，涉及的茶事有茶的特征、特性、产地、饮用、保健、药用、待客、倡廉、代酒、解乏、茶市、茶神活、茶故事、品茶、鉴赏、祭祀等。内容十分广泛，所引

用的历史资料大致可分7类：①医药保健类《神农食经》(失传)、司马相如《凡将篇》、刘琨与兄子南兖州刺史演书、华佗《食论》、壶居士《食忌》、陶弘景《杂录》、徐勣《本草·木部》《枕中方》和《孺子方》9条。②历史文化类:《晏子春秋》《吴志·韦曜传》《晋中兴书》《晋书》《世说》、关于黄门以瓦盂盛茶上(晋)惠帝的记事、《晋书·艺术传》《释道该说续名僧传》《江氏家传》《宋录》和《后魏录》共11条。③诗词歌赋类：左思的《娇女》诗、张孟阳的《登成都楼》诗、孙楚的歌、王微的《杂诗》和鲍昭妹令晖《香茗赋》5条。④神话故事类:《搜神记》《神异记》《续搜神记》《异苑》和《广陵耆老传》5条。⑤名称注释类：周公《尔雅》、扬雄《方言》、郭璞《尔雅注》和《本草·菜部》4条。⑥地理地名类：傅巽《七诲》《坤元录》《括地图》、山谦之《吴兴记》《夷陵图经》《永嘉图经》《淮阴图经》和《茶陵图经》8条。⑦其他类:《广雅》、傅咸司隶教示、弘君举《食檄》、南齐世祖武皇帝遗诏、梁刘孝绰谢晋安王饷米等启和《桐君录》6条。

除《七之事》之外,《茶经》的其他章节中也有不少历史记述，如《茶经·一之源》中，讲到巴山峡川有两人合抱的大茶树，讲到茶字字源的历史记载和茶的五种称谓。《茶经·六之饮》中，讲到“茶之为饮，发乎神农氏，闻于鲁周公。齐有晏婴，汉有扬雄、司马相如，吴有韦曜，晋有刘琨、张载、远祖纳、谢安、左思之徒，皆饮焉。滂时浸俗，盛时国朝，两都并荆、渝间，以为比屋之饮。”指出了茶的发现与利用，起源于五千年前的神农氏，列举了历代与茶有关的历史人物。因此可以看出，陆羽《茶经》是唐代中期以前中国茶事的历史总结。

七、陆羽创导的“煮茶法”是茶道、茶艺的典范

茶道起源于中国，早在三国时《广雅》中就记载有：“荆巴间采茶作饼，成以米膏出之。若饮，先炙令色赤，捣末置瓷器中，以汤浇覆之，用葱姜芼之。其饮醒酒，令人不眠。”这是唐代以前，关于饮茶较全面的记述，具有茶道的雏形。

到了唐代，由于饮茶风俗的形成与普及，中国茶道逐渐形成。陆羽就

是在此基础上，进行了系统的总结与提高，在《茶经》中提出了陆氏“煮茶法”。在《茶经·四之器》中，列出了煮饮用具二十四器，提出了煮茶的具体方法步骤。在《茶经·六之饮》“凡茶有九难”中，提出了煮好茶要重点把握好九个方面，即制好茶、选好茶、配好器、选好燃料、用好水、烤好茶、碾好茶、煮好茶、饮好茶。在《茶经·四之器》“风炉”一节中，指出在风炉炉身上所开的三窗之上，有“伊公羹，陆氏茶”六个字，伊公是指伊尹，商初大臣，善调羹汤；陆氏茶，指的就是陆羽自己的煮茶法，说明陆羽对自己的煮茶法很自信。

所以，唐代封演在《封氏闻见记》中记述：“楚人陆鸿渐为茶论，论茶之功效，并煎茶炙茶之法，造茶具二十四事，以都统笼贮之。远近倾慕，好事者家藏一幅。有常伯熊者，又因鸿渐之论广润色之，于是茶道大行。”

这一论述，非常明确地指出了，陆羽的煮茶法当时已有相当的社会影响。后来，常伯熊只是在陆羽煮茶法的基础上加以润色，当然，这对“茶道大行”也是有帮助的。

乾隆丙子鐫
封氏聞見記
雅雨堂藏板

■ 封演《封氏闻见记》

因此，作者认为，陆羽创导的“煮茶法”是中国茶道、茶艺的最早典范。

八、陆羽《茶经》很多论述至今仍有现实意义

陆羽《茶经》的问世，虽然距今已有一千多年了，然而，《茶经》中的若干论述，至今仍具有重要的现实意义。

在《茶经·一之源》开头，就有“茶者，南方之嘉木也。一尺、二尺，乃至数十尺，其巴山、峡川有两人合抱者，伐而掇之”的记述。这就说明，那时的巴山、峡川一带，就有野生大茶树，这对研究茶树的起源与发源地

都有很大帮助。

在《茶经·一之源》中，“上者生烂石，……下者生黄土”；“法如种瓜，三岁可采”；“紫者上，绿者次”；“笋者上，牙者次”；“叶卷上，叶舒次”等。在《茶经·三之造》中，“茶之笋者，生烂石沃土，长四、五寸，若薇蕨始抽，……有三枝、四枝、五枝者，选其中枝颖拔者采焉。”这些都与现代科学种茶的理论与实践相吻合，仍然具有现实的指导意义。

在《茶经·一之源》中“茶之为用，性至寒，为饮，最宜精行俭德之人。若热渴、凝闷、脑疼、目涩、四肢烦、百节不舒，聊四、五啜，与醍醐、甘露抗衡也。”充分论述了茶的功效，同时也提出了“精行俭德”的茶道精神。这些在现代研究茶的功效与普及茶文化中，仍有重要的现实意义。

在《茶经·五之煮》中，提出的煮茶要用清洁活水，烧水不能超过三沸，茶与水的比例要适当；在《茶经·四之器》中，提出的要选好茶具，盛茶杯碗要与茶色相匹配等。这些，对于现代茶艺工作者研究如何泡好茶，都是具有现实意义的。

在《茶经·七之事》中，从三皇炎帝神农氏、鲁周公《尔雅》直到《本草》，从近50本典籍中归纳出的茶事历史记载，对现代茶文化工作者研究中国茶文化的历史具有十分重要的参考价值。

在《茶经·八之出》中，记述了唐代的茶区分布，并列举了一些品质好的茶叶产出的地名。这些记载，对现代各地的名优茶开发具有重要参考

■ 陆羽塑像

意义。

陆羽《茶经》的内容十分丰富，进一步深入研究陆羽《茶经》，将对学习和理解中国茶文化的历史有帮助；同时，对进一步弘扬中华茶文化，发展茶文化事业，也具有十分重要的意义。陆羽《茶经》光辉永存。

第四部分

陆羽《茶经》校准本

一、一之源

茶者，南方[①]之嘉木也。一尺，二尺，乃至数十尺。其巴山[②]、峡川[③]有两人合抱者，伐而掇[④]之。

[注]

①南方：唐代南方指秦岭以南。

②巴山：大约为现重庆直辖市范围地区。

③峡川：大约为现湖北西部。

④掇：音多（duō），采摘。

其树如瓜芦[①]，叶如栀子，花如白蔷薇，实如栟榈[②]，蒂[③]如丁香，根如胡桃。（瓜芦木出广州，似茶，至苦涩。栟榈，蒲葵之属，其子似茶。胡桃与茶，根皆下孕兆至瓦砾，苗木上抽）。

[注]

①瓜芦：即皋芦，茶的大叶变种。

②栟榈：即棕榈。

③蒂：是连接花果处的梅花托。

其字，或从草，或从木，或草木并。（从草，当作茶，其字出《开元文字音义》；从

木，当作檫，其字出《本草》；草木并，作荼，其字出《尔雅》。）其名，一曰茶，二曰槚[①]，三曰蔎[②]，四曰茗，五曰荈[③]。（周公云：槚，苦荼。扬执戟云：蜀西南人谓茶曰蔎。郭弘农云：早取为茶，晚取为茗。或一曰荈耳。）

[注]

①槚：音假（jiǎ）。

②蔎：音设（shè）。

③荈：音川（chuǎn）。

其地，上者生烂石，中者生砾壤，下者生黄土。

凡艺[①]而不实[②]，植而罕茂。法如种瓜，三岁可采。野者上，园者[③]次。阳崖阴林，紫者上，绿者次。笋者[④]上，牙者[⑤]次。叶卷上，叶舒次。阴山坡谷者，不堪采掇，性凝滞，结瘕[⑥]疾。

[注]

①艺：指种植。

②实：指种子。

③园者：人工栽培者。

④笋者：指像笋一样肥壮的茶芽。

⑤牙者：指像犬牙一样，瘦小的茶芽。

⑥瘕：音假（jiǎ），腹中肿块。

茶之为用，味至寒，为饮，最宜精行俭德之人。若热渴、凝闷、脑疼、目涩、四肢烦、百节不舒，聊四五啜，与醍醐[①]、甘露[②]抗衡也。

[注]

①醍醐：牛奶中提炼出的精华。

②甘露：甜味膏露。

采不时，造不精，杂以卉莽[①]，饮之成疾。茶为累也，亦犹人参。上者生上党[②]，中者生百济、新罗，下者生高丽[③]。有生泽州[④]、易州[⑤]、幽州[⑥]、檀州[⑦]者，为药无效，况非此者。设服荠苨[⑧]，使六疾[⑨]不瘳。知人参为累，则茶累尽矣。

[注]

①卉莽：杂草。

②上党：今山西长治。

③百济、新罗、高丽：当时都是朝鲜半岛上的国家。

④泽州：今山西晋城一带。

⑤易州：今河北易县。

⑥幽州：今河北大兴一带。

⑦檀州：今河北密云。

⑧荠苨：桔梗科植物，根形似人参。

⑨六疾：古时指阴、阳、风、雨、晦、明六气过度导致的疾病。

二、二之具

籝[1]，一曰篮，一曰笼，一曰筥[2]。以竹织之，受五升，或一斗、二斗、三斗者，茶人负以采茶也。（籝，《汉书》音盈，所谓黄金满籝，不如一经。颜师古云：籝，竹也，受四升耳。）

[注]

①籝：音盈（yíng），竹编的篮子。

②筥：音句（jǔ）。

灶，无用突[1]者，釜[2]用唇口者。

[注]

①突：烟囱。

②釜：锅子。

甑[1]，或木，或瓦，匪腰[2]而泥。篮以箄[3]之，篾以系之。始其蒸也，入乎箄；既其熟也，出乎箄。釜涸，注于甑中。又以榖木[4]枝三亚者制之，散所蒸牙笋并叶，畏流其膏[5]。

[注]

①甑：音争（zèng），具有带孔隔板的蒸桶。

②匪腰：圆腰。

③箄：音闭（bì），这里指竹编的篮子。

④榖木：楮木。

⑤膏：这里指茶汁。

杵[1]臼，一曰碓[2]，惟恒用者佳。

[注]

①杵：音储（chǔ），捣物棒槌。

②碓：音对（duì），用来捣物的石臼。

规，一曰模，一曰棬[1]，以铁制之。或圆、或方、或花。

[注]

①棬：音圈（quān），圈形无底模。

承，一曰台，一曰砧[1]，以石为之。不然以槐、桑木半埋地中，遣[2]无所摇动。

[注]

①砧：音真（zhēn），切或捶东西垫在底下的物体。

②遣：使其之意。

襜[1]，一曰衣，以油绢[2]或雨衫、单服败者为之。以襜置承[3]上，又以规置襜上，以造茶也。茶成，举而易之。

[注]

①襜：音掺（chān），古代一种短的便衣，这里指布状物。

②油绢：丝绸之类。

③承：台子、桌子之物。

芘莉[1]，一曰籝子，一曰蒡筤[2]。以二小竹，长三尺，躯二尺五寸，柄五寸。以篾织方眼。如圃人土罗[3]，阔二尺，以列茶也。

[注]

①芘莉：音皮利（pí lì），筛状物。

②蒡筤：音旁郎（páng láng），一种筛状用具。

③土罗：筛土的筛子。

棨[1]，一曰锥刀。柄以坚木为之，用穿茶也。

[注]

①棨：音启（qǐ），锥子。

朴，一曰鞭。以竹为之，穿茶以解[1]茶也。

[注]

①解：搬运之意。

焙[1]，凿地深二尺，阔二尺五寸，长一丈。上作短墙，高二尺，泥之。

[注]

①焙：烘干，指烘焙饼茶的地沟。

贯[1]，削竹为之，长二尺五寸，以贯茶，焙之。

[注]

①贯：穿茶的圆竹条。

棚，一曰栈，以木构[1]于焙上，编木两层，高一尺，以焙茶也。茶之半干，升下棚；全干，升上棚。

[注]

①构：架。

穿，江东、淮南剖竹为之。巴山峡川纫[1]穀皮[2]为之。江东以一斤为上

穿，半斤为中穿，四两、五两为小穿。峡中以一百二十斤为上穿，八十斤为中穿，五十斤为小穿。字旧作钗钏[3]之钏字，或作贯串。今则不然，如磨、扇、弹、钻、缝五字，文以平声书之，义以去声呼之，其字以穿名之。

[注]

①纫：搓绳。

②穀皮：楮树皮。

③钗钏：妇女头上的饰物。

育[1]，以木制之，以竹编之，以纸糊之。中有隔，上有覆，下有床，旁有门，掩一扇。中置一器，贮煻煨[2]火，令煴煴然[3]。江南梅雨时，焚之以火。（育者，以其藏养为名。）

[注]

①育：藏存保养茶的器具。

②煻煨：音唐偎（táng wēi），热火灰。

③煴煴然：缓和的火，温温热。

三、三之造

凡采茶，在二月、三月、四月之间。

茶之笋者，生烂石沃土，长四、五寸，若薇蕨[1]始抽。凌露[2]采焉。茶之牙者，发于丛薄[3]之上。有三枝、四枝、五枝者，选其中枝颖拔[4]者采焉。其日有雨不采，晴有云不采。晴，采之，蒸之，捣之，拍之，焙之，穿之，封之，茶之干矣。

[注]

①薇蕨：一种较原始的多年生草本植物。

②凌露：趁着有露水时。

③丛薄：杂草丛生的地方。

④颖拔：肥壮。

茶有千万状，卤莽[1]而言，如胡人靴者，蹙缩[2]然；犎牛[3]臆[4]者，廉襜[5]然；浮云出山者，轮菌[6]然；轻飙[7]拂水者，涵澹[8]然；有如陶家[9]之子，罗膏土以水澄泚[10]之；又如新治地者，遇暴雨流潦之所经。此皆茶之精腴[11]。有如竹箨[12]者，枝干坚实，艰于蒸捣，故其形籭簁[13]然；有如霜荷者，茎叶凋沮[14]，易其状貌，故厥状委[15]悴然。此皆茶之瘠老者也。

[注]

①卤莽：粗略、大概。

②蹙缩：蹙，音促（cù），皱缩。

③犎牛：即峰牛，一种野牛。

④臆：胸部。

⑤廉襜：指牛胸前细微的褶皱。

⑥轮菌：盘旋状。

⑦飙：音标（biāo），大，这里泛指风。

⑧涵澹：水波动。

⑨陶家：制陶者。

⑩澄泚：音邓此（dèng cǐ），沉淀澄清。

⑪腴：音鱼（yú）。

⑫箨：音唾（tuó），竹笋壳。

⑬籭簁：籭，音斯（sī）；簁，音筛（shāi）。竹筛子。

⑭凋沮：萎败的样子。

⑮委：通萎，萎凋。

自采至于封七经目，自胡靴至于霜荷八等。或以光黑平正言嘉者，斯鉴之下也；以皱黄坳垤[1]言嘉者，鉴之次也。若皆言嘉及皆言不嘉者，鉴之上也。何者？出膏者光，含膏者皱；宿制者则黑，日成者则黄；蒸压则平正，纵之则坳垤。此茶与草木叶一也。茶之臧否[2]，存于口诀。

[注]

①坳垤：音奥碟（āo dié），高低不平。

②臧否：音脏痞（zàng pǐ）；臧，好；否，坏。

四、四之器

风炉，以铜铁铸之，如古鼎形。厚三分，缘阔九分，令六分虚中，致其杇墁①。凡三足，古文书二十一字。一足云："坎上巽下离于中②"；一足云："体均五行③去百疾"；一足云："圣唐灭胡④明年铸⑤"。其三足之间，设三窗。底一窗，以为通飙漏烬之所。上并古文书六字，一窗之上书"伊公"二字，一窗之上书"羹陆"二字，一窗之上书"氏茶"二字。所谓"伊公⑥羹，陆氏茶⑦"也。置墆埭⑧于其内，设三格：其一格有翟焉。翟⑨者，火禽也。画一卦曰"离"。其一格有彪焉，彪者，风兽也。画一卦曰"巽"，其一格有鱼焉。鱼者，水虫也。画一卦曰"坎"。巽主风，离主火，坎主水。风能兴火，火能熟水，故备其三卦焉。其饰以连葩⑩、垂蔓、曲水、方文之类。其炉或锻铁为之，或运泥为之。其灰承作三足铁柈抬之。

[注]

①杇墁：音污慢（wū màn），涂抹装饰墙壁。

②坎、巽、离：八卦的卦名。坎为水卦；巽，音训（xùn），风卦；离为火卦。

③五行：即金、木、水、火、土。

④唐灭胡：指唐广德元年（763年）平息安史之乱。

⑤明年铸：指公元764年。

⑥伊公：伊尹，商初大臣，善调羹汤。

⑦陆氏茶：陆羽茶法煮的茶。

⑧墆埭：音迭聂（dié niè），指炉内三个横突出放置锅的支撑物。

⑨翟：音笛（dí），火禽野鸡之类。

⑩葩：音趴（pā），花。

筥，以竹织之，高一尺二寸，径阔七寸。或用藤，作木箱如筥形织之。六出圆眼。其底、盖若利篋①，口铄②之。

[注]

①篋：箱子。

②铄：音朔（shuò），通“烁”，指弄光滑。

炭檛[①]，以铁六棱制之。长一尺，锐上，丰中，执细，头系一小辗[②]，以饰檛也。若今之河陇[③]军人木吾[④]也。或作槌，或作斧，随其便也。

[注]

①檛：音抓（zhuā），榔头。

②辗：音展（zhǎn），金属环。

③河陇：黄河的甘肃地段。

④木吾：木棒。

火夹，一名箸。若常用者，圆直一尺三寸，顶平截无葱苔[①]勾锁[②]之属，以铁或熟铜制之。

[注]

①葱苔：圆球状物。

②勾锁：锁状物。

鍑（釜），以生铁为之，今人有业冶者，所谓急铁。其铁以耕刀之趄[①]，炼而铸之。内模土而外模沙。土滑于内，易其摩涤；沙涩于外，吸其炎焰。方其耳，以正令也。广其缘，以务远也。长其脐，以守中也。脐长，则沸中；沸中，则末易扬；末易扬，则其味醇也。洪州[②]以瓷为之，莱州[③]以炻[④]为之。瓷与炻皆雅器也。性非坚实，难可持久。用银为之，至洁，但涉于侈丽。雅则雅矣，洁亦洁矣，若用之恒，而卒[⑤]归于铁也。

[注]

①趄：音切（qiè），指用坏了。

②洪州：今江西南昌。

③莱州：今山东掖县一带。

④炻：音石（shí），近似陶器。

⑤卒：终究。

交床，以十字交之，剜[①]中令虚，以支镀也。

[注]

①剜：挖掉。

夹，以小青竹为之，长一尺二寸。令一寸有节，节已上剖之，以炙茶也。彼竹之筱[①]，津润于火，假其香洁以益茶味，恐非林谷间莫之致。或用精铁熟铜之类，取其久也。

[注]

①筱：音小（xiǎo），小嫩竹子。

纸囊，以剡藤纸[①]白厚者，夹缝之。以贮所炙茶，使不泄其香也。

[注]

①剡藤纸：剡音扇（shàn），指浙江嵊州；藤纸，用藤做的纸。

碾（拂末），碾以橘木为之，次以梨、桑、桐、柘[①]为之。内圆而外方。内圆备于运行也；外方制其倾危也。内容堕[②]而外无余。木堕，形如车轮，不辐而轴焉。长九寸，阔一寸七分。堕径三寸八分。中厚一寸，边厚半寸。轴中方而执圆。其拂末以鸟羽制之。

[注]

①柘：音浙（zhè），一种树。

②堕：音妥（tuǒ），同“砣”，碾砣。

罗盒，罗末以盒盖贮之，以则置盒中。用巨竹剖而屈[①]之，以纱绢衣[②]之。其盒以竹节为之，或屈杉以漆之。高三寸，盖一寸，底二寸，口径四寸。

[注]

①屈：弯曲。

②衣：蒙上。

则，以海贝、蛎蛤之属，或以铜、铁、竹匕[①]策之类。则者，量也，准也，度也。凡煮水一升，用末方寸匕[②]。若好薄者，减之；嗜浓者，增之。故云“则”也。

[注]

①匕：音比（bǐ），勺匙。

②方寸匕：为1立方寸的量具，唐代1寸相当于3.03厘米；或，方寸，小之意，指小匙。

水方[①]，以稠木：槐、楸、梓等合之，其里并外缝漆之，受一斗。

[注]

①水方：盛水盆。

漉水囊，若常用者，其格以生铜铸之，以备水湿，无有苔秽[①]、腥涩意。以熟铜，苔秽；铁，腥涩也。林栖谷隐者，或用之竹木。木与竹非持久、涉远之具，故用之生铜。其囊，织青竹以卷之，裁碧缣[②]以缝之，纫翠钿[③]以缀[④]之。又作绿油囊以贮之，圆径五寸，柄一寸五分。

[注]

①苔秽：指铜绿。

②缣：音煎（jiān），细绢。

③翠钿：翠是翡翠；钿音店（diàn），金花。

④缀：音坠（zhuì），缝，装饰。

瓢，一曰牺[①]杓。剖瓠为之，或刊木为之。晋舍人杜毓[②]《荈赋》云：“酌之以匏”。匏，瓢也。口阔，胫薄，柄短。永嘉中，余姚人虞洪入瀑布山采茗，遇一道士，云：“吾丹丘子，祈子他日瓯牺之余，乞相遗[③]也。”牺，木杓也，今常用以梨木为之。

[注]

①牺：音西（xī），勺子。

②杜毓：即杜育；舍人为官名。

③遗：音魏（wèi），赠送。

竹策①，或以桃、柳、蒲葵木为之，或以柿心木为之。长一尺，银裹两头。

[注]

①策：筴，筷子。

鹾簋①（揭），以瓷为之，圆径四寸，若盒形，或瓶，或罍②，贮盐花也。其揭，竹制，长四寸一分，阔九分。揭③，策也。

[注]

①鹾簋：音搓轨（cuō guǐ），盐盒子。

②罍：音雷（léi），坛子。

③揭：长柄勺子。

熟盂①，以贮熟水，或瓷或沙，受二升。

[注]

①熟盂：放热水的容器。

碗，越州上，鼎州次，婺州次。岳州上，寿州、洪州次。或者以邢州处越州上，殊为不然。若邢瓷类银，越瓷类玉，邢不如越一也；若邢瓷类雪，则越瓷类冰，邢不如越二也；邢瓷白而茶色丹，越瓷青而茶色绿，邢不如越三也。晋杜毓《荈赋》所谓“器择陶拣，出自东瓯”。瓯，越也。瓯，越州上。口唇不卷，底卷而浅，受半升已下。越州瓷、岳瓷皆青，青则益茶，茶作白红之色。邢州瓷白，茶色红；寿州瓷黄，茶色紫；洪州瓷褐，茶色黑。悉不宜茶。

畚，以白蒲卷而编之，可贮碗十枚，或用筥，其纸帊以剡纸夹缝，令方，亦十之也。

札，缉栟榈皮以茱萸木夹而缚之。或截竹束而管之，若巨笔形。

涤方，以贮涤洗之余。用楸木合之，制如水方，受八升。

滓方，以集诸滓，制如涤方，受五升。

巾，以絁[1]布为之，长二尺，作二枚，互用之，以洁诸器。

[注]

①絁：音施（shī），粗绸。

具列，或作床，或作架，或纯木、纯竹而制之。或木或竹黄黑可扃[1]而漆者，长三尺，阔二尺，高六寸。具列者，悉敛诸器物，悉以陈列也。

[注]

①扃：音迥（jiōng），门闩；可扃，可关门之意。

都篮，以悉设诸器而名之。以竹篾内作三角方眼，外以双篾阔者经之，以单篾纤者缚之，递压双经，作方眼，使玲珑。高一尺五寸，底阔一尺，高二寸，长二尺四寸，阔二尺。

五、五之煮

凡炙茶，慎勿于风烬[1]间炙。熛焰[2]如钻，使炎凉不均。持以逼火，屡其翻正，候炮出培塿[3]，状虾蟆背，然后去火五寸。卷而舒，则本其始，又炙之。若火干者，以气熟止；日干者，以柔止。

[注]

①烬：余火。

②熛焰：熛，音标（biāo）；熛焰，不稳定的火。

③培塿：小土堆，这里指突起。

其始，若茶之至嫩者，蒸罢热捣，叶烂而牙笋[1]存焉。假以力者持千钧[2]杵亦不之烂。如漆科珠，壮士接之，不能驻其指。及就则似无穰[3]骨也。炙之，则其节若倪倪如婴儿之臂耳。既而承热用纸囊贮之，精华之气无所散越。候寒末之。（末之上者，其屑如细米；末之下者，其屑如菱角。）

[注]

①牙笋：指茎梗。

②千钧：意重，古代一钧为三十斤。

③穰：稻秆之类。

其火用炭，次用劲薪（谓桑、槐、桐、枥之类也）。其炭曾经燔[1]炙，为膻腻所及，及膏木、败器，不用之（膏木谓柏、桂、桧也。败器谓朽废器也）。古人有劳[2]薪之味，信哉。

[注]

①燔：音凡（fán），烤，如烤肉。

②劳：使用过很久时间之意。

其水，用山水上，江水中，井水下。（《荈赋》所谓水则岷方之注，挹彼清流。）其山水，拣乳泉[1]石池漫流者上；其瀑涌湍漱勿食之，久食令人有颈疾。又水流于山谷者，澄浸不泄，自火天[2]至霜降以前，或潜龙蓄毒于其间。饮者可决之，以流其恶，使新泉涓涓然，酌之。其江水取去人远者，井水取汲多者。

[注]

①乳泉：石钟乳上滴下的水，指矿物质含量高的水。

②火天：热天、夏天。

其沸，如鱼目，微有声，为一沸；缘边如涌泉连珠，为二沸；腾波鼓浪，为三沸。已上，水老不可食也。初沸，则水合量，调之以盐味，谓弃其啜余，无乃䶣䶢[1]而钟其一味乎？第二沸出水一瓢，以竹夹环激汤心，则量末当中心而下。有顷，势若奔涛溅沫，以所出水止之，而育其华[2]也。

[注]

①䶣䶢：音敢胆（gàn dàn），无味。

②华：汤面泡沫，即汤花。

凡酌，置诸碗，令沫饽[1]均。沫饽，汤之华也，华之薄者曰沫，厚者曰饽。细轻者曰花，如枣花漂漂然于环池之上；又如回潭曲渚[2]青萍之始生；

又如晴天爽朗，有浮云鳞然。其沫者，若绿钱浮于水湄；又如菊英堕于尊俎[3]之中。饽者，以滓煮之，及沸，则重华累沫，皤皤[4]然若积雪耳。《荈赋》所谓"焕如积雪，烨[5]若春藪[6]"，有之。

[注]

①饽：音波（bō），汤面泡沫。

②回潭曲渚：回旋流动的潭水，曲折的洲渚。

③尊俎：尊，酒器；俎音祖（zǔ），盛肉器。这里指盛茶器。

④皤：音婆（pó），白色。

⑤烨：火光。

⑥藪：音肤（fū），舒展的花叶。

第一煮水沸，而弃其沫，之上有水膜，如黑云母，饮之则其味不正。其第一者为隽永[1]，或留熟盂以贮之，以备育华救沸之用。诸第一与第二、第三碗次之，第四第五碗外，非渴甚莫之饮。凡煮水一升，酌分五碗（碗数少至三，多至五，若人多至十，加两炉），乘热连饮之。以重浊凝其下，精华浮其上，如冷则精英随气而竭，饮啜不消亦然矣。

[注]

①隽永：隽，音倦（juàn），隽永是味长之意。

茶性俭，不宜广，广则其味黯淡[1]。且如一满碗，啜半而味寡，况其广乎。

[注]

①黯淡：黯，音暗（àn），淡薄。

其色，缃[1]也。其馨，𣋉[2]也。其味甘，槚也；不甘而苦，荈也；啜苦咽甘，茶也（一本云，其味苦而不甘，槚也，甘而不苦，荈也）。

[注]

①缃：浅黄色。

②𣋉：音使（shǐ），香气很好。

六、六之饮

翼而飞，毛而走，呿[①]而言。此三者俱生于天地间，饮啄以活。饮之时义远矣哉。至若救渴，饮之以浆；蠲[②]忧忿，饮之以酒；荡昏寐，饮之以茶。

[注]

①呿：音区（qù），张口。

②蠲：音捐（juān），免除。

茶之为饮，发乎神农氏，闻于鲁周公。齐有晏婴，汉有扬雄、司马相如，吴有韦曜，晋有刘琨、张载、远祖纳[①]、谢安、左思之徒，皆饮焉。滂时浸俗[②]，盛于国朝，两都[③]并荆、渝间，以为比屋之饮。

[注]

①远祖纳：纳姓陆，所以陆羽称他为远祖纳。

②滂时浸俗：滂，音乓（pāng），滂时，时尚，因此成为社会风气之意。

③两都：指当时的西安和洛阳。

饮有粗茶、散茶、末茶、饼茶者，乃斫、乃熬、乃炀、乃舂。贮于瓶缶之中以汤沃[①]焉，谓之痷茶[②]。或用葱、姜、枣、橘皮、茱萸、薄荷之等，煮之百沸，或扬令滑，或煮去沫，斯沟渠间弃水耳，而习俗不已。

[注]

①汤沃：用热水浸泡。

②痷茶：痷，音安（ān），古代饮茶俗语，浸泡茶。

于戏，天育万物，皆有至妙。人之所工，但猎浅易。所庇者屋，屋精极；所著者衣，衣精极；所饱者饮食，食与酒皆精极之。茶有九难：一曰造，二曰别，三曰器，四曰火，五曰水，六曰炙，七曰末，八曰煮，九曰饮。阴采夜焙，非造也；嚼味嗅香，非别也；膻鼎腥瓯，非器也；膏薪庖炭，非火也；飞湍壅潦，非水也；外熟内生，非炙也；碧粉缥尘[1]，非末也；操艰搅遽[2]，非煮也；夏兴冬废，非饮也。

[注]

①碧粉缥尘：碾得太细的茶粉。

②操艰搅遽：遽，音剧（jù），搅得太急。

夫珍鲜馥烈[1]者，其碗数三；次之者，碗数五。若坐客数至五，行[2]三碗；至七，行五碗；若六人已下，不约碗数，但阙[3]一人而已，其"隽永"补所阙人。

[注]

①珍鲜馥烈：鲜香味浓之意。

②行：一碗茶轮着喝。

③阙：通"缺"。

七、七之事

三皇　炎帝神农氏。

周　鲁周公旦。齐相晏婴。

汉　仙人丹丘子。黄山君。司马文园令相如。扬执戟雄。

吴　归命侯[1]韦太傅弘嗣。

晋　惠帝[2]。刘司空琨，琨兄子、兖州刺史演。张黄门孟阳[3]。傅司隶咸[4]。江洗马统[5]。孙参军楚[6]。左记室太冲。陆吴兴纳，纳兄子、会稽内史俶。谢冠军安石。郭弘农璞。桓扬州温[7]。杜舍人毓。武康小山寺释法瑶。沛国夏侯恺[8]。余姚虞洪。北地傅巽。丹阳弘君举。乐安任育长[9]。宣城秦精。敦煌单道开[10]。剡县陈务妻。广陵老姥。河内山谦之。

后魏　琊琊王肃[11]。

宋　新安王子鸾。鸾弟豫章王子尚[12]。鲍昭妹令晖[13]。八公山沙门昙济[14]。

齐　世祖武帝[15]。

梁　刘廷尉[16]。陶先生弘景[17]。

皇朝　徐英公勣⑱。

[注]

①归命侯：即孙皓，吴国人，晋灭东吴，孙皓投降，封“归命侯”。

②惠帝：晋惠帝司马衷。

③张黄门孟阳：张孟阳（载）未任过黄门侍郎，任黄门侍郎的是他的弟弟张协。

④傅司隶咸：傅咸（239—294年），官至司隶校尉，简称司隶。

⑤江洗马统：江统（？—310年），曾任太子洗马。

⑥孙参军楚：孙楚（？—293年），曾任扶风王的参军。

⑦桓扬州温：桓温（312—373年），曾任扬州牧等职。

⑧沛国夏侯恺：干宝《搜神记》提到他。

⑨乐安任育长：任育长，乐安（山东博兴）人，名瞻，字育长，曾任天门太守等职。

⑩敦煌单道开：晋道士，敦煌人。

⑪琅琊王肃：王肃（436—501年），琅琊人，北魏文士，曾任中式令侍职。

⑫新安王子鸾、豫章王子尚：刘子鸾、刘子尚都是南北朝时宋孝武帝的儿子，一封新安王，一封豫章王，子尚为兄，子鸾为弟。

⑬鲍昭妹令晖：鲍昭（414—466年），南朝诗人，妹令晖擅长词赋。

⑭八公山沙门昙济：八公山在今安徽寿县北，沙门即佛教徒，昙济道人。

⑮世祖武帝：南北朝时南齐的第二个皇帝，名萧颐，483—493年在位。

⑯刘廷尉：刘孝绰（480—539年），为梁昭明太子赏识，任太子仆兼廷尉卿。

⑰陶先生弘景：陶弘景（456—536年），有《神农本草经集注》，已佚。

⑱徐英公勣：徐公勣（592—667年），唐开国功臣，封英国公。

《神农食经》①：“荼茗久服，令人有力，悦志”。

[注]

①《神农食经》：传说神农所写，实为西汉人托名神农所作。

周公①《尔雅》：“槚，苦荼”。

[注]

①周公：姓姬，名旦，周武王之弟。

《广雅》[①]云："荆巴间采叶作饼，叶老者，饼成以米膏出之。欲煮茗饮，先炙令赤色，捣末，置瓷器中，以汤浇覆之，用葱、姜、橘子芼[②]之。其饮醒酒，令人不眠。"

[注]

①《广雅》：为三国魏人张揖所作。

②芼：音卯（mào），合煮为羹。

《晏子春秋》[①]："婴相齐景公时，食脱粟之饭，炙三弋[②]、五卵、茗、菜而已。"

[注]

①《晏子春秋》：是晏婴之后的人整理写成。

②弋：音义（yì），射猎物，指禽鸟。

司马相如《凡将篇》："乌喙[①]、桔梗、芫华、款冬、贝母、木蘗[②]、蒌、芩草、芍药、桂、漏芦、蜚廉[③]、雚菌[④]、荈诧[⑤]、白敛、白芷、菖蒲、芒硝、莞、椒、茱萸。"

[注]

①乌喙：喙，音惠（huì）。乌喙，又名乌头，毛茛科植物，有毒。

②蘗：音博（bó），"檗"的异体字，即黄柏。

③蜚廉：菊科植物，花，强壮、利尿。蜚廉，不是蜚蠊（蟑螂）。

④雚菌：雚，音惯（guàn）。雚菌，又名雚芦，有小毒。

⑤荈诧：即茶。

《方言》："蜀西南人谓茶曰蔎。"

《吴志·韦曜传》："孙皓每飨[①]宴坐席，无不率以七升为限。虽不尽入口，皆浇灌取尽。曜饮酒不过二升，皓初礼异，密赐茶荈以代酒。"

[注]

①飨：音响（xiǎng），设宴待客。

《晋中兴书》："陆纳为吴兴太守时，卫将军谢安常欲诣纳（《晋书》云：纳为吏部尚书）。纳兄子俶怪纳无所备，不敢问之，乃私蓄十数人馔。安既至，所设唯茶果而已。俶遂陈盛馔，珍馐毕具。及安去，纳杖俶四十，云：汝既不能光益叔父，奈何秽吾素业？"

《晋书》："桓温为扬州牧，性俭，每宴饮唯下七奠柈茶果而已。"

《搜神记》："夏侯恺因疾死。宗人子苟奴察见鬼神。见恺来收马，并病其妻，著平上帻[①]，单衣，入坐生时西壁大床，就人觅茶饮。"

[注]

①帻：音责（zé），包头巾。

刘琨与兄子南兖州刺史演书云："前得安州干姜一斤、桂一斤、黄芩一斤，皆所须也。吾体中愦闷，常仰真茶，汝可置之。"

傅咸《司隶教》曰："闻南市有蜀妪[①]作茶粥卖，为廉事打破其器具，后又卖饼于市。而禁茶粥以困蜀姥，何哉？"

[注]

①妪：音浴（yù），老妇。

《神异记》："余姚人虞洪，入山采茗，遇一道士牵三青牛，引洪至瀑布山，曰：'吾，丹丘子也。闻子善具饮，常思见惠。山中有大茗可以相给，祈子他日有瓯牺之余，乞相遗也。'因立奠祀，后常令家人入山，获大茗焉。"

左思《娇女诗》："吾家有娇女，皎皎颇白皙[①]。小字为纨[②]素，口齿自清历。有姊字惠芳，眉目粲如画。驰骛翔园林，果下皆生摘。贪华风雨中，倏[③]忽数百适[④]。心为茶荈剧，吹嘘对鼎䥶[⑤]。"

[注]

①皙：音析（xī），皮肤白。

②纨：音丸（wán）。

③倏：音书（shū），疾行。

④适：往之意。

⑤枥：音历（lì）。

张孟阳《登成都楼》诗云："借问扬子舍，想见长卿庐。程卓累千金，骄侈拟五侯[1]。门有连骑客，翠带腰吴钩。鼎食随时进，百和妙且殊。披林采秋橘，临江钓春鱼。黑子过龙醢[2]，果馔踰蟹蝑[3]。芳茶冠六清[4]，溢味播九区。人生苟安乐，兹土聊可娱。"

[注]

①五侯：本指公、侯、伯、子、男五等诸侯，亦泛指权贵之家。

②醢：音海（hǎi），肉酱。

③蝑：音续（xù），蟹酱。

④六清：六种饮料，水、浆、醴、凉、医、酏。

傅巽《七诲》："蒲桃宛柰[1]，齐柿燕栗，峘阳黄梨，巫山朱橘，南中茶子，西极石蜜。"

[注]

①柰：音耐（nài），苹果的一种。

弘君举《食檄》："寒温既毕，应下霜华之茗，三爵而终，应下诸蔗、木瓜、元李、杨梅、五味、橄榄、悬钩、葵羹各一杯。"

孙楚《歌》："茱萸出芳树颠，鲤鱼出洛水泉，白盐出河东，美豉出鲁渊。姜、桂、茶荈出巴蜀，椒橘木兰出高山，蓼苏出沟渠，精稗出中田。"

华佗《食论》："苦茶久食益意思。"

壶居士《食忌》："苦茶久食，羽化；与韭同食，令人体重。"

郭璞《尔雅注》云："树小似栀子，冬生，叶可煮羹饮。今呼早取为茶，晚取为茗，或一曰荈，蜀人名之苦茶。"

《世说》："任瞻字育长，少时有令名，自过江失志。既下饮，问人云：'此为茶为茗？'觉人有怪色，乃自申明云：'向问饮为热为冷耳。'"

《续搜神记》："晋武帝时，宣城人秦精，常入武昌山采茗。遇一毛人，长丈余，引精至山下，示以丛茗而去。俄而复还，乃探怀中橘以遗精。精

怖，负茗而归。”

晋四王起事，惠帝蒙尘。还洛阳，黄门以瓦盂盛茶上至尊。

《异苑》：“剡县陈务妻，少与二子寡居。好饮茶茗。以宅中有古冢[1]，每饮辄先祀之。二子患之曰：‘古冢何知，徒以劳意。’欲掘去之。母苦禁而止。其夜，梦一人云：‘吾止此冢三百余年，卿二子恒欲见毁，赖相保护，又享吾佳茗，虽潜壤朽骨，岂忘翳桑之报[2]？’及晓，于庭中获钱十万，似久埋者，但贯[3]新耳。母告二子，惭之。从是，祷馈愈甚。”

[注]

①冢：音肿（zhǒng），坟墓。

②翳桑之报：翳桑，古地名。春秋时晋赵盾，曾在翳桑救了将要饿死的灵辄。后来晋灵公欲杀赵盾，灵辄倒戈相保，救出赵盾。后世称此事为“翳桑之报”。

③贯：穿钱的绳子。

《广陵耆老传》：“晋元帝时有老姥，每旦独提一器茗，往市鬻[1]之。市人竞买，自旦至夕其器不减。所得钱，散路旁孤贫乞人。人或异之，州法曹絷之狱中。至夜，老姥执所鬻茗器，从狱牖[2]中飞出。”

[注]

①鬻：音预（yù），卖。

②牖：音友（yǒu），窗子。

《艺术传》：“敦煌人单道开，不畏寒暑，常服小石子。所服药有松、桂、蜜之气，所余茶苏而已。”

释道说《续高僧传》：“宋释法瑶，姓杨氏，河东人。元嘉中过江，遇沈台真，请真君武康小山寺。年垂悬车[1]，饭所饮茶。大明中，敕[2]吴兴，礼致上京，年七十九。”

[注]

①悬车：年老。

②敕：音赤（chì），皇帝的诏书。

宋《江氏家传》："江统，字应元，迁愍[①]怀太子洗马，常上疏谏云：'今西园卖醯[②]、面、蓝子、菜、茶之属，亏败国体。'"

[注]

①愍：音皿（mǐn）。

②醯：音熙（xī），醋。

《宋录》："新安[①]王子鸾、豫章王子尚诣昙济道人于八公山[②]，道人设荼茗。子尚味之曰：'此甘露也，何言荼茗？'"

[注]

①新安：今河南渑池东。

②八公山：在安徽寿县北。

王微《杂诗》："寂寂掩高阁，寥寥空广厦。待君竟不归，收颜今就槚。"

鲍昭妹令晖著《香茗赋》。

南齐世祖武皇帝遗诏："我灵座上慎勿以牲为祭，但设饼果、茶饮、干饭、酒脯而已。"

梁刘孝绰《谢晋安王饷米等启》："传诏李孟孙宣教旨，垂赐米、酒、瓜、笋、菹[①]、脯、酢[②]、茗八种。气苾[③]新城，味芳云松。江潭抽节，迈昌荇[④]之珍；疆埸擢[⑤]翘，越葺[⑥]精之美；羞非纯束野麐[⑦]，裛[⑧]似雪之驴；鲊异陶瓶河鲤，操如琼之粲；茗同食粲，酢颜望柑。免千里宿舂，省三月粮聚。小人怀惠，大懿[⑨]难忘。"

[注]

①菹：音租（zū），酸菜。

②鲊：音眨（zhǎ），腌鱼。

③苾：音必（bì），香浓。

④昌荇：荇，音姓（xìng），菖蒲。

⑤疆埸擢翘：埸，音易（yì），边境；擢，音捉（zhuó），拔、抽。

⑥葺：音气（qì），重迭。葺精，加倍的好。

⑦麕：音菌（jūn），獐子。

⑧裛：音意（yì），缠裹。

⑨懿：音衣（yī），美德。

陶弘景《杂录》："苦茶轻身换骨，昔丹丘子、黄山君服之。"

《后魏录》："琅琊王肃仕南朝，好茗饮、莼羹；及还北地，又好羊肉、酪浆。人或问之：'茗何如酪？'肃曰：'茗不堪[1]与酪为奴。'"

[注]

①不堪：受不了。

《桐君录》："西阳、武昌、庐江、晋陵好茗，皆东人作清茗。茗有饽，饮之宜人。凡可饮之物，皆多取其叶。天门冬、拔揳取根，皆益人。又巴东别有真茗茶，煎饮令人不眠。俗中多煮檀叶并大皂李作茶，并冷。又南方有瓜芦木，亦似茗，至苦涩，取为屑茶饮，亦可通夜不眠，煮盐人但资此饮，而交、广最重，客来先设，乃加以香芼辈"。

《坤元录》："辰州溆浦县西北三百五十里无射山，云：蛮俗当吉庆之时，亲族集会，歌舞于山上，山多茶树。"

《括地图》："临蒸县东一百四十里，有茶溪。"

山谦之《吴兴记》："乌程县西二十里有温山，出御荈。"

《夷陵图经》："黄牛、荆门、女观、望州等山，茶茗出焉。"

《永嘉图经》："永嘉县东三百里，有白茶山。"

《淮阳图经》："山阳县南二十里，有茶坡。"

《茶陵图经》云："茶陵者，所谓陵谷生茶茗焉。"

《本草·木部》："茗，苦荼。味甘苦，微寒，无毒。主瘘疮，利小便，去痰渴热，令人少睡。秋采之苦，主下气、消食。注云：'春采之'。"

《本草·菜部》："苦荼，一名荼，一名选，一名游冬。生益州川谷、山陵道傍，凌冬不死，三月三日采，干。注云：'疑此即是今茶，一名荼，令人不眠。'"

《本草注》："按《诗》云：'谁谓荼苦'又云：'堇荼如饴'，皆苦菜也。

陶谓之苦荼，木类，非菜流。茗，春采谓之苦搽。”

《枕中方》：“疗积年瘘：苦荼、蜈蚣并炙，令香熟，等分，捣筛，煮甘草汤洗，以末敷之。”

《孺子方》：“疗小儿无故惊厥：以苦荼、葱须煮服之。”

八、八之出

山南：以峡州上，（峡州，生远安、宜都、夷陵三县山谷。）襄州、荆州次，（襄州，生南漳县山谷；荆州，生江陵县山谷。）衡州下，（生衡山、茶陵二县山谷。）金州、梁州又下，（金州生西城、安康二县山谷；梁州，生褒城、金牛二县山谷。）

淮南：以光州上，（生光山县黄头港者，与峡州同。）义阳郡、舒州次，（生义阳县钟山者，与襄州同。舒州，生太湖县潜山者，与荆州同。）寿州下，（盛唐县生霍山者，与衡山同也。）蕲州、黄州又下（蕲州，生黄梅县山谷；黄州，生麻城县山谷，并与金州、梁州同也。）

浙西：以湖州上，（湖州，生长城县顾渚山谷，与峡州、光州同；生山桑、儒师二寺、白茅山悬脚岭，与襄州、荆州、义阳郡同；生凤亭山伏翼阁、飞云、曲水二寺、啄木岭，与寿州、常州同；生安吉、武康二县山谷，与金州、梁州同。）常州次，（常州，义兴县生君山悬脚岭北峰下，与荆州、义阳郡同；生圈岭善权寺、石亭山，与舒州同。）宣州、杭州、睦州、歙州下，（宣州，生宣城县雅山，与蕲州同；太平县生上睦、临睦，与黄州同；杭州，临安、于潜二县生天目山，与舒州同；钱塘生天竺、灵隐二寺，睦州生桐庐县山谷，歙州生婺源县山谷，与衡州同。）润州、苏州又下。（润州，江宁县生傲山，苏州长洲县生洞庭，与金州、蕲州、梁州同。）

剑南：以彭州上，（彭州，生九陇县马鞍山至德寺堋口，与襄州同。）绵州、蜀州次，（绵州，龙安县生松岭关，与荆州同；其西昌、昌明、神泉县西山者并佳，有过松岭者不堪采。蜀州，青城县生丈人山，与绵州同。青城县有散茶、末茶。）邛州次，雅州、泸州下，（雅州百丈山、名山，泸州泸川者，与金州同也。）眉州、汉州又下。（眉州，丹棱县生铁山者；汉州，绵竹县生竹山者，与润州同。）

浙东：以越州上，（越州，余姚县生瀑布泉岭曰仙茗，大者殊异，小者与襄州同。）明州、婺州次，（明州，鄮县生榆荚村；婺州，东阳县东白山，与荆州同。）台州下。（台州，始丰县生赤城者，与歙州同。）

黔中，生思州、播州、费州、夷州。

江南：生鄂州、袁州、吉州。

岭南：生福州、建州、韶州、象州。（福州生闽县方山之阴也。）

其思、播、费、夷、鄂、袁、吉、福、建、韶、象十一州，未详。往往得之，其味极佳。

九、九之略

其造、具，若方春禁火之时，于野寺山园，从手而掇，乃蒸、乃舂、乃炙，以火干之。则又棨、朴、焙、贯、棚、穿、育等七事皆废。

其煮器，若松间石上可坐，则具列废。

用槁薪鼎铴之属，则风炉、灰承、炭檛、火夹、交床等废。

若瞰泉临涧，则水方、涤方、漉水囊废。

若五人已下，茶可末而精者，则罗废。

若援藟[1]跻岩，引絙[2]入洞，于山口炙而末之，或纸包盒贮，则碾、拂末等废。

[注]

①藟：音累（lěi），藤。

②絙：音耕（gēng），粗绳索。

既瓢、碗、夹、札、熟盂、鹾簋悉以一筥盛之，则都篮废。

但城邑之中，王公之门，二十四器阙[1]一，则茶废矣。

[注]

①阙：音确（quē），通“缺”。

十、十之图

以绢素，或四幅，或六幅，分布写之，陈诸座隅，则茶之源、之具、之造、之器、之煮、之饮、之事、之出、之略目击而存，于是《茶经》之始终备焉。

第五部分

陆羽《茶经》白话文本

一、茶的本源

茶，是我国南方的一种优良的木本植物。树高一尺、二尺，直至几十

重庆南川黄窖大茶树　　重庆綦江花生基大茶树

■ 重庆大茶树

（图片提供者：刘勤晋）

尺。在巴山、峡川一带（今重庆和湖北西部），有树围要两人合抱的大茶树，要将树枝砍下来才能采茶。

茶树的树形像皋芦，叶形像栀子，花像白蔷薇，种子像棕榈子，蒂像丁香蒂，根像胡桃树根。（瓜芦树出产于广州，像茶，味很苦涩。棕榈属于蒲葵一类，其种子与茶子相似。胡桃树与茶树都能生根于瓦砾之中，而往上抽生新枝）。

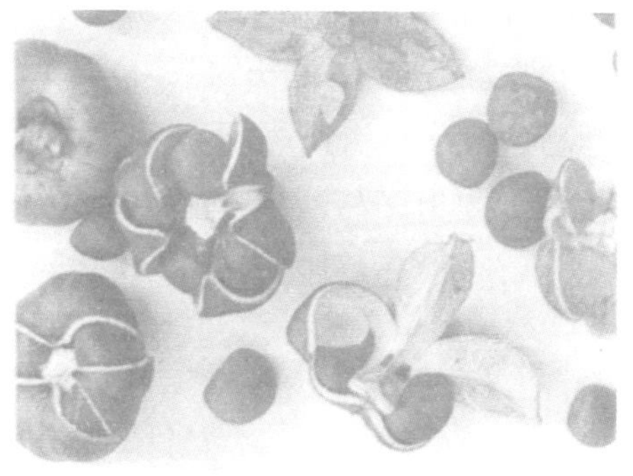

■ 茶花茶果茶子

茶字，从字源上说，有的从属草部，有的从属木部，有的并属草、木两部（以草为部首是茶字，在《开元文字音义》中有记载；以木为部首，是㮏字，在《本草》中有记载；既有草又有木为偏旁部首的，是荼字，在《尔雅》

■ 顾渚山唐代古茶园

中有记载。）茶的名称，一称茶，二称槚，三称蔎，四称茗，五称荈。（**周公说：槚，就是苦茶。扬雄说：蜀西南人称茶为蔎。郭璞说：早采者称为茶，晚采者称为茗。有的称为荈。**）

种茶的土壤，品质上等的茶生在风化石性的土壤上，中等的茶生在砾壤土上，下等的茶生在黄泥土上。

种茶不用种子而是移栽茶苗的，通常长得不太茂盛。种茶的方法像种瓜一样。种后三年即可采茶。茶叶的品质，野生的好，园圃栽培的较次。在向阳山坡，林荫下生长的茶树，茶叶带紫色的为好，绿色的差些；茶芽肥壮似笋者为好，细小如牙的芽较次；叶缘向叶背卷曲的嫩叶为好，完全展平的近成熟叶子较次。生长在背阴的山坡或深谷的品质不好，不宜采摘。因为这种茶的性质凝滞，喝了易腹胀。

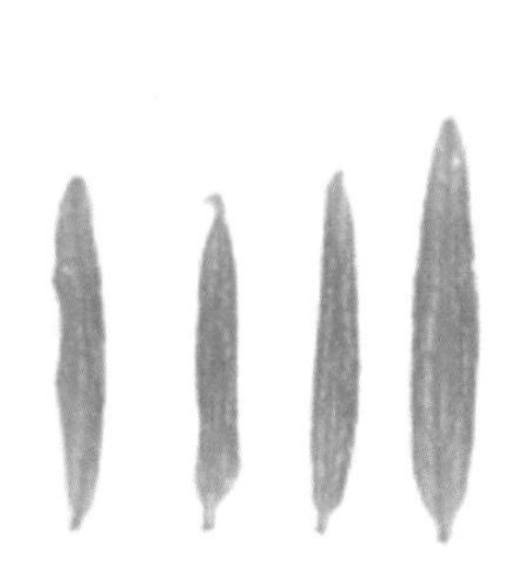

■ 叶卷上叶舒次

茶的饮用，因为它属寒性物，所以最适合于品行端正有节俭美德的人饮用。人们如遇发热口渴、胸闷、头疼、眼涩、四肢无力、关节不畅，喝上四五口茶汤，其效果与最好的饮品醍醐、甘露不相上下。

如果采摘不及时，制造不精细，夹杂有野草败叶，喝了就会生病。茶和人参一样，产地不同，质量差异很大，甚至会带来不利影响。上等的人参产在上党，中等的产在百济、新罗，下等的产在高丽。出产在泽州、易州、幽州、檀州的品质最差，作药用，没有疗效，更何况比它们还不如的呢。倘若误把荠苨当人参服用，将使很多疾病不得痊愈。明白了对于人参的比喻，低劣茶的不良影响，也就可以尽知了。

二、茶叶采制用具

籯，又叫篮，又叫笼，又叫筥。是用竹编成的，容积五升，有些一斗、二斗、三斗的，是茶农背着采茶用的。（籯，《汉书》音盈，所谓黄金满籯，不如一经。颜师古注《汉书》说：籯，是一种竹器，可以装四升东西。）

做茶的灶，不要烟囱（使火力集中于锅底）。锅，要用锅口有翻出唇边的。

甑，木制或陶制，腰部用竹篾打箍，并用泥封好。竹篮作蒸箅放甑内，并用竹篾吊起来（使其易放进和取出）。蒸叶时放入篮内，蒸熟了，从篮内倒出。锅里的水煮干了，从甑中加水进去。还用三叉的楮木枝翻拌在蒸的叶子，使其均匀，防止茶汁流失。

杵臼，又名碓，以一直用来捣茶的（没有异味）为好。

规，又叫模，又叫棬（音圈，圈形无底模），用铁制成。这种圈模有圆形的、方形的和花形的。

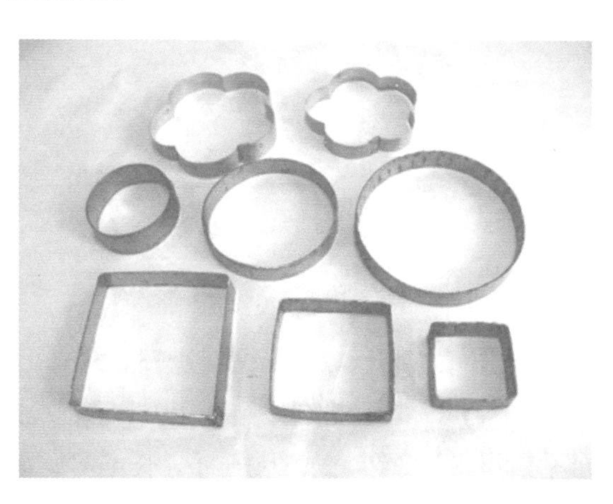

■ 规（圈模）

承，又叫台，又叫砧，用石头制成。也可用槐木、桑木半埋在地下，使其不动摇。

襜，又叫衣，可用油绸布或穿坏了的雨衣、单衣做成。把这种布铺放在承台上，布上放圈模，用来压制饼茶。压好一块后，取出饼茶，再压下一块饼茶。

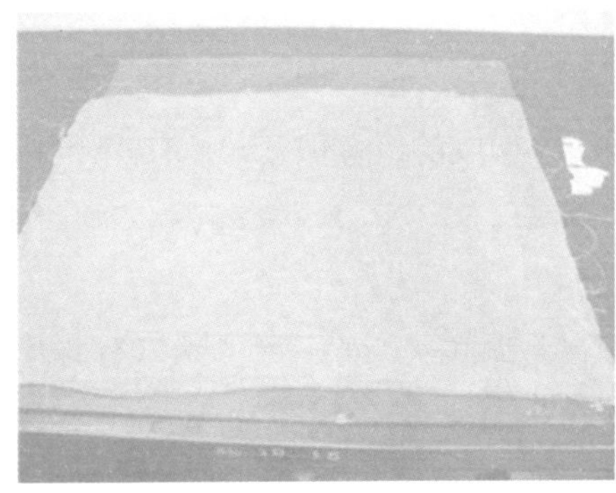

■ 台上铺襜及襜上置圈模

芘莉，又叫籝子，也叫筹筤。用两根各长三尺的小竹竿，制成身长二尺五寸、宽二尺、柄长五寸，并用篾编织成有方眼的筛床，这种筛床好像种菜人用的土筛，用来列放（刚压制出的）饼茶。

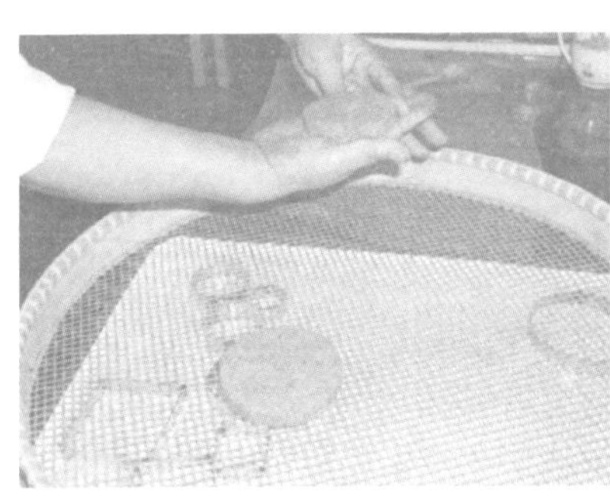

■ 压制出的饼茶置筛（芘莉）上

棨，又叫锥刀。柄用硬木制成，用来给饼茶中心穿孔。

朴，又叫鞭。用竹制成，用来把饼茶穿成串，以便搬运。

焙茶，在地上挖地沟深二尺，宽二尺五寸，长一丈，沟上两边砌矮墙，高二尺，用泥抹平整。

贯（圆竹条），用竹子削制而成，长二尺五寸，用来穿饼茶烘焙。

棚，又叫栈。用木做成架子，放在焙上。分上下两层，层高一尺，用来焙茶。晾至半干的饼茶，放在下层，至近全干，移到上层。

穿（贯穿饼茶的篾绳），江东淮南劈篾做成。巴山峡川用楮树（通称构

树）皮做成。江东把一斤称上穿，半斤称中穿，四、五两（唐代实行十六两制）称下穿。峡中则称一百二十斤为上穿，八十斤为中穿，五十斤为小穿。这个“穿”字，过去作钗钏的“钏”字，或作贯穿。现在不同，磨、扇、弹、钻、缝五字，字形还是按读平声（作动词）的字形，读音却读去声，意思也按读去声的来讲（作名词）。穿字读去声，用“穿”来表示一个计量单位。

育，用木制成框架，用竹篾编成，再用纸裱糊。中有间隔，上有盖，下有托盘，旁开一扇门，其中掩起一扇门。中间放一火盆，盛有炭火灰，保持温热。江南梅雨季节时，烧明火除湿。

三、茶叶采制

采茶都在（唐历）二月、三月、四月间。

茶芽如笋的肥嫩芽叶，生长在有风化碎石粒的肥沃土壤上，可长到四、五寸。幼嫩芽叶好像刚刚从土中长出的幼嫩薇蕨。清晨带着露水时就去采摘。茶芽细小如牙的（对夹叶），常生在杂草丛生的茶蓬上。一个茶树枝条上可发出三个、四个、五个新芽叶，选择其中肥壮的采摘。天下雨时不采，

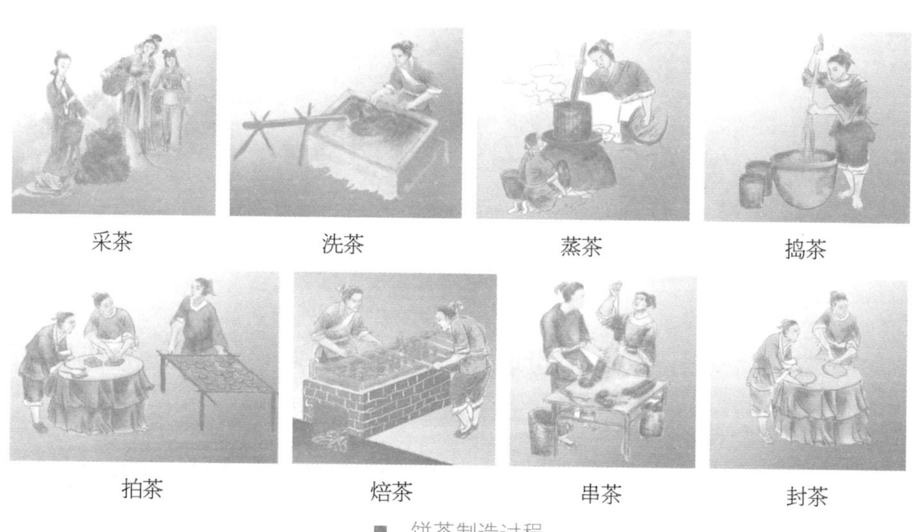

■ 饼茶制造过程

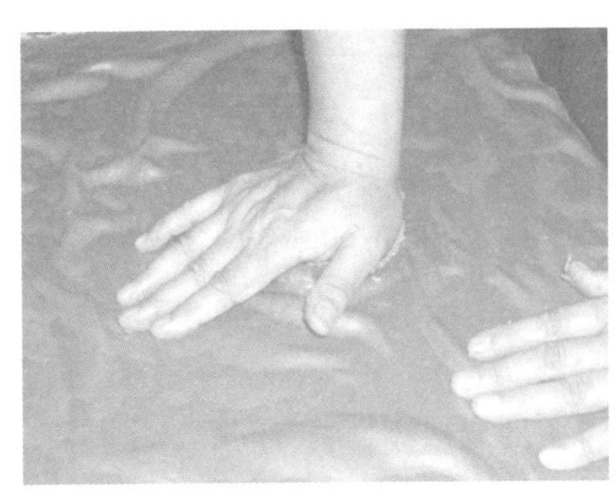
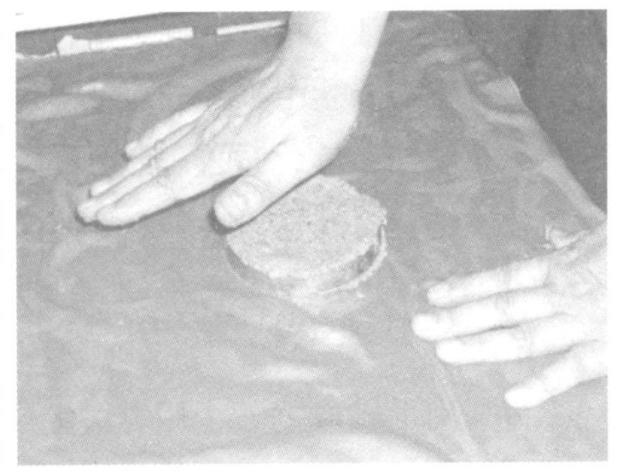

■ 压制饼茶

晴天有云也不采。天晴时，采来的芽叶，先上甑蒸，再捣碎，然后放在圈模中拍压成茶饼，接着进行烘焙至干，穿成串，包装好，茶就可以保持干燥了。

饼茶外观形态多种多样，大致而论，有的像唐代胡人的靴子，皮革皱缩着；有的像野牛的胸部，有细微的褶皱；有的像浮云出山屈曲盘旋；有的像轻风拂水，微波涟涟；有的像陶匠筛出细土，再用水沉淀出的泥膏那么光滑润泽；有的又像新开垦的土地，被暴雨急流冲刷而高低不平。这些都是品质好的饼茶。有的叶像笋壳，茎梗坚硬，很难蒸捣，所制茶饼表面像箩筛；有的像经霜的荷叶，茎叶凋败，样子改变，外貌枯干。这些都是粗老的茶叶。

■ 仿制的唐代饼茶

从采摘到封装，经过七道工序；从类似靴子的皱缩状到类似经霜荷叶

的衰萎状，有八个等级。有的认为，光亮、黑色、平整是好茶的标志，这是下等的鉴别方法。有的把皱缩、黄色、凹凸不平作为好茶的特征，这是次等的鉴别方法。若既能指出品质好的原由，也能指出差的原因，才是最会鉴别茶的。为什么这样说呢？因为压出了茶汁的就光亮，含着茶汁的就皱缩；隔夜制成的色黑，当天制成的色黄；蒸后压得紧的就平整，马马虎虎的就凹凸不平。茶与其他草木叶子都是一样的。茶的质量好坏鉴别方法，有一套口诀。

四、煮茶用具

风炉，用铜或铁制成，像古鼎的样子。壁厚三分，炉口上的边缘九分，使六分下面虚空形成炉膛，在炉堂壁上涂抹一层泥。炉的下方有三只脚，铸写有古文共21个字。一只脚上写“坎上巽下离于中”，一只脚上写“体均五行去百疾”，还有一只脚上写“圣唐灭胡明年铸”。在三只脚间开三个窗口。炉底开一洞用来通风漏灰。三个窗口上书六个字，一个窗口上写“伊公”二字，另一个窗口上写“羹陆”二字，还有一个窗口上写“氏茶”二字，意思就是“伊公羹，陆氏茶”。在炉口有三个突出垛以支撑锅体。炉腔内设置炉栅板，炉栅分为三格。一格上有翟，翟为火禽，刻画一个离卦的

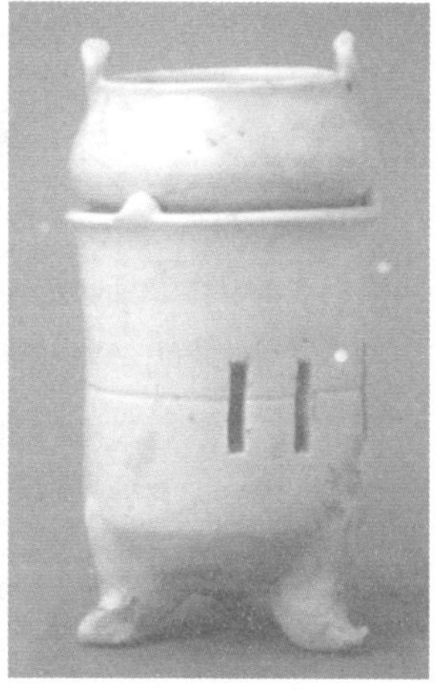

■ 出土的唐代金属风炉和陶制风炉与釜

卦符；另一格上有彪，彪是风兽，刻画一个巽卦的卦符；还有一格上有条鱼，鱼是水虫，刻画一个坎卦的卦符。巽表示风，离表示火，坎表示水。风能助水火旺，火能把水煮开，所以要有这三卦。炉身用花卉、藤草、流水、方形图案来装饰。风炉也有用熟铁打的，也有用泥做的。接受炉灰的灰承是一个有三只脚的铁盘。

筥（**装炭的篓**），用竹子编成，高一尺二寸，直径七寸。也有的先做个像筥形的木箱，再用藤编在外面，有六角的圆眼。底和盖合拢后像个精美的箱子，沿口编织成锁边用以装饰。

炭檛（**敲炭榔头**），用六棱形的铁棒制成。长一尺，头部尖，中间粗，握处细，握的一头套一个小环作装饰。好像现在河陇（**今黄河的甘肃地带**）的军人拿的木棍。有的把铁棒做成槌形，有的做成斧形，各随其便。

火夹，又叫火筷子。就是平常用的火钳。圆直形，长一尺三寸，夹火炭的顶端扁平一样长短，不用葱苔、勾锁之类的形状，火夹用铁或熟铜制成。

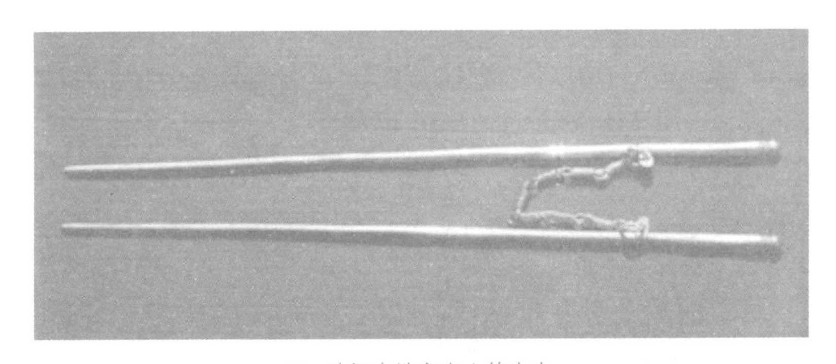

■ 法门寺地宫出土的火夹

鍑（**类似小口锅**），用生铁制成。生铁是现在搞冶炼的人说的急铁。铁是以用坏了的犁刀之类炼铸的。铸锅时，内模抹土，外模抹沙。泥土细腻，锅面就光滑，容易磨洗；沙粒粗，可使锅底粗糙，容易吸热。锅耳做成方的，让其端正。锅边要宽，是为了将火力向全腹蔓延。锅腰要长，使水集于中心。腰长，水就在锅中心沸腾；在中心沸腾，茶末易于扬起；茶末易于上升，茶味就醇美。洪州用瓷锅，莱州用炻锅，瓷锅和炻锅都是雅致好看的器皿，但不坚固，不耐用。用银做锅，非常清洁，但不免过于奢侈了。

雅致固然雅致，清洁确实清洁，但从耐久实用看，还是铁好。

交床（锅座），是个十字交叉形的器物，把中间挖凹些，用来坐锅。

夹子，用小青竹制成，长一尺二寸。让头上一寸处有竹节，节以上剖开，成夹子，用来夹饼茶烘烤。烤茶时小青竹也同时烤出水分和香气，借竹子的香气来增加茶的香味。但不在山林间烤茶，恐怕难以弄到这种青竹。所以有的只好用铁或铜制来做夹，取其经久耐用。

纸袋，用双层白而厚的剡溪藤纸缝制而成。用来暂时存放烤好的饼茶，使香气不散失。

碾槽，多用橘木做，其次用梨木、桑木、桐木、柘木做。碾槽内圆外方。内圆以便运转，外方防止翻倒。槽内放一个碾砣，碾砣与槽底紧密接触无空隙。木碾滚，形状像车轮，只是没有车辐，中心安一根轴。轴长九寸，宽一寸七分。木碾砣直径三寸八分，中间厚一寸，边缘厚半寸。轴中间是方的，手握的地方是圆的。扫茶用的拂末，用鸟的羽毛做成。

罗（筛茶末的筛子）、盒（贮存茶末的盒子），用罗筛出的茶末放在盒中盖紧存放，把则（量取茶末的茶匙）也放在盒中。罗筛用大竹剖成片弯屈成浅圆筒形，罗底蒙上纱或绢作筛网。盒用竹节制成，或用杉木薄片弯屈成圆形，涂上油漆。盒高三寸，盖一寸，底二寸，直径四寸。

■　法门寺地宫出土的唐代方茶罗

则，用海贝、蛎蛤的贝壳之类，或用铜、铁、竹做的匙策之类。“则”是标准量器之意，通常煮一升水，用一“方寸匕”的匙（取一立方寸的匙或小匙）量取一立方寸茶末（或一小匙茶末）。如果喜欢喝得淡一些的，就少取点茶末；喜欢喝浓茶的，就多取些茶末。因此叫“则”。

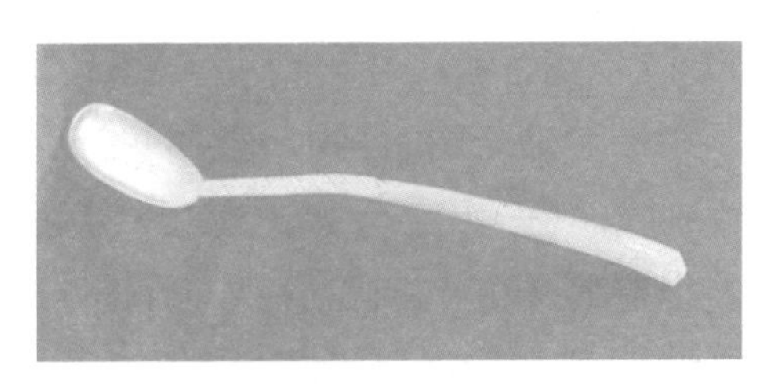

■ 法门寺地宫出土茶匙（则）

盛水盆，用稠木、槐木、楸木、梓木等制作，里面和外面的缝都用油漆密封，盛水量一斗。

■ 滤水囊

滤水囊，同一般使用的一样，底部镂空的外杯用生铜铸造，这是为了防止浸湿后附着铜绿和污垢，使水有腥涩味。用熟铜做的就易生铜绿污垢；用铁易生铁锈，使水腥涩。隐居山林的人，也有用竹或木制作的。但竹木制的都不耐用，不便携带远行，所以要用生铜做。滤水的袋子，用青篾丝编织，卷曲成袋形，再用碧绿绢缝制，并将碧玉金花饰品点缀其上。还要做一个绿色油布口袋存放滤水囊。滤水囊底部镂空的外杯直径五寸，柄长一寸五分。

瓢，又叫犧、杓。把胡芦（瓠瓜）剖开制成，或是用树木挖成。晋朝杜毓（即杜育）的《荈赋》说："用瓠舀取"。瓠，就是用胡芦瓢。口阔，瓢身薄，柄短。晋代永嘉年间，余姚（属浙江）人虞洪到瀑布山采茶，遇见一道士对他说："我是丹丘子，希望你日后把瓯、犧中多的茶送点给我喝。"犧，就是木杓。常用的以梨木挖成。

■ 法门寺地宫出土盐台

竹筴，有用桃木做的，也有用柳木、蒲葵木或柿心木做的。长一尺，用银片包裹两头。

鹾簋，用瓷做成。圆形，直径四寸，像只盒子，也有象瓶和小口坛子的，装盐用。揭，用竹制成，长四寸一分，宽九分。揭就是策，是取盐花的勺子。

熟盂，是用来贮放热水的，有的是瓷器，有的是陶器，容量二升。

茶碗，越州（浙江绍兴）产的最好，鼎州（陕西泾阳）、婺州（浙江金华）的差些。岳州（湖南岳阳）的好，寿州（安徽寿县）、洪州（江西南昌）的差些。有人认为邢州（河北邢台）产的比越州的好，这是完全不对的。如果说邢州瓷像银子，那么越州瓷就像玉，这是邢瓷不如越瓷的第一点；如果说邢瓷像雪，那么越瓷就像冰，这是邢瓷不如越瓷的第二点；邢瓷白而使茶汤呈红色，越瓷青而使茶汤呈绿色，这是邢瓷不如越瓷的第三点。晋代杜毓《荈赋》说的“挑选陶瓷器皿，好的出自东瓯”。瓯（地名），就是越州。瓯（瓷盆），也是越州产的最好，口不卷边，底圈而浅，容积不超过半升。越州瓷、岳州瓷都是青色，能增进茶的汤色。茶汤呈白红色，邢州瓷白，茶汤呈红色；寿州瓷黄，茶汤呈紫色；洪州瓷褐，茶汤呈黑色。这些都不适合盛茶汤。

■ 法门寺地宫出土秘色瓷碗

畚，用白蒲草卷成绳索而编成的盛具，可放十只碗。也有的用竹篮来装碗，用双层剡纸缝制成方形衬垫，也可贮放十个碗。

札（刷子），用茱萸木夹上棕榈皮纤维，捆扎紧。或将棕榈皮纤维一头扎紧套入一段竹管中，形如一枝大毛笔。

洗涤盆，用来贮放洗涤剩水的。用楸木拼合制成，制法同方水盆一样，可装水八升。

茶渣盆，用来盛各种茶渣。制法同涤方，容积五升。

巾（抹布），用粗绸绝（shī）布制作，长二尺，做两块，交替使用，用以清洁茶具。

具列（陈列架、柜），做成床形或架形，有的全用木或全用竹做成。无论木制还是竹制的，漆成黄黑色，柜门可关。长三尺，宽二尺，高六寸。所谓具列，是指可贮放全部器物之意。

都篮，因能装得下全部茶具而得名。竹篾编成，里面编成三角形或方形孔眼，外面用两道宽篾作经线，一道窄篾作纬线，交替编织在作经线的两道宽篾上，编成方眼，使它玲珑好看。都篮高一尺五寸，长二尺四寸，阔二尺，底宽一尺，高二寸。

五、煮茶的方法

炙烤饼茶，注意不要在通风的余火上烤。飘忽不定的火苗像钻子，使茶受热不均匀。应当夹着饼茶靠近火，不停地正反面翻动，等到烤出突起的像虾蟆背上的小疙瘩，然后离火五寸继续烤。如发现茶饼外形卷曲或有点解散状态，则要按开始烤茶的方法再烤。如果制茶时茶饼是烘干的，以烤到有香气为度；如果茶饼是晒干的，以烤到柔软时为止。

开始制茶时，如果是很嫩的茶叶，蒸后趁热捣碎，可以看到多数芽叶碎了，而有部分小的茎梗却没有碎。就是大力士举着千斤重的杵去舂捣，也无法将这些嫩茎梗捣烂。就像小小的圆滑的漆树子，再有力的人也不能抓住它，因为裹着这些小茎梗的全是无骨的软料。这种茶饼炙烤起来，会出现柔软如婴儿手臂的现象。烤好了，趁热用纸袋装起来，使它的香气不致散失，等冷了再碾成末。（碾得好的茶末像细米，碾得马虎的就像菱角。）

烤茶用炭火为好，其次是用火力猛的木柴（即桑、槐、桐、枥一类的木柴）。如果曾经烤过肉而沾染了膻味和油腻之气的炭，或是有油烟的柴以及朽坏的木器，都不能用。古人说“用朽坏的木器当柴烧煮食物，会有怪味”，确实如此。

煮茶的水，用山水最好，其次是江水，井水最差。（《荈赋》中就说：水是出于岷山的清流为好。）饮用山水，最好要选取乳泉、石池慢流的水，奔

涌急流的水不要饮用，长喝这种水会使人颈部生病。还有多处支流汇合于山谷的水，停蓄不流动，自炎热的夏天到霜降以前，很可能有蛇鳖之类的动物蓄积毒素在水中。如果要饮用这种水，可以先挖开流水口，让这些恶水流走，使新的泉水涓涓流来，就可煮茶喝了。至于江水，应到离人居住点较远的地方去汲取，而井水要到人们经常汲用的井中去汲取。

至于水的沸腾程度，当冒出鱼眼大小的水泡，并微微有声音时，称作一沸；锅边有如连珠般的泡往上冒，称作二沸；有如波涛翻腾，称三沸。再继续煮，水沸过头，不宜饮用了。开始沸腾时，按照水量放适当的盐调味，把尝剩下的那点水泼掉。切莫因无味而过分加盐，否则岂不是只喜欢盐的一种味道了吗？二沸时，舀出一瓢水，再用竹策环绕着在沸水中心搅动，用“则”量取茶末从旋涡中心倒下。过一会，水大开，波涛翻滚，水沫飞溅，这时再将刚才舀出的一瓢水倒进去，使水不再沸腾，从而保养在汤面形成的泡沫。

喝时，舀到碗里，让泡沫均匀。沫饽，是茶汤上的“华”。薄的叫“沫”，厚的叫“饽”，细轻的叫“花”。花在碗中，就像枣花在圆形的池塘上漂浮；又像回环曲折的潭水绿洲间新生的浮萍，又像晴天空中的鳞状浮云。沫，好像绿钱草浮在水边，又像菊花落入杯中。饽，是用茶渣再煮，待到煮沸时产生的一层厚厚的白沫，就像皑皑白雪。《荈赋》中有“明亮像积雪，光彩如春花”的句子。

第一次煮开的水，要把沫上像黑云母一样的一层水膜去掉，它的味道不好。此后，从锅里舀出的第一瓢水，味美而久长，称为“隽永”，通常贮放在熟盂里，以作育华止沸之用。煮出来的茶，第一、第二、第三碗为好，次一等的是第四、第五碗，除此之外，要不是渴得厉害，就不值得喝了。一般烧水煮茶一升，可

■　青瓷碗盛茶汤

分作五碗（茶汤少则三碗，多则五碗，如客人多达十人，可再加两炉），趁热接着喝完。因为重浊不清的物质凝聚在下面，精华浮在上面，如果茶汤一冷，精华（香气）就随热气散发掉；如趁热喝了但没喝完，精华也会散发掉。

茶的性质俭约，水不宜多放，多了，它的味道就淡薄。就像一满碗茶，喝到一半味道似已淡了，何况是水加得过多呢？

茶汤的颜色浅黄，茶的香气四溢。茶的滋味微甜的是槚，不甜而带苦味的是荈，喝进去苦而咽下时回甘的是茶。（另《本草》说，茶味苦而不甜的是槚，甜而不苦的是荈）。

六、茶的饮用

禽鸟有翅而飞，兽类有毛而跑，人类开口能言。这三者都生长在天地之间，靠饮水和吃食而维持生命。可见喝饮的意义是多么深远。为了解渴，就要喝水；为了消除忧虑和烦恼，就要喝酒；要去除昏沉欲睡，就可以喝茶。

茶成为饮料，开始于神农氏，到鲁周公正式对茶作了文字记载后才传闻于世。此后，春秋时齐国有宰相晏婴，汉朝的扬雄、司马相如，三国时吴国的韦曜（即韦昭），晋代的刘琨、张载、陆纳、谢安、左思等，都是爱喝茶的人。后来到处流行饮茶，成为风俗，最盛行于本唐朝。在西安和洛阳两都城及荆州、巴渝等地，几乎家家户户都饮茶。

饮用的茶有粗茶、散茶、末茶、饼茶几种。有的砍、有的熬、有的烤、有的舂，然后煮饮。有的将茶末置于瓶或瓦罐中，将沸水浇灌进去浸泡，称为痷茶。还有的用葱、姜、枣子、橘皮、茱萸、薄荷等配料和茶一起反复煮沸，再旋搅后静置使清汤上浮茶汤变清，把汤面的沫饽去掉后饮用。这样的茶汤无异于沟渠里的废水，但是这种习俗至今仍普遍存在。

天生万物都有它最精妙的地方，可是人类所擅长的仅仅是一点点肤浅的东西。居住的场所是房屋，房屋已建得很精致；所穿的是衣服，衣服也制得很精美了；所充饥的是饮食，食品与酒也都是很精细了。而茶却有着

几个难以掌握的关键：一是采制，二是鉴别，三是器具，四是用火，五是选水，六是炙烤，七是碾末，八是烹煮，九是品饮。阴天采摘、夜间焙制，不是正确的采制法；仅凭嚼茶尝味、鼻闻辨香，不算是会鉴别；使用沾有腥味的炉、锅和带有腥气的盆，则是选器不当；用有油烟和烤过肉的柴炭是燃料不当；如用急流和死水，则是用水不当；把饼茶烤得外熟里生，则是烤茶不当；把茶叶碾得过细像青绿色的粉尘一样，则是碾茶不当；煮茶时操作不熟练、搅动茶汤太急促，不算会煮茶；夏天喝茶而冬天不喝，这是不懂得饮茶。

茶汤中鲜香味浓的是一锅煮出的头三碗，其次最多算到第五碗。如果座上有五人，可分酌三碗，七人可分酌五碗传着喝。如果有六人，则按五人计，缺少一个人的茶，只需用“隽永”来补上即可。

七、茶事的历史记载

记载有关茶事的历史人物如下（即七之事的目录）：

三皇　炎帝神农氏

周　鲁周公旦

周　齐相晏婴

汉　仙人丹邱子

汉　黄山君

汉　孝文园令司马相如

汉　给事黄门侍郎（执戟）扬雄

吴　归命侯、太傅韦宏嗣（韦曜）

晋　惠帝

晋　司空刘琨，琨兄之子、兖州刺史刘演

晋　张孟阳（张载）

晋　司隶校尉傅咸

晋　太子洗马江统

晋　参军孙楚

晋　记室左太冲（左思）

晋　吴兴人陆纳，纳兄之子、会稽内史陆俶

晋　冠军谢安石（谢安）

晋　弘农太守郭璞

晋　扬州太守桓温

晋　舍人杜毓

晋　武康小山寺和尚释法瑶

晋　沛国人夏侯恺

晋　余姚人虞洪

晋　北地人傅巽

晋　丹阳人弘君举

晋　乐安人任育长

晋　宣城人秦精

晋　敦煌人单道开

晋　剡县陈务之妻

晋　广陵一老妇人

晋　河内人山谦之

后魏　琅琊人王肃

南朝宋　新安王刘子鸾，豫章王刘子尚

南朝宋　鲍照之妹鲍令晖

南朝宋　八公山和尚昙济

南齐　世祖武皇帝

南朝梁　廷尉刘孝绰

南朝梁　陶弘景先生

本朝　英国公徐勣

《神农食经》中说：“长期饮茶，可使人有力气，精神好”。

周公旦《尔雅》载：“槚，就是苦茶”。

三国魏张揖《广雅》说：“荆州（湖北西部）、巴州（四川东部）一带，采茶叶做成茶饼，叶子老的，就用米汤拌和处理使能成饼。想煮茶时，先烤茶饼，烤到发红为止，然后捣碎成细末放到瓷器中，冲入沸水浸泡。或放些葱、姜、橘子，搅和后饮用。喝了这种茶可以醒酒，使人兴奋不想睡觉。”

《晏子春秋》说：“晏婴作齐景公宰相时，吃的是粗粮，和一些烧烤的禽鸟和蛋品，除此之外，只有蔬菜和饮茶罢了。”

汉司马相如《凡将篇》在药物类中记载有：“乌头、桔梗、芫华、款冬花、贝母、木香、黄柏、瓜蒌、黄芩、甘草、芍药、肉桂、漏芦、蜚廉、雚菌、荈茶、白蔹、白芷、菖蒲、芒硝、茵芋、花椒、茱萸。”

汉扬雄《方言》说：“蜀西南的人把茶叫做蔎。”

《吴志·韦曜传》中记述：“孙皓每次宴请臣下，要大家都喝空七升酒。虽有人喝不完，也都要浇灌喝尽。韦曜的酒量不过二升，孙皓起初给予特别的礼节性照顾，暗地里让他用茶来代替酒。”

晋《中兴书》记载：“陆纳任吴兴太守时，卫将军谢安常想去拜访他。陆纳的侄子陆俶埋怨陆纳没有准备什么东西，但又不敢问他，就私下准备了十多个人的酒食菜肴。谢安到了陆家后，陆纳招待他的仅仅是茶和果品而已。陆俶便当即摆上丰盛的肴馔，各种珍奇的菜肴全都有。等到谢安辞去，陆纳却打了陆俶四十大板，并训斥道：你既然不能给叔父增光，为什么要玷污我一向清廉的名声呢？”

《晋书》中记载：“桓温任扬州地方官时，性好俭朴，每次宴会时，仅用七盘茶果来招待客人。”

晋干宝《搜神记》说：“夏侯恺因病死了。族人的儿子苟奴能看见鬼神。看见恺来取马匹，把他的妻子也弄成了病。苟奴看见他戴着平上头巾，穿着单衣，进屋来坐在他活着时常坐的靠西壁的坐榻上，向人要茶喝。”

西晋将领刘琨给他哥哥的儿子南兖州刺史刘演写信说：“前些时收得安

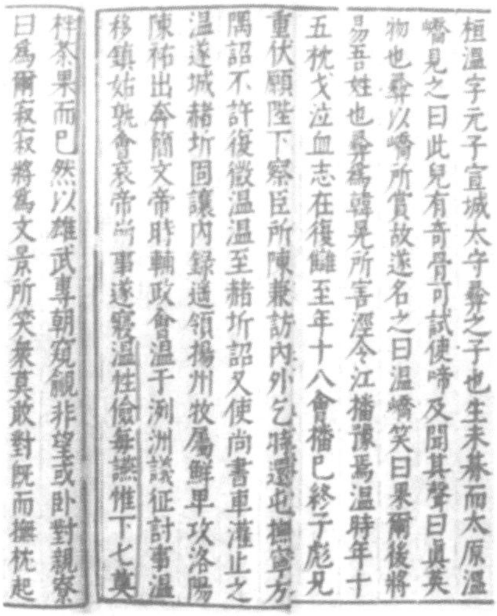
桓溫字元子宣城太守彝之子也生未㫞而太原溫
嶠見之曰此兒有奇骨可試使啼及聞其聲曰眞英
物也彝以嶠所賞故遂名之曰溫嶠笑曰果爾後將
易吾姓也彝爲韓晃所害涇令江播豫焉溫時年十
五枕戈泣血志在復讎至年十八會播已終子彪兄
重伏願陛下察臣所陳兼訪内外乞將還屯撫寧方
隅詔不許復徵溫溫至赭圻詔又使尚書車灌止之
溫遂城赭圻固讓内錄遥領揚州牧屬鮮卑攻洛陽
陳祐出奔簡文帝時輔政會溫于洌洲議征討事溫
移鎮姑孰會哀帝崩事遂寢溫性儉每讌惟下七奠
柈茶果而已然以雄武專朝窺覦非望或卧對親僚
曰爲爾寂寂將爲文景所笑衆莫敢對既而撫枕起

■《晋书·桓温传》

州干姜一斤、肉桂一斤、黄芩一斤，都是我需要的。我心中烦闷，常常依靠真茶来解闷，你可给我买些。”

西晋傅咸《司隶教》说：“听说南市有个四川老妇人作茶粥卖，被群吏把她卖茶的器具打破了，后来又在市上卖茶饼。不知为什么要禁卖茶粥使她为难？”

《神异记》中记载：“余姚人虞洪，有一次到山里去采茶，遇到一个道士牵着三条青牛，他带领虞洪到了瀑布山，说：‘我就是丹丘子。听说你善于烹茶，就常想得到你的茶饮。这山中有大茶树可以供你采摘，希望你日后有多余的茶汤，就送给我吧。’于是，虞洪就给丹丘子立了奠祀，后来又常叫家人进山去，果然寻到大茶树。”

左思《娇女诗》曰：“我家有个宝贝女儿，长得很白净。小名叫纨素，口齿很伶俐。她姐姐的名字叫惠芳，眉眼俊秀美如画。两人在园林嬉戏蹦跳，到树下摘些未熟的果子。为了看花而不管风雨，无数次跑进跑出。她们看到煮茶心里就很高兴，对着风炉起劲地帮助吹气。”

西晋张孟阳《登成都楼》诗大意说：“扬雄的故居在什么地方，司马相如的故居又是什么模样。程卓两姓有数以千万的财宝，骄横奢侈胜过五侯之家。门前车水马龙，宾客如云，腰间围佩着翠带和吴钩宝刀。美食随时可吃到，各种菜肴配制得独特精妙。走进林间便能采到秋橘，临近江水可钓到春鱼。黑子超过鱼做的肉酱，果馔赛过盐渍的蟹黄。香茶胜过各种饮品，其美味享誉天下。如果人生只是苟且寻求安乐，那成都这个地方还是可供人们尽情享乐的。”

傅巽《七诲》说：“山西的葡萄，河南的苹果，山东的柿子，河北的栗子，恒阳的黄梨，巫山的红橘，云南贵州的茶叶，西极地方的石蜜。”

弘君举《食檄》说：“见面寒暄之后，应请喝浮着白沫如霜的好茶三杯；再陈上甘蔗、木瓜、元李、杨梅、五味子、橄榄、悬钩、葵羹各一杯。”

西晋孙楚《歌》中记载：“茱萸果出在芳香树的上端，鲤鱼生在洛河的水中，白盐出在河东，美味的豆豉出在山东。姜、桂、茶出在巴蜀，莞椒、红橘、木兰花出在高山上，蓼草和紫苏长在沟渠边，精谷和稗子出在大田里。”

东汉华佗《食论》说：“长期饮茶，有益于人的思维。”

壶居士《食忌》认为：“长期饮茶，身轻体健，好似飘飘欲仙；茶与韭菜同时吃，使人增加体重。”

晋郭璞《尔雅注》记载：“树小似栀子，冬季不落叶，叶可煮羹饮。现在把早春采的叫做荼，晚些时候采的叫做茗，有的称之为荈，蜀人称之为苦荼。”

南朝宋刘义庆《世说》云：“任瞻，字育长，青年时有好名声，自从过江变节失志。有一次到主人家做客，主人陈上茶，他问人说：‘这是荼还是茗？’发觉旁人有奇怪不解的神态，便自己申明说：‘刚才我是问茶是热的还是冷的？’”

《续搜神记》说：“晋武帝时，宣城人秦精，曾经进武昌山采茶，遇见一个毛人，一丈多高，引秦精到了山下，把一丛丛茶树指给他看了才离去。过了一会又回来，从怀中掏出橘子送给秦精。秦精害怕，忙背了茶叶回家。”

晋四王叛乱时，晋惠帝逃离京城。待回到洛阳时，黄门官用瓦钵子盛茶献给他。

《异苑》记载：“剡县陈务的妻子，年轻时就带着两个儿子守寡。喜欢饮茶。因为院子里有个古坟，每次饮茶就先祭祀它。两个儿子很不高兴地说：‘古坟知道什么，还不是白白地为它费心机吗？’所以想掘掉这座坟。母亲苦苦相劝，才没有掘掉。一天夜里，她梦见一个人说：‘我住在这个坟里已有三百余年了，你的两个儿子常想毁掉它，全靠你的保护，又给我好茶享用，我虽是地下的朽骨，怎能知恩不报呢？’等到天亮，她在庭院中得到了十万铜钱，像是埋在地下很久的样子，但穿钱的绳子却是新的。母亲将此事告诉两个儿子，他们心里很惭愧。从此祭祷更加经常和庄重。”

《广陵耆老传》记载：“晋元帝时，有个老妇人，每天清早独自提着一壶茶，到市去卖。买茶的人很多，可是从早到晚，她壶里的茶一点也不减少。她卖茶所得的钱，全分给路旁孤儿及讨饭人。有人感到不可思议，于是，州里的执法官把她囚禁到狱中。到夜里，老妇人却拿着卖茶的器皿，从监狱的窗中飞了出去。"

《艺术传》记载："有个叫单道开的敦煌人，不怕严寒和酷暑，常服食小石子。所吃的药有松、桂、蜜的香气，此外就只饮茶和紫苏了。"

释道悦《续名僧传》记载："南朝宋时和尚法瑶，本姓杨，河东人。元嘉年间过江，在武康小山寺遇见了沈台真。法瑶年纪很大了，吃饭必饮茶。大明中，皇上下令吴兴官吏隆重地把他送进京城，那时年纪七十九。"

南朝宋《江氏家传》记载："江统，字应元，升任愍怀太子洗马，曾给皇帝上书提出问题说：'如今西园卖醋、面、蓝靛子、菜、茶之类的东西，有伤国家体面。'"

南朝《宋录》记载："新安王刘子鸾、豫章王刘子尚，到八公山去拜见昙济道人，道人以茶饮招待他们。子尚尝了茶汤后说：'这是甘露啊，怎么能叫它茶茗呢？'"

南朝宋王微《杂诗》云："静悄悄，高阁的门关上，冷清清，大厦里空荡荡。等您啊，你竟迟迟不回来。失望啊，且去饮茶解愁怀。"

南朝宋鲍昭妹令晖写了篇《香茗赋》。

南齐世祖武皇帝的遗诏称："我的灵座上切莫用杀牲作祭品，只需摆点饼果、茶水、干饭、酒肉好了。"

南朝梁刘孝绰《谢晋安王饷米等启》说："李孟孙带来了你的教旨，赏赐给我米、酒、瓜、笋、菹（酸菜）、脯（干肉）、鲊（腌鱼）、茗八种食品。酒气馨香，味道醇厚，可比新成、云松的佳酿。水边初生的竹笋，胜过菖荇之类的珍馐；边疆肥硕的瓜菜，已经超越了最最精美的食物；包裹着的驴干肉，比那茅草捆着的野獐子肉要鲜美得多；养在陶瓷盆子里的河鲤，哪比得上你的腌鱼；那大米就像是一粒粒美玉一般晶莹滑润；饮用所赠送的茶茗，就如同食用米饭一样有益于人，看了那腌鱼的色彩，就会使人想到柑子的美味来。即使我远行千里，有了你的这些食品已绰绰有余。我记着你给我的恩惠，你的大德我永远不忘。"

陶弘景《杂录》说："苦茶能使之轻身换骨，从前丹丘子、黄山君饮用它。"

《后魏录》记载："山东琅琊人王肃在南朝做官时，喜欢喝茶和吃莼菜

汤；后来回到北方，又喜欢吃羊肉和喝奶酪浆。有人便问他：'茶的味道和奶酪相比怎样？'王肃说：'茶和奶酪的味道都很好，茶怎么能够忍受给奶做奴仆呢？'"

《桐君录》记载："西阳（湖北黄冈）、武昌、庐江、晋陵（江苏武进）地方的人都喜欢茶，也都是主人做好清茶请客人的。茶汤表面有浓厚的白沫，喝了对人有好处。凡可饮之物，大多用叶子作饮料。而天门冬、菝葜却取根，也有益于人。另外，巴东地方有一种真茗茶，煎饮喝后使人不想睡觉。民间还有煮檀叶和大皂李作茶汤，两者的性质皆清凉。还有南方的瓜芦木，很像茶树，味道很苦涩，采来加工成末作茶饮，亦可使之通夜不眠，煮盐的人就靠喝这种饮料。而交州和广州一带人最珍视它，客来时先用这种饮料来招待，还加上一些香菜等。"

《坤元录》记载："离辰州溆浦县西北三百五十里的地方有座无射山，据说山上住的少数民族有一种风俗，遇有喜庆的时候，亲族要到山上去集会唱歌跳舞，而这山上有很多茶树。"

《括地图》记载："在临蒸县以东一百四十里处，有茶溪。"

南朝宋山谦之《吴兴记》记载："乌程县（今浙江吴兴）西二十里有座温山，山上出产御茶。"

《夷陵图经》记载："宜昌附近的黄牛、荆门、女观、望州等山上，都有茶叶出产。"

《永嘉图经》记载："在永嘉县东三百里处，有座白茶山。"

《淮阳图经》记载："山阳县南二十里处，有茶坡。"

《茶陵图经》记载："所谓茶陵，是因为这里的陵谷中生长着许多茶。"

《本草·木部》记载："茗，就是苦茶。味甘苦，性微寒，无毒。主治瘘疮，利尿，去痰、止渴、解热，喝了使人少睡。秋天采的茶味苦，主要功能是下气、消化积食。该书的注释说：'春天采茶'。"

《本草·菜部》记载："苦茶，又叫荼，又叶选，又叫游冬。生在益州西山之间的谷地和山陵路旁，过冬不死，每年三月三日采下，弄干。该书注说：'可能这就是今天的茶，一名荼，喝了使人睡不着觉。'"

《本草注》："《诗经》里说：'谁说荼是苦的'又云：'堇菜和荼都如饴

糖甜'，指的都是苦菜。陶弘景说的苦茶，是木本的，不是菜类。茗，春天采摘叫做苦搽。"

《枕中方》："治疗多年的瘘疾：把茶和蜈蚣一同放在火上烤熟，烤到有了香气，分成相等的两份，捣碎筛末，一份加甘草煮水清洗患部，一份外敷。"

《孺子方》："治疗小该不明原因的惊厥：用苦茶和葱的根须煮汤服。"

八、茶叶产区

山南：以峡州（湖北宜昌）产的茶为最好，（峡州茶，生在远安、宜都、夷陵三县山谷。）襄州（湖北襄阳）、荆州（湖北江陵）产的茶较好，（襄州茶，生在南漳县山谷；荆州茶，生在江陵县山谷。）衡州（湖南衡阳）茶次之，（衡州茶生在衡山、茶陵二县山谷。）金州（陕西安康）、梁州（陕西汉中）茶又次之。（金州茶生在西城、安康二县山谷；梁州茶，生在褒城、金牛二县山谷。）

淮南：以光州（河南光山）产的茶最好，（生在光山县黄头港的茶，与峡州产的茶品质相同。）义阳郡（河南信阳）、舒州（安徽怀宁）产的茶较好，（生在义阳县钟山的茶，与襄州的相同。舒州生太湖县潜山的茶，与荆州的相同。）寿州产的茶次之，（盛唐县生霍山的茶，与衡山的相同。）蕲州、黄州产的茶又次些。（蕲州茶，生黄梅县山谷；黄州茶，生麻城县山谷，这两地茶与金州、梁州相同。）

浙西一带：以湖州产的茶最好，（湖州，生长城县顾渚山谷的茶，与峡州、光州的相同；生山桑、儒师二寺、天目山、白茅山悬脚岭的茶，与襄州、荆州、义阳郡的相同；生凤亭山伏翼阁、飞云、曲水二寺、啄木岭的茶，与寿州、常州的相同；生安吉、武康二县山谷的茶，与金州、梁州的相同。）常州产的茶较好，（常州，义兴县生君山悬脚岭北峰下的茶，与荆州、义阳郡的相同；生圈岭善权寺、石亭山的茶，与舒州的相同。）宣州、杭州、睦州（浙江建德桐庐）、歙州次之，（宣州，生宣城县雅山的茶，与蕲州的相同；太平县生上睦、临睦的茶，与黄州的相同；杭州，临安、于潜二县生天目山的茶，与舒

州的相同；钱塘生天竺、灵隐二寺的茶，睦州生桐庐县山谷的茶，歙州生婺源县山谷的茶，均与衡州的相同。）润州（江苏镇江）、苏州又次之。（润州，江宁县生傲山，苏州长州县生洞庭的茶，与金州、蕲州、梁州的相同。）

剑南：以彭州产的茶最好，（彭州，生九陇县马鞍山至德寺堋口的茶，与襄州的相同。）绵州、蜀州产的茶较好，（绵州，龙安县生松岭关的茶，与荆州的相同；其西昌、昌明、神泉县西山产的茶都好，但越过松岭的茶就没有采摘价值了。蜀州，青城县生丈人山的茶，与绵州的相同。青城县有散茶、末茶。）邛州产的茶也较好，雅州、泸州产的茶次之，（雅州百丈山、名山的茶，泸州泸川的茶，与金州的相同。）眉州、汉州又次之。（眉州，丹棱县生铁山的茶；汉州，绵竹县生竹山的茶，均与润州的相同。）

浙东一带：以越州产的茶最好，（越州，余姚县生瀑布泉岭曰仙茗，大叶茶很特殊，小叶茶与襄州的相同。）明州、婺州产的茶较好，（明州，鄞县生榆荚村的茶；婺州，东阳县东白山的茶，与荆州的相同。）台州产的茶次之。（台州，始丰县生赤城的茶，与歙州的相同。）

黔中：生长在思州（贵州务川）、播州（贵州遵义）、费州（贵州德江）、夷州（贵州石阡）等地。

江南：生鄂州（湖北武昌）、袁州（江西宜春）、吉州（江西吉安）等地。

岭南：生福州、建州（福建建瓯）、韶州（广东曲江）、象州（广西象县）。（福州的茶生闽县方山之山凹处。）

至于前述的思、播、费、夷、鄂、袁、吉、福、建、韶、象十一州，具体产地及情况不太清楚。常常获得，其香味都是非常好的。

九、茶具的省略

对于造茶工具，如果正值寒食节、民间禁火的时候，荒野的寺庙或在山间茶园，大家动手采摘，并随即蒸茶、舂捣、用火烘干。那么棨、朴、焙、贯、棚、穿、育七种制茶器具均可省掉。

至于煮茶器具，如果是在松林之下，有青石可放置，那么具列可以省掉。

如果用干柴草烧水，用的又是与鼎钖相似的炉子，那么风炉、灰承、炭楇、火夹、交床等器具可以省掉。

如果是在泉上溪边煮茶，用水方便，那么水方、涤方、漉水囊都可以省略。

如果喝茶的人在五人以下，茶又很容易弄碎变成细末，那么罗可以省略。

如果人们要牵着山藤拉着粗绳到岩穴中去，那么在山口就先要将茶用火烤好当即压成末，用纸包或盒装好，这样，碾、拂末等可以省掉。

如果瓢、碗、夹、札、熟盂、鹾簋能用一个竹筥全部装起来带出去，那么都篮就可省掉。

但是，在城市中，特别是王公显贵之门，二十四件煮茶、饮茶的器具缺少了一件，那就谈不上饮茶了。

十、书写张挂

用素色绢绸，分成四幅或六幅，把《茶经》各章节的文字都抄写出来，张挂在座位旁边，这样茶之源、之具、之造、之器、之煮、之饮、之事、之出、之略等，便随时都可看到，于是《茶经》从头到尾的内容就记完备了。

第六部分

《茶经》疑难点解析与述评

陆羽在唐代中期所写的《茶经》，反映的是唐代和唐代以前的主要茶事，现代人对其中很多内容和文字可能比较难理解。为了更好地理解《茶经》，有必要就《茶经》中一些疑难点进行解析，对某些问题用现代科学的认识进行必要的述评。

一、"一之源"有关内容

现将《茶经》"一之源"内容中的疑难点解析与述评如下。

■ 云南巴达野生大茶树

1. 有两人合抱的大茶树

《茶经》一之源，开头就说"茶者，南方之嘉木也。一尺，二尺，乃至数十尺。其巴山峡川有两人合抱者，伐而掇之。"这就说明唐代在渝东鄂西一带已有一些两人合抱的野生的乔木型大茶树。野生大茶树的集中分布，是茶树原产地的重要标志。现代科学调查表明，野生大茶树分布最多的是云南的西双版纳、临沧、普洱一带，另外在四川、重庆、贵州、广西、湖北的一些地区也发现了一些野生大茶树。陆羽《茶经》中写了“巴山峡川有两人合抱者”因此可以说陆羽《茶经》的这一记述也从一个侧面证明了中国西南部是茶树的原产地。当时这些地区茶树太高大，采茶不方便，只能把枝条砍下来再采茶。这种“伐而掇之”的方法显得有些野蛮和原始，但这是那个时代利用方式的真实反映。

2. 树如瓜芦

《茶经》描述了茶树的形态：“其树如瓜芦，叶如栀子，花如白蔷薇，实如栟榈，蒂如丁香，根如胡桃。”陆羽对茶树的观察很仔细，对茶树的形态进行了准确的描述。瓜芦即皋芦，是茶的大叶变种，分布在广东一带，也是常绿乔木树种。茶树的叶子像栀子花的叶子，但茶树的叶片其侧脉的分布是很有特色的，侧脉互生，伸至离叶缘2/3处向上弯曲与上一侧脉相连，形成有序的分布，这是茶树叶片区分其他植物叶片的重要特征。

■ 茶树叶片

茶树开白花，像白蔷薇。茶树花朵中含有丰富的黄酮苷类化合物和糖分，茶花干燥后也能饮用，且有防治血管硬化等保健功效。

3. 茶字

陆羽对茶字的来源及多种演变进行了考证与表述，说茶字从字形上说讲，有的归草部，有的归木部，有的并属草、木两部。以草字头为部首的茶字，在唐开元二十三年（735年）编的字书《开元文字音义》中有记载。以木为部首，是梌，在《本草》中有记载。既从草又从木的是荼字，在郭璞编的字书《尔雅》中有记载。至于茶的名称，已使用过的有：茶、槚、蔎、茗、荈等。“荼”这个字在古代是一字多义的，有时指苦菜，有时指茶，有时指芦苇花。“荼”也是一个多音字，指苦菜时音“途”，指茶时音“茶”。

4. 茶树的适生土壤

陆羽通过考察对茶树的适生土壤有了比较科学的认识，认为“上者生烂石，中者生砾壤，下者生黄土。”所谓烂石，就是由岩石经长期风化而形成的土壤，这种土壤营养丰富，透气性好，有利于茶树根系的生长。中者生砾壤，砾壤是碎石较多，风化不够，土壤养分稍差些。下者生黄土，即黄泥巴土，黏性重，透气性差，土壤养分也少，茶树根系生长不好。在唐代当时有上述比较科学的认识，已经是很不容易了。然而从现代科学的角度来认识茶树适生土壤，除了土壤物理性质即质地以外，土壤酸碱度即pH非常重要，茶树喜欢酸性土，最适宜于茶树生长的土壤pH为4.5 ~ 5.5，pH大于7的碱性土壤，不适宜于茶树生长。这一认识只能在现代科学发展水平较高的近代才能提出来，在科学水平有限的唐代不可能认识到。

5. 种子直播或移栽

陆羽《茶经》说“凡艺而不实，植而不茂”。艺是种茶，实是种子。就是说种茶树以茶籽直播最好，生长旺盛；如果用茶苗移栽的方法，往往生长不好。陆羽的这一认识可能是基于当时种茶技术还不十分完善，移栽茶苗后管理不善造成成活率不高或生长不旺盛。现代科学进步以后，茶苗移栽技术已相当完善，因此现代茶园采用种子直播方法已基本很少用，多数采用无性系良种短穗扦插苗的移栽方法。因为茶树异花授粉形成的种子，种性变异的可能性很大，所以种子繁殖已很少应用了。良种茶树采取剪取枝条进行短穗扦插繁殖，成苗后移栽可以保持良种的种性，且扦插繁殖移栽技术已十分成熟，移栽后生长也同样旺盛。只有一点，一般认为种子直播主根发达，扎根较深，比较耐旱；而扦插繁殖的茶苗，主根不发达，根系分布相对较浅，比较不耐旱。在一千多年前的唐代，科学技术有限，为保险起见，用种子直播可能生长是要好些。因此陆羽当时的认识也不无一定道理。

6. 野者上，园者次

陆羽考察当时的野生茶树和人工种植的茶园，得出结论是野生的茶叶品质好，人工种植茶园的茶叶品质要差一些。这一结论与现今云南的普洱茶类似，如今云南人普遍认为野生的山头古树茶比人工种植的台地茶品质好。经科学分析认为主要是古树茶通常含有较多的游离氨基酸，茶多酚含量相对较少些，酚氨比较小，口感上就会感觉回甘快。另外，一般认为野生茶更接近自然，香味更鲜醇。所以陆羽认为“野者上，园者次。”

■ 云南南糯山古茶树林

7. 阳崖阴林，紫者上，绿者次；笋者上，牙者次；叶卷上，叶舒次

陆羽《茶经·一之源》中称：“阳崖阴林，紫者上，绿者次；笋者上，牙者次；叶卷上，叶舒次。”对于这段文字的理解，很多人认为“紫者上，绿者次；笋者上，牙者次”是错误的，认为芽叶是绿色的好，紫色芽叶制茶品质不好；同时把“牙者”理解为“芽者”，认为有芽的茶叶为什么不好呢？

其实陆羽“阳崖阴林，紫者上，绿者次；笋者上，牙者次；叶卷上，叶舒次。”这段论述是对茶树新梢芽叶生长过程中不同先后阶段的质量评价。作者曾到长兴顾渚山唐代古茶山实地考察过，发现刚长出的嫩芽叶是

■ 紫者上，绿者次

微紫色的，叶片长大后变绿色。新梢上端品质好的嫩芽叶呈微紫色，下端近成熟叶片（品质差）呈绿色。这里的紫者是指微紫色的初萌嫩芽和幼嫩芽叶，品质较好，叶子长大后叶色转变为深绿，品质较差。

“笋者上，牙者次”也是指正常芽叶与对夹叶的品质差别，所谓“笋者上，牙者次”是指幼嫩芽叶茶芽如笋状粗壮肥嫩者好，而芽叶长大，叶片全部展开形成对夹叶，中间小茶芽像牙状瘦小者就差。

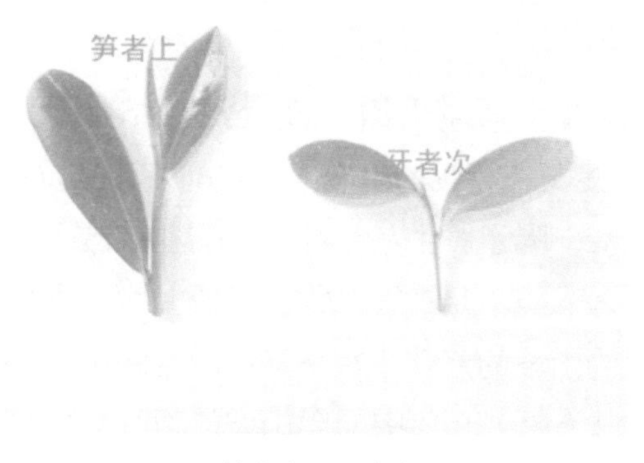

■ 笋者上，牙者次

所谓“叶卷上，叶舒次”是指幼嫩芽叶，叶片两边叶缘向叶背卷曲或向内卷曲者好，叶子长大以后舒展而平者较差。

总之，陆羽《茶经》所说的“紫者上，绿者次；笋者上，牙者次；叶

■ 叶卷上，叶舒次

卷上，叶舒次。”是指茶树新梢芽叶生长过程老嫩度不同品质的差异，这是不难理解的。

《茶经·四之造》中称：“凡采茶，在二月、三月、四月之间，茶之笋者生烂石沃土，长四五寸，若薇蕨始抽，凌露采焉。茶之牙者发于丛薄之上，有三枝、四枝、五枝者，选其中枝颖拔者采焉。”这段文字是说，种在肥沃土壤上的茶树，长出的芽叶多为正常芽叶（新梢芽叶上带有笋状芽），而杂草丛生肥培管理不好的茶树上，长出的芽叶多为对夹叶，对夹叶顶端的芽小如牙。

8. 阴山坡谷者，不堪采掇，性凝滞，结瘕疾

《茶经》称：生长在背阴的山坡或深谷的茶叶品质不好，不宜采摘，这种茶叶的性质凝滞，喝了腹中易生肿块。陆羽的这个认识是不全面的，阴山坡的茶叶，因为光照不足，香气物质合成较少，香味是要差些。如要追求高品质，不仅阴山坡的茶叶不宜采摘，而且阳山坡的茶叶，阴雨天也不宜采摘，否则香味不好。至于喝了阴山坡的茶叶会引起腹中生肿块，这是缺乏科学依据的，至少到目前为止没有发生过这样的病例。

9. 茶之为用，味至寒。为饮，最宜精行俭德之人

陆羽认为茶的性质是属寒性饮品，因为唐代生产的茶叶多为蒸青绿茶。

从现代中药学角度来认识，绿茶确实是偏寒的。重要的论点是接下来陆羽提出的“为饮，最宜精行俭德之人。”在这里，陆羽提出了茶道的核心思想“精行俭德”。“精行俭德”从词义上分析，“精”是修饰“行”的，而与之相对，“俭”则是对“德”的修饰补充，是节俭内敛的厚德。在这里将“精行”和“俭德”并用实际上是陆羽的创新。他将释家和道家讲究的专精实践和儒家基本的俭朴厚德结合在一起，简洁旷达地体现出陆羽对于茶的精髓的洗练升华。自此“精行”和“俭德”不断地影响到后世文人雅士和世代茶人。因此“精行俭德”应是天下茶人的道德准绳。

10. 采不时，造不精，杂以卉莽，饮之成疾

陆羽认为如果采摘不及时，原料过分粗老，加之制茶又不精细，甚至粗制滥造，又夹杂了一些有害杂草，当然喝了这种劣质茶，肯定是有害健康的。陆羽的这一认识无疑是正确的。现代科学得知，过分粗老的茶叶，有害重金属含量增加，氟含量铅含量往往会超标。粗制滥造的茶叶，比如炒茶温度过高形成烟焦茶，所含苯并芘（致癌物质）超标。如果采摘马虎又混入了一些有害杂草。如此等等制成的茶叶，当然是有害健康的。

11. 茶为累也，亦犹人参

陆羽认为，茶和人参一样，产地不同，质量差异很大，甚至会带来不利影响。上等的人参产在上党，中等的产在百济、新罗，下等的产在高丽。出产在泽州、易州、幽州、檀州的品质最差，作药用，没有疗效，更何况比它们还不如的呢。倘若误把荠苨当人参服用，将使很多疾病不得痊愈。明白了对于人参的比喻，低劣茶的不良影响，也就可以尽知了。陆羽的这一认识是非常正确的，一切不良的劣质茶，包括所谓的掺假茶、添加非茶之物等都是错误的、不应该的，甚至是违法的，都应该杜绝。

二、“二之具”有关内容

现将《茶经》“二之具”内容中的疑难点解析与述评如下。

1. 蒸茶时搅拌蒸叶，避免茶汁流失

《茶经》中讲蒸茶时，要用三杈的楮木枝不时的翻拌蒸桶中在蒸的叶子，使其蒸得均匀，并防止茶汁流失。陆羽这样细致的描述和交待注意事项，都是为了能制出质量好的茶叶。现代科学表明，茶叶中的精华就是茶中能溶于热水的水浸出物，制茶中尽可能保全它是非常重要的。这一点与后来宋代的饼茶制法有很大不同，宋代时为了减少茶的苦涩味，制茶时采取了蒸后榨茶的方式。榨茶后苦涩味是减少了，但茶中很多有益的物质也随之被丢失了，这是非常可惜的，所以明代以后，明了了这一利害关系之后就不再采用榨茶了。回过头来看，陆羽提倡的制茶法“畏流其膏”是正确的。

2. 压制饼茶的模具

陆羽《茶经·二之具》中称：“规，一曰模，一曰棬（圈），以铁制之，或圆、或方、或花。”模子是制造饼茶的关键用具。对《茶经》中模子的理解，过去多数人认为，这种模子就好像做糕饼一样的木模（有的书甚至画了图作介绍），填入茶叶，压紧压平后，倒翻过来，敲出茶饼就可。其实，这种理解是错误的。首先，这种圈模是用铁制的，不是木刻的。其次，它是一种方形、圆形或花形的无底圈模。作者在研究模拟试制唐代饼茶时，曾经反复考虑制作过这种圈模，它应该是无底的。

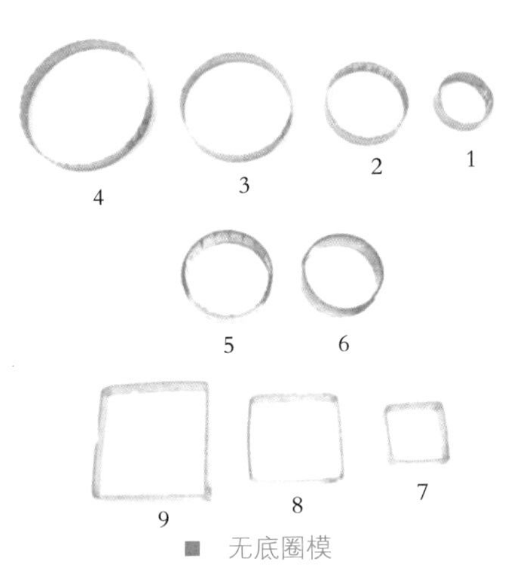

■ 无底圈模

参考宋代熊蕃《宣和北苑贡茶录》，该书附有几十种宋代龙凤饼茶的图形。每一种饼茶上都注明是什么材料的圈、什么材料的模。如“竹圈、银模”，“银圈、银模”，“铜圈、银模”等。

说明宋代制造饼茶时，圈和模是分开的，模有龙、凤等各种花纹，而圈只是有一定高度和长、宽或直径的圈而已。历史资料记载的唐代饼茶表

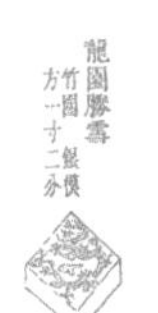

■ 宋代龙凤饼茶

面通常没有纹饰，所以不需要刻有花纹的模，只需圈就行了。

根据上述对圈模的理解，以及对唐代贡品饼茶的推测，认为以小而薄者可能比较受皇室欢迎。这种推测是基于宋代龙凤饼茶的发展历程而作出的。宋代仁宗时，蔡君谟继较大的龙凤茶之后，创造了小龙团。欧阳修《归田录》记述："茶之品莫贵于龙凤，谓之小团，凡二十八片，重一斤，其价值金二两，然金可有，而茶不可得。自小团茶出，龙凤茶遂为次。"说明小饼茶比较珍贵。

3. 关于"襜"

已经找到的几个版本《茶经》均为"檐"字，檐是屋檐、卷边之意，一定是错的。因此吴觉农主编的《茶经述评》认为"应是'襜'之误"，这可能是传抄之误，作者同意吴觉农的看法，应改校为"襜"。襜是古代人穿的一种类似现代香云纱丝细上衣。陆羽《茶经》称："襜，一曰衣，以油绢或雨衫、单服败者为之。以襜置承上，又以规置襜上，以造茶也。茶成，举而易之。"可以得知，压茶饼时先把一块绸布铺在台子上，再将圈模放在绸布上，将已捣碎的茶叶压入模中，压紧压实后脱去圈模，一块饼茶就制好了，从绸布上很容易取下茶饼去晾干。

4."朴"和"贯"的区别

陆羽《茶经》称："朴，一曰鞭。以竹为之，穿茶以解茶也。""贯，削竹为之，长二尺五寸，以贯茶，焙之。"说明"朴"是用竹篾制成细的软鞭状物，用来把基本风干的一个个茶饼穿成一串串，便于提运；而"贯"是一根长二尺五寸的小竹竿，把一串串的饼茶挂穿在小竹竿上，然后将它横置于焙茶棚上进行焙茶。焙茶棚分上下两层，半干的茶饼置下层，近火焙至近全干后换置上层，焙至全干为止。

5.“育”的作用

《茶经》中有一制茶工具称为“育”，是一种短期防潮保质的存贮饼茶的箱子。用木制成框架，用竹篾编成上下四壁，并用纸裱糊。中有间隔，上有盖，下有托盘，旁也有门，其中掩起一扇门。中间放一火盆，盛有无明火的炭火灰，保持温热。茶饼置育内，可保持干燥状态。在江南梅雨季节时，可用炭火除湿。用育保持温热而除湿的贮存茶叶的方法，到了明代就基本不用了，因后来发现茶叶受热后易变黄，得知茶贮存时宜冷忌热，只要设法使茶叶保持干燥即可，这是技术的进步。

三、“三之造”有关内容

现将《茶经》“三之造”内容中的疑难点解析与述评如下。

1.“茶之笋者”与“茶之牙者”

《茶经》称：“茶之笋者，生烂石沃土，长四、五寸，若薇蕨始抽。……茶之牙者，发于丛薄之上。”用现代茶学概念来认识，茶之笋者就是正常芽叶，茶之牙者就是对夹叶。正常芽叶通常是土壤肥沃的茶园茶树上萌发生长的芽叶；而土壤贫瘠的茶园茶树上萌发生长的茶叶对夹叶往往较多。

2. 其日有雨不采，晴有云不采

《茶经》在“三之造”中明确提出“其日有雨不采，晴有云不采”的观点。说明陆羽在那时就发现雨天采来的芽叶制成的茶叶品质没有晴天采的好。这一认识是非常有道理的，现代科学已证明，晴天茶叶形成香味物质较多，雨天采来的叶子香味要差些。“晴有云”可能指的是多云天气，当然多云天气比起完全晴天是差一点。不过在春茶季节，既要晴天，又要不使芽叶老化，在芽叶达到采摘标准适时采下，只要不下雨就应该采摘。有时眼看着茶叶一天天长大，不采下就要老在树上的情况下，即使下雨，也要

抢季节采下茶叶，这是不得已而为之的事。

3. 唐代饼茶制造工序

陆羽把唐代饼茶制造工序归纳为："采之，蒸之，捣之，拍之，焙之，穿之，封之。"作者曾在2003年详细研究了陆羽《茶经》及相关著作后，进行了唐代饼茶的复原试制研究，具体操作如下：

（1）鲜叶原料 清明前后，即4月上旬，采摘龙井种一芽一叶至一芽二叶初展芽叶做原料。鲜叶含水量约76%。

■ 茶叶采摘

■ 鲜叶原料

■ 鲜叶的芽叶大小

（2）摊放 为了提高茶叶的香气和滋味的鲜爽程度，采用龙井茶传统摊放工艺，将采来的鲜叶薄摊于篾簟上，摊放16小时。芽叶稍软，摊放叶含水量约71%。

■ 茶叶摊放

（3）蒸青（蒸茶） 蒸锅内放水，蒸锅置电炉上加热，水烧开后，在蒸屉上均匀铺放茶叶约4厘米厚，盖上盖子蒸茶2分钟。蒸好后，立即取下蒸屉倒净蒸叶，并立即摊凉。

■ 蒸茶与出叶

（4）捣碎 将蒸叶放在大号瓷研钵中，用力反复捣碎茶叶，使芽叶细碎（略可见少量嫩茎）为止。

■ 捣碎茶叶

■ 蒸前、蒸后、捣碎叶

（5）压模成形 在桌子上放一块厚玻璃板，使压茶底板更平整，在玻璃板上铺一块湿绸布，在绸布上放置圈模。将已捣碎的茶叶放在圈模中，压实、压紧、压平，特别注意边角不漏空。再将绸布掀起一角盖在模中饼茶上，再次紧压，使其更平整。

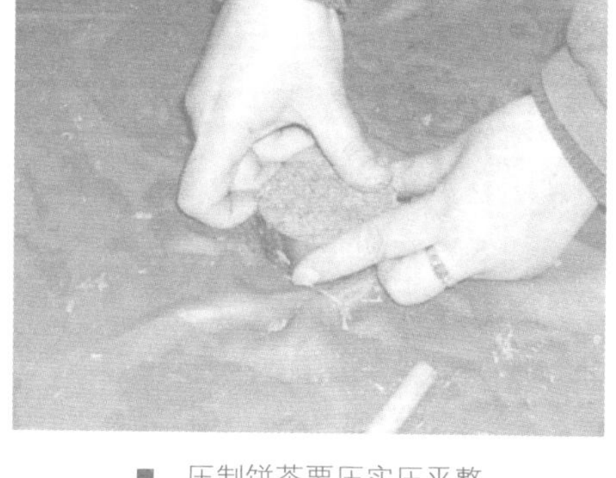

■ 压制饼茶要压实压平整

（6）穿孔 陆羽《茶经》中的穿孔，是在晾至半干的茶饼上用锥刀进行的，这样孔的大小及光洁度不易掌握。因此，本试验改在压模后进行。用一根直径1厘米的小圆竹，对准饼茶中心压穿成圆孔。

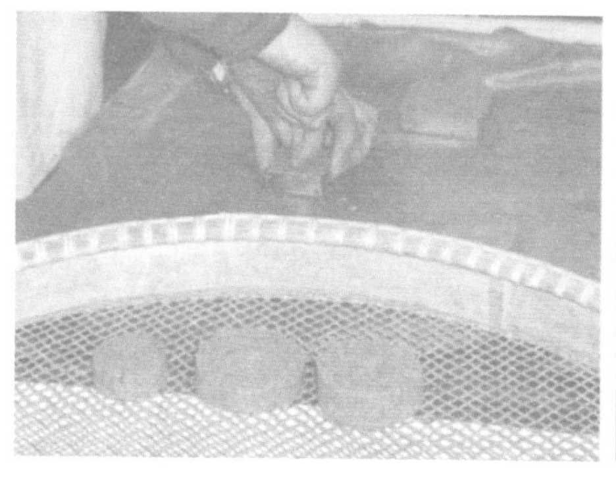

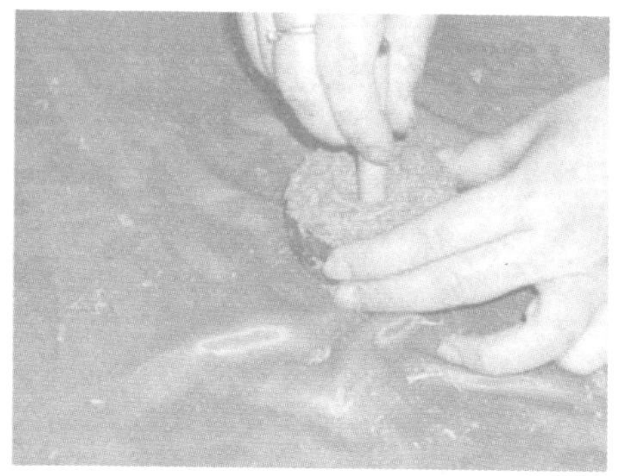

■ 饼茶压孔

（7）脱模 穿孔后，小心地取出圈模，注意不能把饼茶弄破损，保持饼茶的光洁平整。

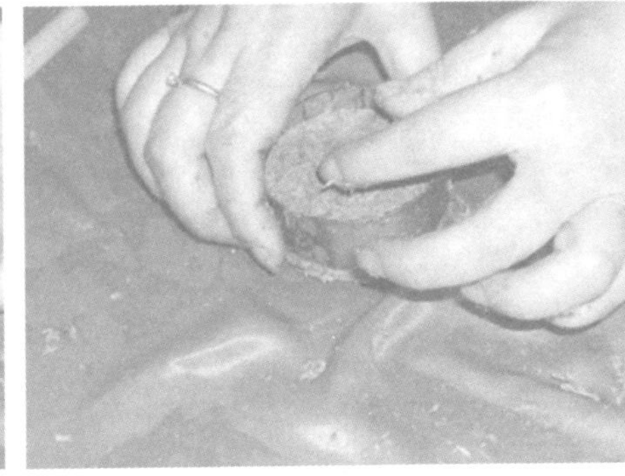

■ 小心退出圈模

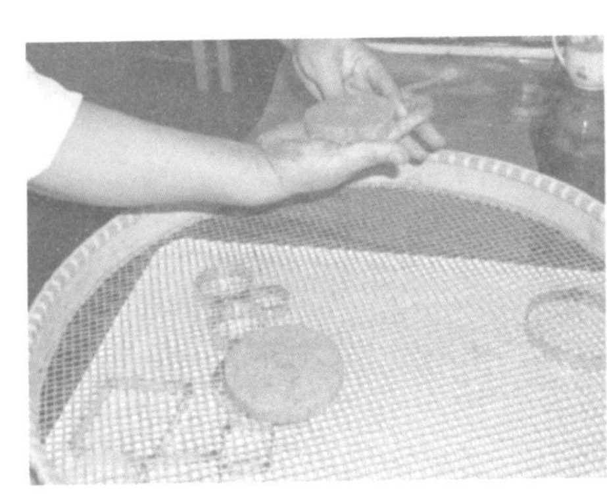

■ 退出模的饼茶

（8）**列茶初烘** 将压成的湿饼茶，小心列放在竹筛中。将列有湿饼茶的竹筛放在热风式名茶烘干机上进行初烘。烘至饼茶底面稍干后，将饼茶

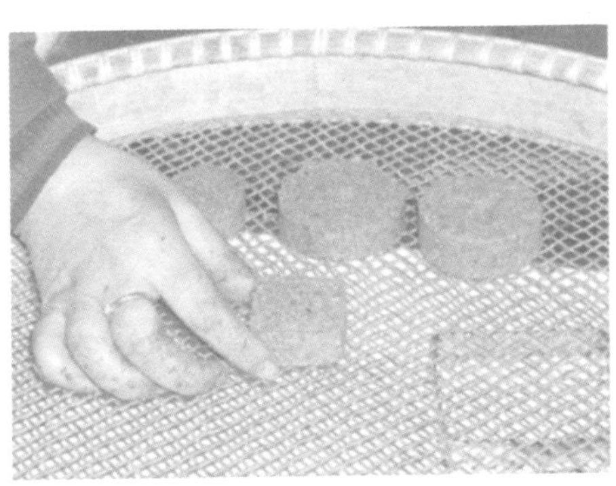

■ 列茶初烘

翻面，烘另一面。烘至两面都不粘手，颜色由浅绿转为深暗绿色，并有一定硬度后进行再烘。初烘温度100 ～ 110℃，时间15分钟左右。

■ 初烘至两面稍干不粘手

（9）再烘至干 将初烘后的饼茶列至摊有纱布的烘帘上，放在鼓风式恒温烘箱里，温度掌握先高后低。烘干分短时与长时两个处理：11小时烘干：前5小时为105℃，后6小时为70℃；20小时烘干：前1小时为105℃，后19小时为60℃。烘至足干为止。烘干后的饼茶色泽深灰绿色至绿褐色。

■ 放在烘箱中再烘至干

（10）装袋保存 烘干后的饼茶凉透后，放入复合薄膜袋中封口保存，防止受潮变质。

4. 饼茶质量的外观特征

《茶经》对饼茶质量的外观特征有这样的描述：饼茶外观形态多种多

样，大致而论，有的像唐代胡人的靴子，皮革皱缩着；有的像野牛的胸部，有细微的褶皱；有的像浮云出山屈曲盘旋；有的像轻风拂水，微波涟涟；有的像陶匠筛出细土，再用水沉淀出的泥膏那么光滑润泽；有的又像新开垦的土地，被暴雨急流冲刷而高低不平。这些都是品质好的饼茶。有的叶像笋壳，茎梗坚硬，很难蒸捣，所制茶饼表面像箩筛；有的像经霜的荷叶，茎叶凋败，样子改变，外貌枯干。这些都是粗老的茶叶。现代科学表明，茶叶外形与内质有明显的相关性，外观显粗老的，通常内质也较差。现代普洱饼茶也大体如此，茶饼表面多细嫩茶芽者通常是好茶，表面一看粗老叶、黄片、茶梗较多者通常质量较差。

四、"四之器"有关内容

现将《茶经》"四之器"内容中的疑难点解析与述评如下。

1. 古鼎形风炉三足上的铭文

《茶经》四之器风炉一节说：风炉，用铜或铁制成，像古鼎的样子。……炉的下方有三只脚，铸写有古文共21个字。一只脚上写"坎上巽下离于中"，一只脚上写"体均五行去百疾"，还有一只脚上写"圣唐灭胡明年铸"。"坎上巽下离于中"是传统八卦的含义，坎主水，巽主风，离主火。坎上，意思是煮茶的水放在上面。巽下，意思是风从下面吹入。离于

■ 太极八卦

中，意思是火在中间燃烧。“体均五行去百疾”，五行是指金、木、水、火、土，五行在人体对应的五脏是肝、心、脾、肺、肾。“体均五行去百疾”，意思是说如果人体的五行均衡协调，人就不会发生任何疾病。“圣唐灭胡明年铸”是表明风炉铸造的时间。圣唐灭胡指的是唐代宗在广德元年（763年）讨灭“安史之乱”的最后一股势力史朝义的时候，那么风炉的铸造时间应为广德二年（764年）。

2. 伊公羹与陆氏茶

《茶经》说鼎形煮茶风炉炉体上开有三个窗口。……三个窗口上方书写六个字，一个窗口上方写“伊公”二字，另一个窗口上写“羹陆”二字，还有一个窗口上写“氏茶”二字，连起来读就是“伊公羹，陆氏茶”。伊公是商朝初年的伊尹，首创用鼎调煮美味羹汤。陆羽是首创用鼎形风炉煮出好茶的人，陆羽用“伊公羹，陆氏茶”的铭文，表示伊尹是调羹高手，陆羽认为自己是煮茶高手，说明陆羽对自己的煮茶技艺显得十分自信。后来的历史表明，陆羽是中国茶道的奠基人。

3. 风炉中炉栅板上的离、巽、坎三卦

《茶经》说鼎形风炉的炉腔内设置镂空的炉栅板，炉栅分为三格，每格的栅缝为一卦。一格上有翟，翟为火禽，刻画一个离卦的卦符；另一格上有彪，彪是风兽，刻画一个巽卦的卦符；还有一格上有条鱼，鱼是水虫，

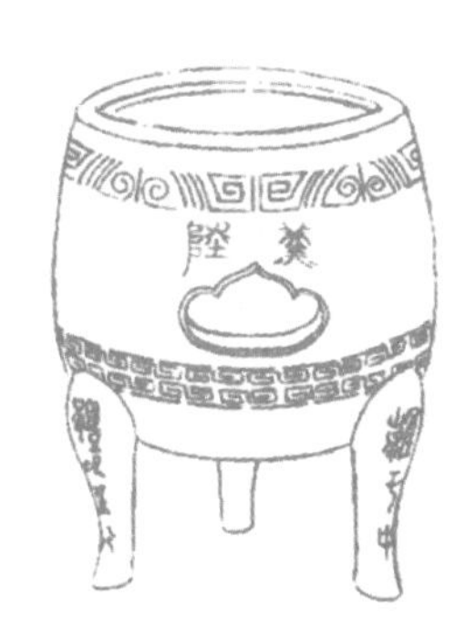

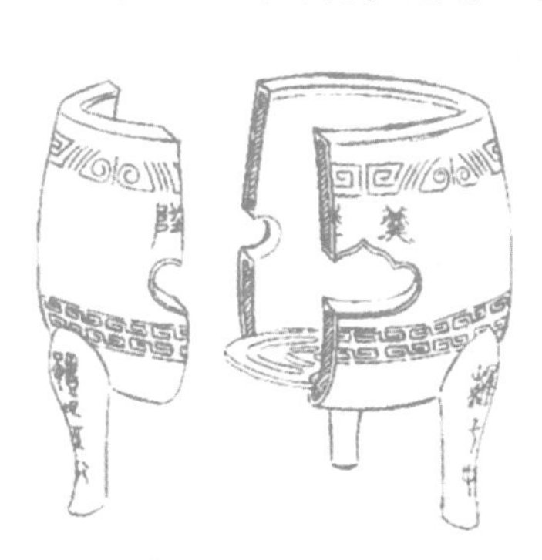

■ 风炉及炉栅上的三卦

资料来源：沈冬梅，《茶经》，中华书局，2010年，第49页。

刻画一个坎卦的卦符。巽表示风，离表示火，坎表示水。风能助火旺，火能把水煮开，所以要有这三卦。

4. 煮茶锅的材料与浇铸

《茶经》称：煮茶锅，用生铁制成。洪州用瓷锅，莱州用炻锅，瓷锅和炻锅都是雅致好看的器皿，但不坚固，不耐用。用银做锅，非常清洁，但不免过于奢侈了，雅致固然雅致，清洁确实清洁，但从耐久实用看，还是铁好。在此，陆羽认为铸造煮茶锅的材料可以多种，各有利弊，最好当然是银锅，但从耐久实用看，还是铁好。从现代科学来看，铁锅煮茶，茶中的多酚类物质易与铁离子作用，茶汤汤色易加深甚至发暗，因此用铁锅煮茶不是最理想的。用陶瓷材料的锅还是比较理想的。

陆羽说，铸造铁锅时，内模抹土，外模抹沙。泥土细腻，锅面就光滑，容易磨洗；沙粒粗，可使锅底粗糙，容易吸热。锅耳做成方的，让其端正。锅边要宽，是为了将火力向全腹蔓延。锅腰要长，使水集于中心。腰长，水就在锅中心沸腾；在中心沸腾，茶末易于扬起；茶末易于上升，茶味就醇美。陆羽对于铸造铁锅时这些细节的交待，可以认为是经验之谈，是经过反复摸索得来的心得，难能可贵。

5. 纸囊

《茶经》说：用来暂时存放烤好饼茶的纸袋，是用双层白而厚的剡溪纸缝制而成，剡溪是浙江嵊州，剡溪纸是一种用藤做原料制成的纸，坚韧牢固不易破。煮茶前把烤好的茶饼放在这种纸袋中使其冷却，而香气又不易散失。烤后的茶饼为什么要放冷呢？因为制好或贮存一段时间后的茶饼是含有一定水分的，富含有机物质的茶饼烤后热时往往变软，不便粉碎。冷却后的茶饼才能由软变脆变硬，便于敲碎碾细。所以创造的纸袋就是用来放冷茶饼的。

6. 则

《茶经》说：则，是用海贝、蛎蛤的贝壳之类，或用铜、铁、竹做成的小匙。"则"是标准量器之意，通常煮一升水，用一"方寸匕"的匙（**取一立方寸的匙或小匙**）量取一立方寸茶末（**或一小匙茶末**）。如果喜欢喝得淡一些的，就少取点茶末；喜欢喝浓茶的，就多取些茶末。按唐代度量衡制换算，一升水相当于现今的600毫升，一方寸匕相当于现今的长、宽、高分别为3.03 厘米的立方。按陆羽当时提出的观点茶末不必太细，试验秤得这样的一方寸匕的茶末重量约为11.7克。

7. 滤水囊

用现代的语言说，滤水囊就是净水器，用来过滤水的器具。《茶经》说：滤水囊，同一般使用的一样，底部镂空的外杯用生铜铸造，这是为了防止浸湿后附着铜绿和污垢，使水有腥涩味。用熟铜做的就易生铜绿污垢；用铁易生铁锈，使水腥涩。隐居山林的人，也有用竹或木制作的。但竹木制的都不耐用，不便携带远行，所以要用生铜做。滤水的袋子，用青篾丝编织，卷曲成袋形，再用碧绿绢缝制，并将碧玉金花饰品点缀其上。还要做一个绿色油布口袋存放滤水囊。滤水囊底部镂空的外杯直径五寸，柄长一寸五分。

■ 滤水囊

资料来源：罗庆江，关于《茶经·四之器》中"风炉"与"滤水囊"的考辨，第九届国际茶文化研讨会论文集，第160页。

8. 鹾簋

《茶经》说：鹾簋，用瓷做成。圆形，直径四寸，像只盒子，也有像瓶和小口坛子的，装盐用。陆羽的煮茶法主张清饮，不主张添加糖、奶、姜、葱之类的混饮调饮的羹饮法，但认为煮茶时加入少许盐还是有必要的，这可能是为了减少茶汤的苦涩味，使茶汤滋味变得更可口好喝。鉴于此，可以认为陆羽的加盐煮茶法是过去的羹饮法过渡到明清的完全清饮法的一种过渡形式。

9. 茶碗

《茶经》说：茶碗，越州（浙江绍兴）产的最好，鼎州（陕西泾阳）、婺州（浙江金华）的差些。岳州（湖南岳阳）的好，寿州（安徽寿县）、洪州（江西南昌）的差些。有人认为邢州（河北邢台）产的比越州的好，这是完全不对的。如果说邢州瓷像银子，那么越州瓷就像玉，这是邢瓷不如越瓷的第一点；如果说邢瓷像雪，那么越瓷就像冰，这是邢瓷不如越瓷的第二点；邢瓷白而使茶汤呈红色，越瓷青而使茶汤呈绿色，这是邢瓷不如越瓷的第三点。晋代杜毓《荈赋》说的"挑选陶瓷器皿，好的出自东瓯"。瓯（地名），就是越州。瓯（瓷盆），也是越州产的最好，口不卷边，底圈而浅，容积不超过半升。越州瓷、岳州瓷都是青色，能增进茶的汤色。茶汤呈白红色，邢州瓷白，茶汤呈红色；寿州瓷黄，茶汤呈紫色；洪州瓷褐，茶汤呈黑色。这些都不适合盛茶汤。

从上述可以看出，陆羽喜欢欣赏绿色的茶汤，最喜爱越州青瓷茶碗，理由是煮好的茶汤呈白红色（浅黄中有点偏红），放在青瓷茶碗中，视觉上看到的茶汤呈绿色；如果放在白色的茶碗中，视觉上看到的茶汤呈微红色，不好看。试验曾经用两种不同瓷色的茶杯盛装同样茶汤的汤色效果确实如此：碗内白色瓷者茶汤呈微红色，青瓷碗茶汤呈绿色。

■ 同样的茶汤用不同瓷色的茶杯其汤色效果

10 .列具与都篮

列具是室内摆放全部煮茶器具的柜子。《茶经》说：具列（陈列架、柜），做成床形或架形，有的全用木或全用竹做成。无论木制还是竹制的，漆成黄黑色，柜门可关。长三尺，宽二尺，高六寸。所谓具列，是指可贮放全部器物之意。

都篮是能放入全部煮茶器具并可提着拿走的篮子，因能装得下全部茶具而得名。竹篾编成，里面编成三角形或方形孔眼，外面用两道宽篾作经线，一道窄篾作纬线，交替编织在作经线的两道宽篾上，编成方眼，使它玲珑好看。都篮高一尺五寸，长二尺四寸，阔二尺，底宽一尺，高二寸。

五、"五之煮"有关内容

现将《茶经》"五之煮"内容中的疑难点解析与述评如下。

1. 烤茶

烤茶的目的有二，一是为了进一步干燥茶饼，便于碾碎；二是为了提高茶的香气。烤茶的方法与烤的程度，《茶经》说：应当夹着饼茶靠近火，不停地正反面翻动，等到烤出突起的像虾蟆背上的小疙瘩，然后离火五寸继续烤。如发现茶饼外形卷曲或有点解散状态，则要按开始烤茶的方法再烤。如果制茶时茶饼是烘干的，以烤到有香气为度；如果茶饼是晒干的，以烤到柔软时为止。

2. 碾茶

烤好茶饼冷却后就可敲碎，用碾子碾细。陆羽认为碾茶不必碾得太细，不必碾成粉状，只需碾成细米状即可。试想，如果碾得太细如粉状，煮茶时茶粉就会有一部分悬浮于茶汤中，使茶汤不清，喝起来也有粉糊感，口感不好；当然碾得太粗，煮茶时不易浸出，会影响茶汤浓度也不好。所以

《茶经》称“末之上者，其屑如细米；末之下者，其屑如菱角”。

3. 用水

陆羽主张用清洁的活水煮茶。《茶经》说：煮茶的水，用山水最好，其次是江水，井水最差。取用山水，最好要选取乳泉、石池慢流的水，奔涌急流的水不宜饮用。还有多处支流汇合于山谷的水，停蓄不流动，自炎热的夏天到霜降以前，很可能有蛇鳌之类的动物蓄积毒素在水中。如果要饮用这种水，可以先挖开流水口，让这些恶水流走，使新的泉水涓涓流来，就可取水煮茶喝了。至于江水，应到离人居住点较远的地方去汲取，而井水要到人们经常汲用的井中去汲取。

4. 煮水有三沸

陆羽说煮水有三沸，当冒出鱼眼大小的水泡，并微微有声音时，称作一沸；锅边有如连珠般的泡往上冒，称作二沸；有如波涛翻腾，称三沸。三沸后再继续煮，水沸过头，就不宜饮用了。在杭州实测的三沸温度是：一沸时86 ~ 88℃，二沸时92 ~ 94℃，三沸时100℃。陆羽提出煮茶法是：一沸时放盐调味，二沸时投茶煮茶，三沸时止沸煮好。

5. 陆羽煮茶法

总结陆羽煮茶法可以归纳为十六步法：①准备饼茶，②烘烤茶饼，③纸囊包冷，④敲碎茶饼，⑤碾成茶末，⑥筛出末茶，⑦煮水一沸，⑧放盐调味，⑨舀出一瓢，⑩旋搅咸汤，⑪汤心投茶，⑫竹夹旋搅，⑬倒回止沸，⑭育成汤花，⑮分茶至碗，⑯奉茶饮茶。

将茶饼碾成茶末，陆羽认为不必太细，不必磨成粉状，碾成“细米状”即可。煮水至一沸时，投入适量盐调味。试验投放不同盐量结果表明，1 000毫升水投盐2克比较恰当，煮出的茶汤咸淡适口。投盐后舀出一瓢水待用。二沸时搅旋水成旋涡，然后从汤心投入适量茶末。试验投放不同茶末量的结果表明，1 000毫升水投茶8 ~ 10克比较适宜，茶汤显得香高味醇。《茶经》称，喜欢喝浓一点的可多加点茶，喜欢喝淡一点的可少加点茶，灵

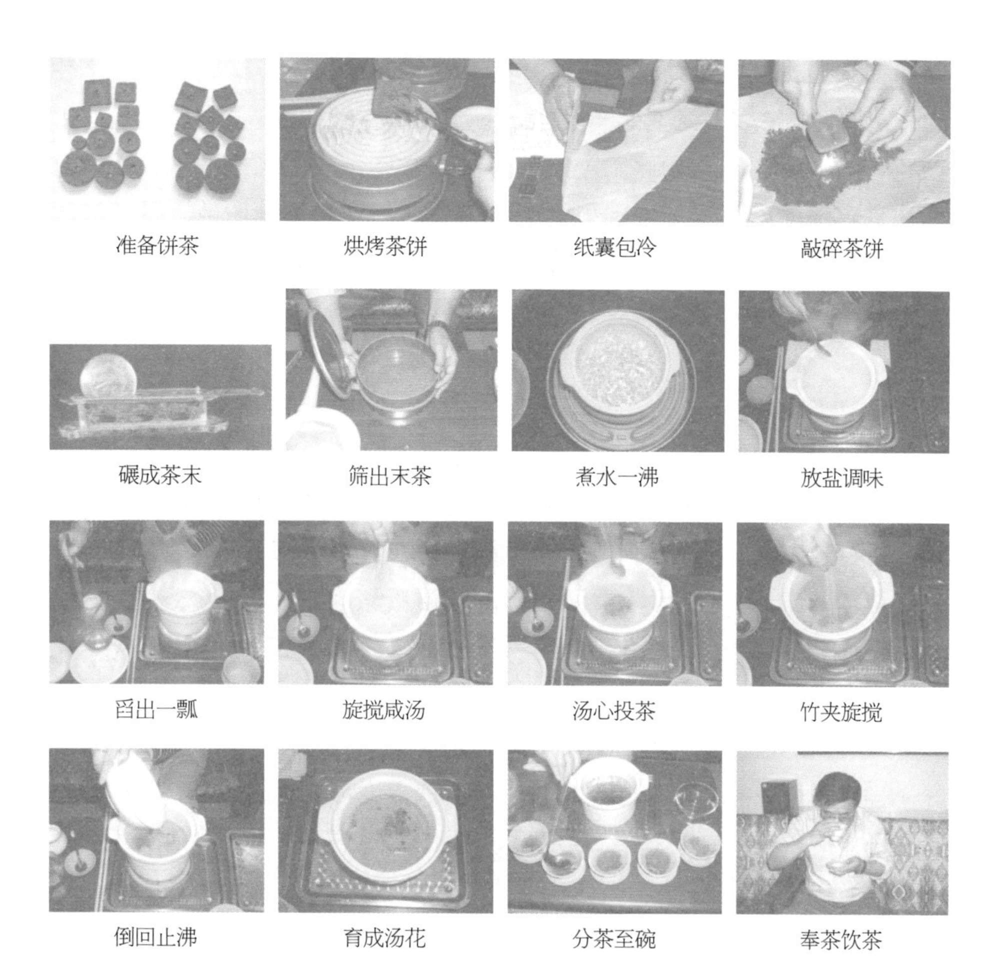

准备饼茶 烘烤茶饼 纸囊包冷 敲碎茶饼

碾成茶末 筛出末茶 煮水一沸 放盐调味

舀出一瓢 旋搅咸汤 汤心投茶 竹夹旋搅

倒回止沸 育成汤花 分茶至碗 奉茶饮茶

■ 陆羽煮茶法十六步法

活掌握。然后旋搅煮茶，至三沸时将事先舀出的一瓢水倒入锅内止沸，此时可看到汤面形成了较多的汤花（**泡沫**）。就可分茶汤至茶碗中奉茶饮茶了，要注意的是舀茶汤时只能轻轻地舀出上层的带泡沫的茶汤饮用，切忌舀到茶渣。

6. 沫饽与花

《茶经》说：沫饽，是茶汤上的“华”。薄的叫“沫”，厚的叫“饽”，细轻的叫“花”。花在碗中，就像枣花在圆形的池塘上漂浮；又像回环曲折的潭水绿洲间新生的浮萍，又像晴天空中的鳞状浮云。沫，好像绿钱草浮在水边，又像菊花落入杯中。饽，是用茶渣再煮，待到煮沸时产生的一层厚厚的白沫，就像皑皑白雪。《荈赋》中有“明亮像积雪，光彩如春花”的句子，确实如此。唐宋茶道都喜欢茶汤表面形成泡沫，认为这泡沫是茶汤的精华。从现代科学观点来看，泡沫是搅拌所致，是茶汤清纯的部分，不会带有茶末，喝起来有细腻感，称它为茶汤“精华”也有一定道理。

7. 主张小锅煮茶

《茶经》说：煮出来的茶，第一、第二、第三碗为好，次一等的是第四、第五碗，除此之外，要不是渴得厉害，就不值得喝了。一般烧水煮茶一升，可分作五碗（茶汤少则三碗，多则五碗，如客人多达十人，可再加两锅），趁热接着喝完。因为重浊不清的物质凝聚在下面，精华浮在上面，如果茶汤一冷，精华（香气）就随热气散发掉；如趁热喝了但没喝完，精华也会散发掉。

以上说的是两层意思，第一层意思是要小锅煮茶，一升水煮五碗茶为好，客人多可多煮几锅。舀茶汤时，只舀锅上层带泡沫的清汤，下层混浊甚至带渣的茶汤不好喝。第二层意思是茶汤要趁热喝，否则冷后香气会挥发掉就不好喝了。

8. 槚、荈、茶的区别

《茶经》说：煮出的茶，滋味微甜的是槚，不甜而带苦味的是荈，喝进去苦而咽下时回甘的是茶（另《本草》说，茶味苦而不甜的是槚，甜而不苦的是荈）。现代科学调查表明，同属山茶科茶组植物的茶，确有甜茶、苦茶和普通的茶。甜茶滋味稍显甜，苦茶滋味确实苦，普通的茶尤其是大叶种茶叶是入口苦咽下时回甘。

六、“六之饮”有关内容

现将《茶经》“六之饮”内容中的疑难点解析与述评如下。

1. 茶之为饮，发乎神农氏

陆羽《茶经》称“茶之为饮，发乎神农氏，闻于鲁周公。”意思是说：茶成为饮料，开始于神农氏，到鲁周公正式对茶作了文字记载后才传闻于世。神农氏是传说中的上古三皇之一，教民务农，故号神农。鲁周公姬姓名旦，周文王之子，辅佐武王灭商，建立周王朝，后世尊为周公，因封国在鲁，故又称鲁周公。周公旦著有字书《尔雅》。《尔雅》中记载：“槚，苦荼。”意思是说槚就是苦茶。

现代茶史学家一般认为“茶之为饮，发乎神农氏”是来自传说。关于茶的发现有很多传说，我国著名的茶学专家陈椽教授在他的《茶业通史》中说：“我国战国时代第一部药物学专著《神农本草》就把口传的茶的起源记载下来。原文是这样说的：‘神农尝百草，一日遇七十二毒，得荼而解之。’”然而时过境迁，战国时代的《神农本草》早已佚失，陈椽教授这段引文来自哪里已无从考究。直到清乾隆三十四年（1769年）陈元龙《格致镜原》以及清光绪八年（1883年）孙璧文《新义录卷96“饮食类”》中才出现可查阅的同样引文：“《本草》则曰：‘神农尝百草，一日遇七十毒，得荼以解之。’”不管怎样，清代这些著作关于“神农尝百草”的引文，证明了《本草》是真实存在的；神农尝百草遇毒得荼而解的传说也是真实存在的。神农尝百草的传说所传递的信息可以认为是：茶最先是被作为解毒药草而被发现的。我国著名的茶史专家朱自振最先认同陆羽的这一观点。朱教授在他的《茶史初探》中说：“在饮茶的起源问题上，我们倾向陆羽‘发乎神农’的观点。”当然，茶从发现到利用一般认为是从药用逐渐发展到食用与饮用，是一个漫长的历史时期。

2. 粗茶、散茶、末茶、饼茶

对陆羽《茶经·六之饮》中论述的“粗茶、散茶、末茶、饼茶”，可以作如下理解：所谓“粗茶”，是采摘较粗老的鲜叶加工成的饼茶。即陆羽《茶经·三之造》中将饼茶分为八等中的后两等：“有如竹箨者，枝杆坚实，难于蒸捣，故其形簏簁然；有如霜荷者，茎叶凋沮，易其状貌，故厥状委悴然。此皆茶之瘠老者也。”所谓“散茶”，是采摘细嫩芽叶，经蒸青后烘干或炒干的松散状芽茶或叶茶。五代蜀毛文锡《茶谱》记述：“蜀州晋原、洞口、横源、味江、青城，其横源雀舌、鸟嘴、麦颗，盖取其嫩芽所造，以其芽似之也。又有片甲者，即是早春黄芽，其叶相抱如片甲也。蝉翼者，其叶嫩薄如蝉翼也。皆散茶之最上也。”所谓“末茶”，是采摘茶鲜叶，经蒸茶、捣茶后，将捣碎的茶烘干或晒干而成的细碎末状茶。所谓“饼茶”，当然就是陆羽《茶经·三之造》中，经“采之，蒸之，捣之，拍之，焙之，穿之，封之”而制成的方形、圆形或花形的饼状茶。这种蒸青饼茶是唐代贡茶的主要品类。

3. 陆羽主张清饮，不主张调饮

《茶经》说：百姓中煮茶有的斫、有的熬、有的烤、有的舂，然后煮饮。有的将茶末置于瓶或瓦罐中，将沸水浇灌进去浸泡，称为痷茶。还有的用葱、姜、枣子、橘皮、茱萸、薄荷等配料和茶一起反复煮沸，再旋搅后静置使清汤上浮茶汤变清，把汤面的沫饽去掉后饮用。这样的茶汤无异于沟渠里的废水，但是这种习俗至今仍普遍存在。陆羽不主张这种煮饮方法，把它比喻为沟渠里的废水。陆羽主张清饮，但要求煮茶时放适量盐调味。

4. 茶有九难

《茶经》说，茶的采、制、煮、饮有着九个难以掌握的关键：一是采制，二是鉴别，三是器具，四是用火，五是选水，六是炙烤，七是碾末，八是烹煮，九是品饮。细说之，其一，阴天采摘、夜间焙制，不是正确的采制法，主张晴天采茶；其二，仅凭嚼茶尝味、鼻闻辨香，不算是会鉴别，还应观看饼茶外观，并指出劣质茶的形成原因；其三，使用沾有腥味的炉、锅和带有腥气的盆，则是选器不当，主张茶器要洁净，不能有腥味；其四，用有油烟的和烤过肉的柴炭，是燃料不当，主张用无特殊气味的柴炭；其五，如用急流和死水煮茶，则是用水不当，要用山水活水；其六，把饼茶烤得外熟里生，则是烤茶不当，要慢烤、翻烤、均匀烤；其七，把茶叶碾

得过细像青绿色的粉尘一样，则是碾茶不当，只要碾成细米状即可，不必太细；其八，煮茶时操作不熟练、搅动茶汤太急促，不算会煮茶，要依照陆羽煮茶的十六步法正确操作；其九，夏天喝茶而冬天不喝，这是不懂得饮茶，要一年四季经常饮茶才对。

七、“七之事”有关内容

现将《茶经》“七之事”内容中的疑难点解析与述评如下。

1. 唐代中期之前历史上与茶有关的人物

陆羽《茶经》收集的唐代中期之前历史上与茶有关的人物有：

三皇 炎帝神农氏：三皇之一，教人务农，故名神农氏。

周 鲁周公旦：周文王姬昌之子，姓姬名旦。

周 齐相晏婴：（公元前758—公元前500年），春秋后期的政治家、思想家。

汉 仙人丹丘子：道教仙人。

汉 黄山君：道教仙人。

汉 孝文园令司马相如：司马相如，西汉词赋家。

汉 给事黄门侍郎（执戟）扬雄：扬雄（公元前53—公元18年），西汉文学家。

吴 归命侯：孙皓（242—283年）三国时吴国末代皇帝。

吴 太傅韦宏嗣：韦曜（220—280年）吴国人。

晋 惠帝：西晋第二代皇帝。

晋 司空刘琨，琨兄之子、兖州刺史刘演：刘演，东晋都督、将军。

晋 张孟阳（张载）：张载，字孟阳，曾任中书侍郎，未任何黄门侍郎，此处陆羽有误。

晋 司隶校尉傅咸：（239—294年），西晋任议郎长兼司隶校尉。

晋 太子洗马江统：江统，西晋时任过太子洗马。

晋 参军孙楚：孙楚（约218—293年），西晋文学家，曾任扶风王的参军。

晋　记室左太冲（左思）：左思，晋代文学家。

晋　吴兴人陆纳，纳兄之子、会稽内史陆俶：陆纳，晋时任吏部尚书、吴兴太守。陆俶，陆纳侄子。

晋　冠军谢安石（谢安）：谢安（319—385年），历任太保、大都督。

晋　弘农太守郭璞：著有字书《尔雅》。

晋　扬州太守桓温：（312—373年），曾任荆州刺史、扬州太守。

晋　舍人杜毓。

晋　武康小山寺和尚释法瑶：释法瑶，浙江湖州德清县武康小山寺和尚。

晋　沛国人夏侯恺：夏侯恺，江苏沛县人。

晋　余姚人虞洪：晋《神异记》中的人物。

晋　北地人傅巽：北地，今陕西耀县一带。傅巽，傅咸的从祖父。

晋　丹阳人弘君举：江苏镇江丹阳人。

晋　乐安人任育长：任瞻，乐安在今山东邹平。

晋　宣城人秦精：《续搜神记》中人物。

晋　敦煌人单道开：东晋时人。

晋　剡县陈务之妻：《异苑》中人物，剡县今浙江嵊州。

晋　广陵一老妇人：《广陵耆老传》中人物，广陵今江苏扬州。

晋　河内人山谦之：（420—470年），南朝宋时河内郡（今河南沁阳）人。著《吴兴记》。

后魏　琅琊人王肃：（436—501年），北魏著名文士。

南朝宋　新安王刘子鸾，豫章王刘子尚：都是南北朝时宋孝武帝之子，子尚为兄，子鸾为帝，《茶经》有误。

南朝宋　鲍昭之妹鲍令晖：鲍昭，南朝诗人。其妹令晖，擅长词赋。

南朝宋　八公山和尚昙济：谭济道人，八公山今安徽寿县北。

南齐　世祖武皇帝：南北朝时南齐的第二个皇帝，信佛，提倡节俭。

南朝梁　廷尉刘孝绰：（480—539年），梁昭明太子仆兼廷尉卿。

南朝梁　陶弘景先生：（456—536年），道家思想家。

本朝　英国公徐勣：李勣，唐开国功臣，曾任兵部尚书。

2. 三国《广雅》记载饼茶制作与调制羹饮

《茶经》称，三国魏张揖《广雅》记载：荆州（湖北西部）、巴州（四川东部）一带，采茶叶做成茶饼，叶子老的，就用米汤拌和处理使能成饼。想煮茶时，先烤茶饼，烤到发红为止，然后捣碎成细末放到瓷器中，冲入沸水浸泡。或放些葱、姜、橘子，搅和后饮用。喝了这种茶可以醒酒，使人兴奋不想睡觉。说明早在三国时，湖北四川一带已出现采茶做成饼和煮茶调制羹饮的方法，并发现喝了这种茶有醒酒和令人不眠的功效。

3. 唐代中期以前茶的功效已有较多记载

《神农食经》中说：长期饮茶，可使人有力气，精神好。东汉华佗《食论》说：长期饮茶，有益于人的思维。三国《广雅》记载：茶可以醒酒，使人兴奋不想睡觉。壶居士《食忌》认为：长期饮茶，身轻体健，好似飘飘欲仙；茶与韭菜同时吃，使人增加体重。陶弘景《杂录》说：苦茶能使之轻身换骨。

4. 唐代中期以前以茶为药也已有较多记载

汉司马相如《凡将篇》在药物类中记载有多种药物，其中就包括荈茶。晋《艺术传》记载：有个叫单道开的敦煌人，不怕严寒和酷暑，常服食小石子。所吃的药有松、桂、蜜的香气，此外就只饮茶和紫苏了。《本草·木部》记载："茗，就是苦茶。味甘苦，性微寒，无毒。主治瘘疮，利尿，去痰、止渴、解热，喝了使人少睡。秋天采的茶味苦，主要功能是下气、消化积食。《枕中方》："治疗多年的瘘疾：把茶和蜈蚣一同放在火上烤熟，烤到有了香气，分成相等的两份，捣碎筛末，一份加甘草煮水清洗患部，一份外敷。"《孺子方》："治疗小孩不明原因的惊厥：用苦茶和葱的根须煮汤服。" 以上记载说明茶作药用已有相当的认识。

5. 唐代中期以茶倡廉已有较多记载

《晏子春秋》说：晏婴作齐景公宰相时，吃的是粗粮和一些烧烤的禽鸟和蛋品，除此之外，只有蔬菜和饮茶罢了。晋《中兴书》记载：陆纳任吴兴太守时，卫将军谢安常想去拜访他。陆纳的侄子陆俶埋怨陆纳没有准备什么东西，但又不敢问他，就私下准备了十多个人的酒食菜肴。谢安到了陆家后，陆纳招待他的仅仅是茶和果品而已。陆俶便当即摆上丰盛的肴馔，各种珍奇的菜肴全都有。等到谢安辞去，陆纳却打了陆俶四十大板，并训斥道：你既然不能给叔父增光，为什么要玷污我一向清廉的名声呢？《晋书》中记载：桓温任扬州地方官时，性好俭朴，每次宴会时，仅用七盘茶果来招待客人。说明以茶倡廉由来已久。

6. 以茶代酒的记载始于三国吴

《三国志·吴书·韦曜传》中记述：孙皓每次宴请臣下，要大家都喝空七升酒。虽有人喝不完，也都要浇灌喝尽。韦曜的酒量不过二升，孙皓起初给予特别的礼节性照顾，暗地里让他用茶来代替酒。

7. 唐代中期以前赞茶已有不少记载

张孟阳《登成都楼》诗中有“芳茶冠六清，溢味播九区”句。“六清”是指水、浆（米汤）、醴（甜酒）、醵（水酒）、医（一种酒）、酏（粥汤），“芳茶冠六清”是说茶比这六种饮料都要好。“溢味播九区”是说茶饮用已传播至中国九州广大地区。傅巽《七诲》称云南、贵州一带的茶叶已成为中国六种名优特产之一。南朝《宋录》把茶比作甘露。南朝宋王微《杂诗》说饮茶能解心愁。以上这些都是盛赞茶的例子。

8. 关于茶产地：无射山、温山、黄牛山、荆门山、女观山、望州山、白茶山

《茶经》引《坤元录》说：“离辰州溆浦县西北三百五十里的地方有座无射山，据说山上住的少数民族有一种风俗，遇有喜庆的时候，亲族要到山上去集会唱歌跳舞，而这山上有很多茶树。”辰州溆浦县今湖南省沅陵县一带，前些年湖南的一些茶人通过实地调查与历史考证，基本上认为无射山位于沅陵靠近古丈的偏远山村——田坳村。这里的山势、地形、地貌，

与当地村民的风土人情、民风茶俗都与《茶经》记载基本一致，因而证实这里就是陆羽《茶经》引用《坤元录》所谓无射山（现名枯蓤山）的地方。

《茶经》引南朝宋山谦之《吴兴记》记载："乌程县西二十里有温山，出御荈。"乌程县在今浙江湖州市，温山在市北郊区白雀乡与龙溪交界处。当时曾有贡茶园。

《茶经》引《夷陵图经》称："黄牛、荆门、女观、望州等山，茶茗出焉。"夷陵郡在今湖北宜昌地区，境内有黄牛山，位于西陵峡上段空岭滩南岸；荆门山位于荆门、虎牙之间；女观山位于当时宜都县北；望州山位于当时东湖县西，即今西陵山。宜昌地区古今都盛产茶叶。

《茶经》引《永嘉图经》称："永嘉县东三百里有白茶山。"白茶山在何处，有一些考证。有的认为在茶山永嘉城东南二十五里，但里数不符；有的认为在福建福鼎县，那里出白茶。但都未定论。

9. 以茶命名的茶溪、茶坡、茶陵县

《茶经》引《括地图》称："临蒸县东一百四十里有茶溪。"临蒸县今衡阳县，因县东南一百四十里一带盛产茶故溪水也名茶溪。

《茶经》引《淮阴图经》称："山阳县南二十里有茶坡。"淮阴在今江苏淮安，淮阴郡内有山阳县，县南产茶，故县南二十里有茶坡。

《茶经》引《茶陵图经》称："茶陵者，所谓陵谷生茶茗焉。"茶陵县在

图6-28　炎帝陵

湖南省，东汉时属长沙郡。该县南临茶山盛产茶叶而得名。传说神农氏最后到过这里开山种茶并死后葬于茶陵县云阳山，建有神农陵墓。

八、“八之出”“九之略”“十之图”有关内容

现将《茶经》“八之出”“九之略”“十之图”内容中的疑难点解析与述评如下。

1. 唐代八大茶区和品质差异

历史进入唐代以后，茶叶生产迅速发展，茶区进一步扩大。陆羽《茶经·八之出》记载了有山南、淮南、浙西、剑南、浙东、黔中、江南、岭南八大茶区43个州产茶。陆羽《茶经》问世之后，唐代中后期茶区又进一步扩大，作者又查阅了其他一些历史资料，唐代后来除《茶经》记载的43个州产茶之外，还有30多个州也产茶，因此统计结果，唐代已有80个州产茶。据此，唐代产茶区域遍及现今的四川、重庆、陕西、湖北、河南、安徽、江西、浙江、江苏、湖南、贵州、广西、广东、福建、云南15个省（自治区、直辖市）。也就是说，唐代的茶叶产地达到了与我国近代茶区约略相当的局面。

陆羽一生到过全国不少茶区考察，亲自鉴评比较各地所产茶叶的质量，有上、中、下之分。这是陆羽当时的比较鉴别而得出的认识，有一定的依据。但时过境迁，各地茶叶的产制技术有了很大变化，因此陆羽评定的质量高下不是一成不变的，况且各地都已创造出各具特色的好茶。

有些茶区如思州、播州、费州、夷州、鄂州、袁州、吉州、福州、建州、韶州、象州等地，局限于交通等原因，陆羽不可能都到过，因此详情不是很了解，但他根据文献记载与传闻，认为也有不少好茶，“往往得之，其味极佳”。

《茶经》中没有云南茶产地的记载，这是因为当时云南一带属南诏国，没有纳入中国唐朝的版图，所以没有云南的记载。

2. 煮茶器具多少可以因不同环境条件而增减

陆羽在《茶经·九之略》中提出，煮茶时所用器具可以根据实地条件不同而增减，有时可以省略某些器具，灵活掌握。但强调，在城里正规场合煮茶时必须器具齐备，二十四器一样也不能少。

3. 陆羽要求将《茶经》抄写在绢布上并张挂起来便于对照使用

陆羽在《茶经·十之图》中提出，要用素色绢绸，分成四幅或六幅，把《茶经》各章节的文字都抄写出来，张挂在厅堂里，这样茶之源、之具、之造、之器、之煮、之饮、之事、之出、之略等，便随时都可看到，便于对照学习使用。历史的发展事实说明，自从陆羽《茶经》问世后，大大促进了全国茶业生产和饮茶技艺的普及与推广。所以后来封演《封氏闻见记》就称："楚人陆鸿渐为茶论，说茶之功效，并煎茶炙茶之法，造茶具二十四事，以都统笼贮之。远近倾慕，好事者家藏一副。有常伯熊者，又因鸿渐之论广润色之，于是茶道大行。"确实如此，自陆羽《茶经》问世后，饮茶更加普及，茶道大行，这就是陆羽《茶经》的贡献。

第七部分

新时代《新茶经》

陆羽《茶经》问世至今已有1 200多年，茶科技、茶文化、茶产业都发生了巨大的变化，根据变化了的情况，对陆羽《茶经》各方面的内容对照唐代后期以及宋、元、明、清、现当代茶业历史的发展，归纳提出新的认识就很有必要。因此，参考刘枫主编，程启坤、姚国坤等参与编写的《新茶经》分别介绍下列主要内容：茶之源流、茶之传播、茶之种植、茶之品类、茶之加工、茶之器具、茶之品饮、茶之诗文、茶之艺道、茶之功效、茶之经贸、茶之科教。

一、茶之源流

陆羽《茶经》称“茶之为饮，发乎神农氏。”茶的发现与利用已有数千年的历史，茶原产中国，中国西南部是茶树原产地，在那里分布着很多野生乔木型的大茶树，这是茶树原产中国的历史见证。

1. 茶树原产中国

植物分类学家推论，茶树是由古木兰演变而来。木兰目是最原始的被子植物，茶与木兰在起源上比较亲近，两者都是南亚热带——热带雨林环境下的适生植物，都具有喜温、喜湿，适宜在酸性土壤上生长的特性；从形态特征看，木兰与野生茶树的一些变异类型十分相似。由此推论，茶树

是由第三纪宽叶木兰经中华木兰进化而来的。

茶树属于山茶科山茶属茶组植物，它们绝大部分在云南、贵州、广西一带均有分布，以物种进化上的原始性，结合这一地带古老而稳定的地质历史，认为云南的东南部和南部、广西的西北部、贵州的西南部是茶组植物的地理起源中心。

漫长的历史进程中，茶树从地理起源中心向周边自然扩散，沿澜沧江、怒江水系，蔓延至横断山脉中、南部，低纬度高海拔的长光照和热带雨林气候，使茶树得到充分演化，形成了以大理茶和阿萨姆茶（普洱茶）等为主体的茶组植物次生中心。大理茶是野生型茶树，集中分布在哀牢山沅江一线以西的横断山脉纵谷区；阿萨姆茶（普洱茶）是历史悠久现今广泛栽培的栽培型茶树，其分布区域几乎与大理茶完全重叠。根据大理茶与阿萨姆茶（普洱茶）形态特征的相似程度，以及广泛存在的它们之间的杂交类型，阿萨姆茶（普洱茶）应是由大理茶等自然演变而来的。由此认为，云南的中南部和西南部可能是茶树的栽培起源地。

茶树的栽培起源地，并不意味人类最早的利用茶树之地，史料便可证实和解答这一点。唐代陆羽（733—804年）的《茶经·六之饮》中说："茶之为饮，发乎神农氏，闻于鲁周公。"此处将茶的发现与利用，断论为四千七百年前的神农氏。东晋时期（317—420年）的常璩在《华阳国志·巴志》中叙述："周武王伐纣，实得巴蜀之师。……丹、漆、荼（荼是古代茶的称呼）、蜜……皆纳贡之。"武王伐纣是在公元前1046年，此论述说明三千多年前，巴蜀一带已将茶作为贡品。志中还记有"园有芳蒻、香茗"，"南安（今四川乐山）、武阳（今四川彭山），皆出名茶"的记载，说明在巴蜀一带，当时已有人工栽培茶树，且已生产出名茶了。公元前59年西汉王褒《僮约》中，有"烹茶尽具"和"武阳买茶"之说，指煮茶和买茶，可见两千多年前的四川一带已有茶市，茶叶已成为商品。公元230年前后，三国魏人张揖在《广雅》中说："荆巴间采茶作饼，叶老者，饼成以米膏出之。欲煮茗饮，先炙令赤色，捣末，置瓷器中，以汤浇覆之，用葱、姜、橘子芼之。"说明三国时湖北、四川一带，已有采茶做饼、烹茶、饮茶的方法。而作为茶树栽培起源地的云南中、南部，最早有产茶记载的始见于唐代咸通四年（863年）樊绰的《蛮书·云南管内物产第七》："茶出银生城（今云南景东县）界诸山，散收，无采造法。蒙舍蛮以椒、姜、桂和烹而饮之"。史料证明，云南利用茶叶要比四川晚近两千年，由此可见，准确表述人类利用和栽培茶树的发祥地应该是"巴蜀"之地。

最早提出中国是茶树原产地之说是中国茶学家吴觉农，1922年他在《中华农学会报》发表的"茶树原产地"一文中指出："中国有几千年的茶业历史，为全世界需茶的产地……，谁也不能否认中华是茶的原产地"。吴觉农从中国四千七百多年前的神农氏将茶作药品、历代茶树栽培和利用的记载，以及现代茶树分布状况的考察，提出了茶树原产中国的根据。

中国著名植物分类学家张宏达在考证了英国皇家植物园各大标本馆后认为，印度的茶树与中国云南广泛栽培的大叶茶没有区别，印度现在栽培的大叶茶是当时的东印度公司从中国引去的，在印度未发现有关于茶树的记载。他在1981年所著的《山茶属植物的系统研究》中写道："中国人民利用茶叶的历史十分悠久。考之史籍，茶叶最先用于医药方面，然后才作饮料。早在殷周时期中国人就知道用茶叶作医药，周代以后就以茶为饮料。……。无论从植物的地理分布或人类与自然界作斗争的历史来看，茶树都是中国原产。"

中国是野生大茶树最多的国家，早在1 700多年前就发现野生大茶树了。据不完全统计，现在全国已有10个省（自治区、直辖市）两百多处发现有野生大茶树。中国西南部是山茶属植物多样性中心，全世界山茶科植物有23个属380多个种，其中中国有15个属260余种。云南、广西、广东、贵州25°N线两侧又是山茶科和山茶属植物的主要分布区域。在一个区域集中这么多山茶科植物，是原产地植物区系的重要标志。

茶树从地理起源中心向周边自然扩散过程中，因山脉、河流的影响以及气候条件的改变，大体形成了四条传播途径。

（1）澜沧江怒江水系 沿澜沧江、怒江向横断山脉纵深扩散，也即24°N以南、云南中西部的普洱、临沧、保山、德宏、楚雄、大理等地。这里低纬高湿热的优越环境条件，使茶树得以充分繁衍，是中国野生大茶树分布密度最大、树体最高大的地区；此一区域的栽培型茶树则以阿萨姆茶

以及大理茶和阿萨姆茶的自然杂交类型为主。

（2）西江红水河水系 沿西江、红水河向东及东南方向扩展，大体分成两支：一支是沿西江扩散至23°N以南的广西、广东的南部和越南、缅甸北部，境内多有乔木和小乔木野生型茶树生长，如广西西部有大厂茶、广西茶等，栽培型茶树（包括越南和缅甸境内的掸茶种和北部中游种）以白毛茶和阿萨姆茶等为主；另一支沿红水河深至南岭山脉，包括广西、广东北部和南岭山脉北侧的湖南南部和江西南部。在广东境内一直蔓延至东部沿海，并贴近北上到闽南丘陵，形成24° ~ 26°N间的粤东闽南茶树分布区，以栽培型的小乔木大叶茶为主，间或有灌木型茶树，分类上主要是白毛茶和茶。在南岭山脉两侧则是苦茶（*C.sinensis* var. *kucha* Chang et Wang）的主要分布区。

（3）云贵高原东北大斜坡 沿着金沙江、长江水系向云贵高原东北斜坡扩散，形成以黔北娄山山脉和川渝盆地南部为中心的又一个大茶树聚居区。这一带茶树的特点是：多呈乔木或小乔木型，叶大，叶色黄绿、富革质，有光泽，芽叶多绿紫色，子房无毛，柱头3裂，果呈棉桃形，是秃房茶（*C. gymnogyna* Chang）的主要集中区。

（4）长江水系 由云贵高原沿长江水系进入鄂西台地，并顺流扩散至湖北、湖南、江西、安徽、浙江、江苏等省。茶树走出"巴山峡川"后，大部分地区处在30°N左右，冬天寒冷，夏天酷热，茶树均为抗逆性强的灌木型中小叶茶。长江中下游已无野生型茶树，分类上都属于茶。

2. 茶文化发展史

人类自从有了饮茶的开端，就开始孕育产生了茶文化，因此，人类探索、发现、利用茶叶的历史，就是茶文化的历史。

传说中人类发现、利用茶叶的时间是神农时代。说神农因"尝百草，日遇七十二毒，得茶而解之"，但至少在大约成书于汉代托名神农而成的《神农食经》中，已经是将茶看成一种药食兼具的物品了："茶茗久服，令人有力悦志。"

1980年在贵州省晴隆县茶园发现的距今至少有100万年的"新生代第三

纪四球茶籽化石”，是中国为茶树原产地的又一有力佐证。

20世纪70年代，浙江余姚河姆渡遗址中发现了大量的樟科植物叶片，还发现一只用过的陶罐中盛有樟科植物枝叶。一般而言植物的枝条是不用于食用的，可以看到，先民们寻找有药用功能的植物并实际用于饮食的活动，在时间上要远远早于神农尝百草为民寻找中草药的英雄创造历史、文化的传说。

田螺山遗址相距河姆渡文化遗址约七公里，距今约6 000 ~ 6 500年，在村落房屋建筑遗址附近发现一些较规则排列的山茶科植物根，这些根，经化验含有茶树根中特有的茶氨酸，表明是茶树根。且考古学家认定这些茶树是人工种植的，表明当时对茶树已经有了有意识地利用。很可能是先民们在长期反复实践的考量下，最终还是选择了茶叶作为他们药、食兼用的物质，并且开始采集附近山上野生茶树的种籽，在居所附近种植以便利用。

■ 余姚田螺山遗址出土的茶树根

河姆渡遗址发现的樟科植物叶，田螺山遗址发现的茶树根，从考古的角度，支持了神农尝百草得茶而解的传说，而且在时间上更早于传说中的神农时代一两千年，表明中华茶文化萌发时间之悠远。

（1）商周至汉魏六朝的茶文化酝酿 春秋时代的《诗经》，存有多条含有“荼”的诗句。晋《华阳国志》卷一《巴志》说：“周武王伐纣，实得巴蜀之师……丹漆茶蜜……皆纳贡之。……园有芳蒻、香茗。”表明在武王伐

纣周朝兴国之初，巴地方就已经以茶与其他一些珍贵土产品纳贡宗周，并且已经有了茶园。

西汉宣帝神爵三年（公元前59年）王褒撰《僮约》，其中有“烹茶尽具、武阳买茶”二句，这里对茶事的记载，对于茶事文化的历史可谓有重大意义，表明茶在当时的商品化，在其产地或者区域集散地，已有相当规模的贸易量。扬雄的《方言》说“蜀西南人谓茶曰蔎”，司马相如《凡将篇》中记载了“荈诧”，这些都是茶的最早记录，可见饮茶文化起源于巴蜀。

长沙附近的“荼陵”地名，长沙魏家堆十九号汉墓中出土的“荼陵”地名印，表明正如《茶经》所引录《茶陵图经》所言“茶陵者，所谓陵谷生茶茗焉”，为盛产茶叶之地。

《三国志·吴志·韦曜传》记载了以茶代酒。晋山谦之《吴兴记》则记载“乌程县有温山，出御荈”，可见已经有专供皇家享用的贡茶御荈。

两晋时期，长江以南地区已经出现了客来敬茶的习俗。《晋中兴书》记吴兴太守陆纳以茶待客，以其可以与清操相匹，《晋书》记扬州牧桓温以饮用茶果表现节俭的品性，是茶具有俭德之性的开始。所有这些，都为此后茶文化的发展起到了推波助澜的作用。

（2）唐代茶文化全面形成　唐高宗、武后、中宗时期，禅宗渐兴，玄宗开元时传至大江南北。唐开元中，泰山灵岩寺大兴禅教，学禅务于不寐，又不夕食，皆许其饮茶。人自怀挟，到处煮饮，从此转相仿效，遂成风俗。并流于塞外，特别是长安、洛阳及湖北、重庆一带，茶已是比屋皆饮之物。

唐代茶叶生产发展迅速，有80多个州产茶，贡茶兴盛，于唐代宗大历五年（770年）在浙江长兴顾渚山设立贡茶院，专门生产供皇室饮用的“顾渚紫笋”茶。

正是在这样的历史背景下，陆羽《茶经》应运而出，这部茶叶百科全书式的著作，全方位地推动了唐代茶叶的发展和茶文化的兴盛，为以后中国乃至世界茶业与茶文化的发展奠定了雄厚的基础。

唐代是诗歌繁盛的时代，饮茶习俗的普及和流行，使茶与文学结缘，唐众多著名诗人如李白、杜甫、白居易等，无不撰有茶诗。卢仝七碗茶歌

成为重要的文学典故。

唐代茶文茶书的创作开历史风气之先河。唐代（含五代）茶书总共有十二种。茶书画艺术亦兴起于唐。现存最早的茶事书法是唐代书僧怀素的《苦笋帖》。初唐阎立本所绘的《萧翼赚兰亭图》则是现存最早的茶画。正是因为唐代茶文化在几乎所有方面都有了起步与很大的发展，所以被后人评价为："茶，兴于唐。"

（3）宋代茶文化繁荣兴盛 宋代茶叶生产高度品质化，茶道技艺极度精致化。宋代以建安北苑官焙贡茶生产为代表的茶叶生产，达到了农耕社会手工生产制造的登峰造极之处。宋代主导的饮茶方式为末茶点饮法。宋徽宗赵佶撰写茶书《大观茶论》，推动了点茶法的广泛流行。

宋人的茶会、茶宴、斗茶、分茶习俗风靡城乡，都城汴梁、临安的茶馆盛极一时。宋人传世诗文远超唐人，茶诗数量更多，著名诗人梅尧臣、范仲淹、欧阳修、苏轼等都写有多首脍炙人口的茶诗。茶广泛地入书入画，蔡襄的《茶录》、赵佶《文会图》、刘松年《撵茶图》《卢仝烹茶图》等描绘的是文人雅聚的茶饮场面。建窑等窑口的黑釉盏风行天下，后世人称为天目盏，为中国陶瓷文化引入一股特别之风。宋代茶书可考的约有三十种，全文传世十一种。末茶点茶法传至日本，并为此后日本的茶道家们发扬光大，形成了日本茶道。

（4）明代茶文化继续发展 明初太祖朱元璋罢废龙团之贡，以炒青或烘青、晒青方式生产的散茶大为普及，叶茶瀹泡法成为主流饮茶方式，直接以沸水冲泡散茶在明朝中期以后成为中华饮茶法主流，一直延续至今。明代的茶事诗词不及唐宋之盛，明代茶文学主要是在散文、小说方面有所发展，明代几部著名的小说中都有大量的茶事描写，《金瓶梅》中写到茶事的有400多处之多，让人们看到明代市民社会茶事生活的丰富与频繁，《水浒传》《西游记》《拍案惊奇》也有很多关于茶事的描写。明代茶书画艺术有了长足的发展，明四家都精于茶道，各有多幅茶画传世，文徵明的《惠山茶会图》、唐寅的《事茗图》，都是茶画中的精品。明人茶书创作是古代茶书创作的高峰时期，现在可知有茶书五十多种，约占中国古代茶书的一半左右。

明代紫砂茶具的勃兴，使得壶杯体系的茶具专门化过程基本完成。从万历年间到明末是紫砂器发展的高峰，前后出现“壶家三大”“四名家”。传至今日，紫砂茶具，仍然是中国茶具文化的精品。

（5）清代茶文化发展至衰落的转折 清前、中期直承晚明茶文化的发展，多有可观。特别是出了一位嗜茶的皇帝乾隆。宫廷茶具镶金嵌玉粉釉斗彩，极尽精美与豪华之能事。龙井、碧螺春等茶成为贡茶新贵，又为茶事诗文新添许多词翰。在名篇不多的清代茶诗文中，曹雪芹、乾隆皇帝、郑燮等人均有佳作。

清代中国古典小说名著《红楼梦》《儒林外史》《儿女英雄传》《醒世姻缘传》《聊斋志异》等小说都有茶事描写。特别是《红楼梦》对茶事的描写最为细腻生动而文化内涵丰富。可谓“一部红楼梦，满纸茶香味。”清人共撰有茶书至少26种，其中既有仿照陆羽《茶经》体例极尽资料搜罗的陆廷灿《续茶经》，篇幅鸿巨，几近30万字。

武夷乌龙茶在康熙年间（1720年以前）已经出现，白茶、黄茶亦在清代出现，普洱茶在清代亦开始为人所重。这样，六大茶类，以及再加工的花茶类，皆已完全出现。丰富的茶叶品类，与众多的茶叶名品一起，为人们的茶叶消费与茶文化提供了丰沛的物质源泉。

（6）现当代茶文化的复兴 20世纪20年代起，以吴觉农、方翰周、王泽农、陈椽、庄晚芳、张天福等为代表的新一代茶人，在茶叶生产、经贸、文化、教育等各方面，为中华茶业与茶文化的复兴，开始了荜路蓝缕的努力。现代文学大家如鲁迅、周作人、梁实秋、林语堂等人都撰有茶文，延续了茶文化的某些发展。

自20世纪70年代起，长期寂寂无闻的中华茶文化开始复兴。首先从台湾，继之是大陆和港澳。茶艺、茶道、茶文化团体和组织纷纷成立。有台湾中华茶艺联合促进会、台湾中华国际无我茶会推广协会、台湾中华茶文化学会、中国国际茶文化研究会、中华茶人联谊会、香港茶艺中心、澳门中华茶道会等，它们为普及中华茶艺，弘扬中华茶道，作出积极贡献。在茶文学方面，郭沫若、赵朴初、启功等均有茶诗、茶词的佳作传世。茶事散文极其繁荣，苏雪林、秦牧、邵燕祥、汪曾祺、邓友梅、李国文、贾平凹均有优秀茶文，还出现了多部茶散文集，如林清玄的《莲花香片》、王旭烽的《瑞草之国》、王琼的《白云流霞》等。王旭烽的茶事小说《南方有嘉木》等茶人三部曲更是荣获中国小说最高奖茅盾文学奖。

茶事书画艺术空前繁荣，吴昌硕、齐白石、丰子恺、唐云、刘旦宅、范曾、林晓丹等都有众多的茶主题绘画。赵朴初、启功等人的茶事书法，更是文化与艺术在茶这一点上结缘的佳作。《请茶歌》《采茶舞曲》《挑担茶叶上北京》等茶歌、茶舞广为流传，是许多文艺演出的保留节目。茶艺编创与表演，以及茶席设计、茶具设计、茶包装设计等，都成为新兴的茶文化艺术领域。全国和地方性的茶艺比赛经常举办，一些中华茶道茶艺还走出了国门，不仅传播到东亚、东南亚，还远传欧美。

茶文化研究，成为当代茶文化的一个重要组成方面，研究人员遍及业内与业外。三十年来，研究者们发表了大量的研究论著，据研究者初步统计，有各类茶文化书籍500多种，各类茶文化研究论文约3 500篇。“茶文化”作为茶学的一个分支学科、子学科。“茶文化”的学科地位初步确立。

二、茶之传播

现今世界上有60多个国家种茶、产茶，有160多个国家、30多亿人饮茶。中国茶，很早以前就通过陆路与海路传播至世界各地，给世界人民带来了新的文明生活。

1. 中国茶传播海外

相传公元前3世纪，西汉使臣张骞便在中亚发现了邛杖、蜀锦和茶叶等来自巴蜀的特产；韩国史书也记载，公元5世纪便有伽罗国王妃许黄玉从四川安岳带回茶种，在全罗南道种植，许黄玉陵墓至今仍完好保留在金海市。

通过使臣来访，人员交流、礼尚往来等非贸易渠道，中国茶叶传播海外已有近两千年历史，但有文字可考的应在公元6世纪以后。茶叶首先传到朝鲜和日本；随后通过丝绸之路和茶马古道传到中亚、西亚和东欧；然后

由海上丝绸之路传到西欧；18—19世纪英国东印度公司多次派员来华寻茶雇茶工，后又派罗伯特·福钧（Robert Fortune）来华，将茶种带到印度大吉岭一带种植，此后通过多种途径逐渐传播到全世界。正如英国著名科学史专家李约瑟（Joseth Lee）博士所说："茶是中国贡献给人类的第五大发明。"

（1）传播至韩国 兴德王三年（828年），有遣唐使金大廉由中国带回茶籽，种于地理山（今智异山）下的华岩寺周围，后逐渐扩大到以双溪寺为中心的各寺院。也有民间传说，韩国茶源于公元5世纪末。驾洛国首露王妃许黄玉从中国带去茶种，洒播于全罗南道智异山华岩寺附近。智异山和全罗南道河东郡花开村至今保存许多中国茶树遗种，生长繁茂。

（2）传播至日本 茶叶引入日本首先必须提到的便是最澄、空海和永忠三位高僧。最澄（762—822年）在研读鉴真和尚从中国带去的天台宗章疏的过程中萌发了对天台宗的极大兴趣，奏请天皇要求来唐求法。天皇批准他到浙江天台山国清寺留学。805年5月回到日本，把从天台山带回的茶籽播种在位于京都比睿山麓的日吉神社旁，结束了日本列岛无茶的历史。至今，在日吉神社的池上茶园仍矗立着"日吉茶园之碑"，碑文中有"此为日本最早茶园"之句。806年，空海（774—835年）从中国带回了茶籽并献给了嵯峨天皇，至今在空海回国后住持的第一个寺院——奈良宇陀郡的佛隆寺里，仍保存着由空海带回的碾茶用的石碾及种茶的遗迹。永忠是在陆羽《茶经》问世后，传达中国唐代最新文化信息使者。他们除了将当时新兴的密教文化带回日本弘扬之外，还带回了中国的茶籽、茶饼、茶具。促使饮茶文化在日本长久发展，形成一股"弘仁茶风"。

（3）中国茶由葡萄牙、荷兰引入欧洲 将茶作为商品引进欧洲的，主要归功于葡萄牙人和荷兰人。凭借发达的航海事业，1514年，葡萄牙船只首先打通与中国的航路到达广东，并在澳门开始和中国进行海上贸易。耶稣会教士在茶的传播上起了作用。他们来中国传教，见识了茶这种饮料的疗效，并如获至宝地带回葡萄牙。1602年，荷兰东印度公司成立。1607年由荷兰海船自爪哇本土来中国澳门贩茶驶运欧洲，正式开始为欧洲引进大批绿茶及陶瓷茶具。1610年，东印度公司将从中国及日本买的茶叶集中于爪哇，然后载回国。1650年，荷兰又输入中国红茶到欧洲。自中国从厦门向英国出口茶叶后，英国即依闽南语音称茶为“Tea”，又因为武夷茶茶色黑褐所以称为“Black Tea”。此后英国人关于茶的名词不少是以闽南话发音，如早期将最好的红茶称为“Bohea Tea”（武夷茶），以及后来的功夫红茶称为“Congou Tea”。

（4）中国茶传播法国 茶是从荷兰运到法国的。17世纪下半期，法国又出现了大量介绍中国茶好处的宣传册。丹麦国王的御医菲利普，西尔威斯特·迪福和佩奇兰，巴黎医生比埃尔·佩蒂都是主要的吹鼓手。很多的文章、论文和诗颂扬这种饮料的好处，一个崇拜者把它称为“来自亚洲的天赐圣物”。

（5）茶叶点燃美国独立战争的烈火 1670年，英国东印度公司开始将茶卖到美洲新大陆。1664年，新阿姆斯特丹城为英军所占领，并改名为纽约，自此英国垄断了美国的茶叶贸易，并使美国人也承袭英国人喝茶的习惯。17世纪末，英国统治者为了获取更大利润，便趁机提高茶叶税，使新兴的美国不堪重负。为抗议英国提高“红茶税”，1773年12月16日，一群激进的波士顿茶党，乔装成印第安人，爬上停泊在波士顿港的英国东印度公司商船，将342箱中国茶抛入海中，此举激怒不可一世的不列颠王国，美国独立战争因此而爆发。

2. 当今世界之茶

目前，世界五大洲都产茶，种茶国家60余个。近几十年来，随着世界茶叶消费量的增加，世界茶叶的种植面积呈稳定上升趋势。

（1）世界茶叶生产 根据联合国粮农组织的统计，2010年世界各主要产茶国茶叶采摘面积达313.06万公顷，种茶较多的国家是中国、印度、斯里兰卡、肯尼亚、印度尼西亚。这5个主要产茶国的茶叶采摘面积占世界总量的70%以上。此外还有越南、坦桑尼亚、乌干达、日本、土耳其、阿根廷、孟加拉、马拉维等。

20世纪90年代以来，受消费增长的刺激，世界茶叶产量稳步增长。2011年世界茶叶总产达到429.92万吨，产茶较多的国家是中国、印度、斯

里兰卡、肯尼亚、印度尼西亚，这5个主要产茶国的茶叶总产量占到当年世界总产量的75.4%。在世界茶叶总产量中，红茶所占份额最大，约占总产量的75%，红茶中的90%以上为红碎茶。绿茶和其他茶类的产量约占世界茶叶总产量的25%。绿茶主要产于中国和日本等国。

（2）世界茶的消费　1950年世界茶叶总消费量51.8万吨，当时世界总人口为25.1亿，世界人均茶叶消费量为206克，2000年世界茶叶总消费量达到315万吨，世界总人口为58.4亿，世界人均茶叶消费量为506克，人均消费量增长了145%。世界各国的茶叶消费水平差异甚大，茶叶消费最多的几个国家是爱尔兰、土耳其、利比亚、科威特、英国、卡塔尔、伊拉克，人均年消费量都在2千克以上。由于不同国家居民消费茶叶的习惯不同，欧美国家主要消费红茶，中国、日本、韩国、北非和中亚一些国家和地区主要消费绿茶。西欧是红茶的最大消费地区，非洲和中东地区近年绿茶消费增长快于红茶。

世界茶叶消费格局随着社会进步和人们生活水平的提高而发生变化，过去传统的饮茶方式在很大程度上已发生改变，并向多样化和有益健康的方向发展，消费领域不断扩大，消费方式日益多样化，除了传统的茶叶产品外，袋泡茶、速溶茶、茶饮料、香味茶、脱咖啡茶、有机茶、花草茶等新兴茶产品受到更多消费者的青睐。今后一段时期内，红茶消费仍占主导地位，但消费增长减慢，比重下降，绿茶、特种茶等的消费比重将增大，具有特殊风格的高品质茶和无公害茶需求增加，低档茶需求减少。具有多种营养、药用价值和生理保健功效的新兴茶产品将是茶产业未来新的增长点。

（3）茶的国际贸易　目前，国际年均茶叶贸易量约185万吨，占世界茶叶总产量的42%左右，其中红茶年贸易量均超过100万吨，约占世界茶叶贸易总量的75%。近年绿茶的国际贸易量有逐年上升的趋势。全球五大茶叶出口国是斯里兰卡、肯尼亚、中国、印度、印度尼西亚。世界进口茶叶数量最多的国家是俄罗斯、英国、巴基斯坦、美国、加拿大、智利、埃及、摩洛哥、伊朗、伊拉克、沙特、阿联酋、日本、阿富汗、波兰、叙利亚、德国等，这些国家占世界茶叶进口量的2/3以上。

三、茶之种植

中国产茶区域辽阔，茶树品种资源丰富，有着多样化的适制各种茶类的优良品种。茶树的种植与采收基本实现现代化、无公害化的标准管理，保证了中国茶叶的优质、高产与安全。

1. 茶区分布

我国茶区划分，始见于唐，以后历经宋元明清，直至当代茶区，不但种植面积扩大，而且名称有变。

（1）古代茶区的划分 陆羽在《茶经》中把种茶的区域分成为山南、淮南、浙西、剑南、浙东、黔中、江西、岭南八大茶区。地域分布已遍及现今的14个省（自治区、直辖市）。

宋、元、明各代，茶树栽培区域又有进一步扩大，特别是宋代发展较快。至南宋时，全国已有66个州242个县产茶。元代茶区在宋代的基础上也有扩大，明代则发展不多。

清代，由于国内饮茶的迅速扩大和对外贸易的开展，使茶树种植区域又有新的发展，并在全国范围内形成以茶类为中心的6个栽培区域。它们是：①以湖南安化，安徽祁门、旌德，江西武宁、修水和景德镇浮梁为主的红茶生产中心；②以江西婺源、德兴，浙江杭州、绍兴，江苏苏州虎丘和太湖洞庭山为中心的绿茶生产中心；③以福建安溪、建瓯、崇安（即今武夷山市）等为主的乌龙茶生产中心；④以湖北蒲圻、咸宁和湖南临湘、岳阳等为主的砖茶生产中心；⑤以四川雅安、天全、名山、荥经、灌县、大邑、什邡、安县、平武、汶川等为主的边茶生产中心；⑥以广东罗定、泗纶等为主的珠兰花茶生产中心。

（2）现代茶区的分布 茶树生长区域从18°30′N的海南通什到35°13′N的山东青岛，从东经94°E的西藏林芝到122°E的台湾省东岸，南北横跨边缘热带、南亚热带、中亚热带、北亚热带和暖温带。但茶树的经济栽培区域主要集中在东经102°E（云南高黎贡山一带）以东，北纬

32°N（秦岭、淮河一线）以南的近260万平方公里的范围内。现代全国可划分为四个茶区。

1）华南茶区。茶树最适生态区，亦是中国最南部的茶区，辖福建东南部，广东东南部，广西南部，云南中、南部以及海南和台湾全省。本区主产茶类有红茶、绿茶、乌龙茶和普洱茶等。著名品牌有：滇红、英红、凌云白毫、凤凰单丛、铁观音、黄金桂、冻顶乌龙、普洱茶等。

2）西南茶区。最古老的茶区，是茶树适宜生态区，包括贵州、四川、重庆、云南中北部及西藏东南部。主产绿茶有宜良宝洪茶、大关翠华茶、都匀毛尖茶、遵义毛峰、竹叶青、峨眉毛峰等；红茶有川红工夫；黄茶有蒙顶黄芽；黑茶有下关沱茶、盐津康砖、重庆沱茶、金尖茶等。

3）江南茶区。分布最广的茶区，亦是茶树适宜生态区，包括广东、广西、福建北部，湖北、安徽、江苏南部，浙江、江西、湖南全部。茶园面积约占全国的45%，产量占54%左右，囊括了红、绿、乌龙、白、黄、黑茶所有茶类。近几年茶类结构调整后，名优绿茶和乌龙茶已占绝对优势。

4）江北茶区。最北部的茶区，是茶树次适宜生态区。辖江苏、安徽、湖北北部，河南、陕西、甘肃南部以及山东东南部。据报道，近年来在河北、内蒙古等省区也从山东引种茶树，部分区域试种成功。本区除了生产少量黄茶外，几乎全产绿茶，著名的有六安瓜片、舒城兰花、信阳毛尖、太白银毫、紫阳毛峰、汉中毫等。

2. 茶树品种

我国茶树品种繁多，种质资源丰富，能适应多茶类生产需要。

（1）茶树种质资源 茶树种质资源包括野生大茶树，地方（农家）品种，育成品种、品系、名（单）丛，引进品种及近缘植物等。

1）野生大茶树。凡树体高大、年代久远的，不论是野生型或栽培型的非人工栽培的大茶树，统称为野生大茶树。它们通常是在一定的自然条件下，经过自然繁衍而生存下来的一种类群，不同于人工栽培后丢弃的“荒野茶”。野生大茶树属于多个种。

在中国野生大茶树主要有5个集中分布区，一是滇、桂、黔大厂茶（C.

tachangensis）分布区，二是滇东南厚轴茶（C. crassicolumn）分布区，三是滇西南、滇南大理茶（C. taliensis）分布区，四是滇、川、黔秃房茶（C. gymnogyna）分布区，五是粤、赣、湘苦茶分布区（C. assamica var. kucha）。此外，还有少数散见于海南、台湾、福建等省，粤、赣、湘、桂毗邻区还是“苦茶”的分布区。

2）地方品种。包括农家品种、群体品种、传统品种。这类品种是一个组成复杂的群体，中国主要茶区仍在栽培利用的老品种，如勐海大叶茶、凤凰水仙、南山白毛茶、都匀种、早白尖、恩施大叶茶、君山种、紫阳种、黄山种、婺源大叶茶、龙井种、洞庭种等均属此类。

3）育成品种。一般指采用单株选择、人工杂交或诱变等手段育成的新品种。育成品种是当前生产上的主要推广品种，如龙井长叶、安徽7号、宁州2号、白毫早、宜红早、早白尖5号、桂绿1号、黔湄601、金观音、岭头单丛、云抗10号等。

（2）茶树优良品种　适制绿茶的品种有龙井43、龙井长叶、中茶108、龙井群体种、乌牛早、安吉白茶、桂绿1号、福鼎大白茶、福鼎大毫茶、福云6号、迎霜、翠峰、浙农117、银猴茶、安徽7号、凫早2号、舒茶早，适制优质绿茶的品种还有白毫早、槠叶齐、碧香早、鄂茶1号、鄂茶5号、南江1号、巴渝特早、名山213、黔湄601、黔湄809、佛香1号、长叶白毫、信阳10号、洞庭种、宜兴种、鸠坑种、大面白、宜红早、乐昌白毛1号、黔湄502等。

适制红茶的品种有祁门种、政和大白茶、勐库大叶茶、勐海大叶茶、凤庆大叶茶、宁州2号、宜昌大叶茶、早白尖5号、乐昌白毛茶、英红9号、云抗10号。

适制乌龙茶的品种有大红袍、福建水仙、肉桂、铁观音、黄棪、毛蟹、金观音、黄观音、岭头单丛、黄枝香单丛、青心乌龙和金萱。

适制白茶的品种有福鼎大白茶、福鼎大毫茶、政和大白茶、福建水仙等。

适制黄茶的品种，除芽叶茸毛较多外，别无其他特殊要求，多采用当地群体品种。

适制黑茶的品种：黑茶对品种无特殊要求，均采用当地群体品种。一般适制红茶的大叶品种如勐库大叶、勐海大叶、凤庆大叶、云抗10号、云抗14号、矮丰、紫娟等均适制普洱茶。

3. 茶树栽培与管理

从21世纪始，由农业部组织实施的"无公害食品行动计划"包括无公害茶，它是人们认识生存环境需要"绿色、生态、环保、安全"的产物。

（1）茶园规划与土壤开垦　园地要选择在离开城镇、工厂、交通干线、附近没有污染源的地方。园地土壤、空气和灌溉用水中各项污染物含量均应不超过有关规定。

土壤开垦的园地土层厚度须在80厘米以上。土壤要全面开垦，深度≥60厘米。进行路沟设置和茶行确定，然后开挖种植沟。

（2）茶树种植　灌木中小叶茶单条植茶园行距150厘米，穴距30～35厘米，每穴植苗2株，即2 500～3 000株/亩。双条植大行距110厘米，小行距40厘米，穴距30～40厘米，每穴植2株，4 500～6 000株/亩。种苗穴呈"梅花形"排列。乔木大叶茶双行单株种植茶园大行距110～120厘米，小行距30～40厘米，株距30厘米，每米栽苗6～7株，每亩2 000～2 300株。

茶苗移栽时期，长江以南茶区10月初至11月中旬或2月下旬至3月下旬，秋季移栽有利于茶苗越过夏季高温干旱；江北茶区因冬季干冻，以3月底至4月下旬为宜；有明显干湿季的云南等茶区在6月上旬至7月中旬，海南茶区则在7至9月。

新建茶园或换种改植茶园用定型修剪培养骨干枝，用摘顶采摘培养蓬面。不论是单行或双行移栽和直播茶园一般需修剪3次，不可以采代剪。

（3）茶叶采收　经过3次定型修剪后的茶树树高在40厘米以上时，从第一年的春茶开始进行分批摘顶采摘。当春梢接近休止时，采去顶部嫩梢，保留4～5叶，夏茶留鱼叶采，秋茶留2～3叶采，越冬前摘去全部嫩梢。第二年春茶留2～3叶采，夏茶留鱼叶采，秋茶再留1～2叶采。经过两年摘顶养蓬，采摘面基本养成，就可投入正式采摘。

不同茶类的采摘标准：名优茶采细嫩叶，如西湖龙井（雀舌、明前龙井)、碧螺春、黄山毛峰、君山银针等，以采摘一芽一叶或一芽一叶初展芽叶为主。大宗茶采适中叶，如炒青、烘青、蒸青以及红条茶、红碎茶等。由于品质中档，要求鲜叶不宜过嫩或过老，一般是采一芽二三叶和同等嫩度对夹叶。乌龙茶采开面叶，传统采法是当新梢生长快休止时，采摘顶端的2～4片嫩叶，俗称“开面采”。开面有小开面、中开面、大开面，小开面是指对夹一叶≤1/3对夹二叶，中开面是对夹一叶≥1/3对夹二叶或≤2/3对夹二叶，大开面是指对夹一叶≥2/3对夹二叶。一些乌龙茶都有特定的采摘标准，如铁观音、黄金桂小至中开面采，肉桂、奇兰等中开面采。中高档普洱茶和下关沱茶都是采摘大叶品种的一芽三、四叶和同等嫩度对夹叶(一、二级原料)，制成晒青茶后再经加工而成的。

(4)茶园管理 耕作主要是可疏松土壤，减少地表径流，调节土壤水、气、热，铲除杂草，灭除病虫等作用，但不恰当的耕作也会造成茶树根系损伤，水土流失等弊病。因此，必须科学、合理地进行耕作。

施肥分基肥、追肥，一年实施“一基三追”，保证茶树生长发育所需各种营养。

1～3年的幼龄茶园可在茶行间种植花生、黄豆，绿豆、蚕豆、豌豆、木豆、猪屎豆、苕子、肥田萝卜等绿肥作物。第一年应以矮秆的花生、绿豆、苕子为主。行间较开阔的采摘茶园也可种植冬季绿肥。间作的绿肥在盛花期及时刈割翻埋。

灌溉和覆盖：幼龄茶园和干湿季明显的西南和江北茶区的成龄茶园需要进行灌溉，茶园灌溉后如立即铺草可起到事半功倍的效果。不论幼龄或成龄茶园都可用作物秸秆、禾草、山草(未结籽)、枯枝落叶等常年随时进行覆盖。覆盖物在10厘米以上，既保水保肥，增加土壤有机质，又能抑制杂草生长。

病虫防治：茶树病虫害是茶叶生产中最主要的自然灾害之一，对茶树生长或鲜叶质量造成严重危害的主要虫害有假眼小绿叶蝉、茶叶螨类、茶毛虫、茶黑毒蛾、茶尺蠖、茶丽纹象甲、茶黄蓟马等，主要病害有茶云纹叶枯病、茶白星病、茶饼病、茶根结线虫病等。防治要坚持“预防为主，综合治理”的方针，通过农业防治、生物防治和物理机械防治来减少病虫

害。可使用高效、低毒、低残留化学农药防治，但严格禁止使用高毒、剧毒、高残留农药和农业部明文规定禁用的农药。

（5）茶树的改植换种和更新复壮 茶树由于受到本身生命周期的限制，会走向自然衰竭，或因受到不利环境因素的影响导致生长不良或提早死亡。这样茶树的生命年龄就会影响到茶园的经济寿命。对于已无生产价值的老式茶园、旧茶园可采取换种改植法；未老先衰茶园可采用修剪、台刈、整枝等手段进行更新复壮。

四、茶之品类

中国古代最早产生的茶类是白茶与绿茶，以后才逐渐产生了其他茶类。中国是当今世界上生产茶类最多的国家，有六大茶类，包含了1 000多种各具特色的茶叶品类。

1. 中国茶类及其发展

原始社会，人类利用茶叶的方式很简单，将采集来的茶枝叶经烧烤后煮饮。以后发展为将新鲜茶枝叶在阳光下直接晒干或烧烤后再晒干，以备后用。

唐代樊绰《蛮书》记载了当时云南西双版纳一带茶叶采制烹饮的情况：“茶生银生城界诸山，散收，无采造法，蒙舍蛮以椒、姜、桂和烹而饮之。”

唐代蒸青作饼茶的制法已逐渐完善，陆羽《茶经·三之造》记述：“晴，采之。蒸之，捣之，拍之，焙之，穿之，封之，茶之干矣。”并述：“茶有千万状，……自采至于封，七经目。自胡靴至于霜荷，八等。”

唐代制茶虽以团饼茶为主，但也有其他茶，陆羽《茶经·六之饮》：“饮有粗茶、散茶、末茶、饼茶者”。说明当时除饼茶外，尚有粗茶、散茶、末茶等。

宋代制茶技术发展很快。熊蕃的《宣和北苑贡茶录》记述：“采茶北苑，初造研膏，继造腊面。”“宋太平兴国初，特置龙凤模，遣使即北苑造团茶，以别庶饮，龙凤茶盖始于此。”宋徽宗《大观茶论》称：“岁修建溪之贡，龙团凤饼，名冠天下。”

《宋史·食货志》载：“茶有两类，曰片茶，曰散茶。片茶……有龙凤、石乳、白乳之类十二等……散茶出淮南归州、江南荆湖，有龙溪、雨前、雨后、绿茶之类十一等。”

元代王桢在《农书·卷十·百谷谱》中对当时制蒸青叶茶工序有具体的记载：“采讫，以甑微蒸，生熟得所。蒸已，用筐箔薄摊，乘湿揉之，入焙，匀布火，烘令干，勿使焦，编竹为焙，裹蒻覆之，以收火气。茶性畏湿，故宜蒻。收藏者必以蒻笼，剪蒻杂贮之，则久而不浥。宜置顿高处，令常近火为佳。”

明代，明太祖朱元璋，于洪武二十四年（1391年）九月十六日下了一道诏令，废团茶兴叶茶，据《明太祖实录》记载，“庚子诏，……罢造龙团，惟采茶芽以进。其品有四，曰探春、先春、次春、紫笋……”由于有了这道朝廷诏令，从此蒸青散叶茶大为盛行。

清代各茶类的散叶茶不断发展，在贡茶精益求精技术的影响下，各种名茶大量涌现。制茶技术的发展，从秩序上说是先有绿茶，再发展至其他茶。

白茶的由来和演变：古代采摘茶枝叶用晒干收藏的方法制成的产品，实际上就是原始的白茶。现代白茶是采摘大白茶树的芽叶制成。大白茶树最早发现于福建政和，传说咸丰、光绪年间被乡农偶然发现，这种茶树嫩芽肥大、毫多，生晒制干，色白如银，香味俱佳。

黄茶的产生：绿茶的基本工艺是杀青、揉捻、干燥，制成的茶清汤绿叶，故称绿茶。当绿茶炒制工艺掌握不当，如炒青杀青温度低，蒸青杀青时间过长，或杀青后未及时摊凉及时揉捻，或揉捻后未及时烘干、炒干，堆积过久，都会使叶子变黄，产生黄叶黄汤，类似后来出现的黄茶。因此黄茶的产生可能是从绿茶制法掌握不当演变而来。

黑茶的出现：绿茶杀青时叶量多，火温低，使叶色变为近似黑色的深褐绿色，或以绿毛茶堆积后发酵，渥成黑色，这是产生黑茶的过程。

红茶的产生和发展：在茶叶制造发展过程中，发现日晒代替杀青，揉后叶色红变而产生了红茶。最早的红茶生产是从武夷山小种红茶开始的。

逐渐演变产生了工夫红茶。20世纪20年代，印度等国开始发展将茶叶切碎加工的红碎茶，产销量逐年增加以后，最终成为世界茶叶贸易市场的主要茶类，中国于20世纪50年代末也开始试制红碎茶。

乌龙茶的起源：乌龙茶的起源，学术界尚有争议，有的推论出现于北宋，有的推定始于清咸丰年间（1851—1861年），但一般都认为最早在福建创始。

普洱茶的来历与发展：普洱茶主产于云南西双版纳思茅（今普洱市）一带，古时归普洱府管辖，普洱茶因普洱而得名，最早是指普洱所辖范围内生产的茶叶。清光绪《普洱府志》："普洱古属银生府，则西番之用普茶已自唐时。"说明唐时普洱茶已开始作为商品行销西藏和内地。明代万历年间的《云南通志》记载："车里之普耳（即普洱），此处产茶。"另外，明代谢肇淛《滇略》中提到："士庶所用，皆普茶也，蒸而成团。"说明，明代的普洱茶已"蒸而成团"，是蒸压团茶。20世纪60 ~ 70年代，香港、广东、云南先后研究成功的渥堆后发酵新工艺，使后发酵时间大大缩短，从而产生了普洱散茶和蒸压成的普洱茶"熟饼"。渥堆后发酵新工艺，使晒青茶在高温高湿条件下，加上微生物的作用，进行快速的后发酵，从而形成了具有红浓汤色和陈香味的普洱茶。

2. 现代中国茶叶类别的划分

根据学术界多数学者的意见，茶叶可分为基本茶类和再加工茶类两大部分。

所谓基本茶类，是以茶鲜叶为原料，经过不同的制造（加工）过程形成的不同品质成品茶的类别，包括绿茶、白茶、黄茶、乌龙茶（也称青茶）、黑茶和红茶。

所谓再加工茶类，是以基本茶类的茶叶为原料，经过不同的再加工而形成的茶叶产品类别，包括花茶、香料茶、紧压茶、萃取茶、果味茶、药用保健茶和含茶饮料。

（1）基本茶类　按照茶叶加工工艺的不同，以及茶叶品质特性的区分，可分为六大基本茶类。

1）绿茶。按制茶工艺分有：炒青绿茶（龙井、碧螺春等），烘青绿茶（黄山毛峰、天台山云雾茶等），半烘炒绿茶（安吉白茶、望府银毫等），晒青绿茶（滇青、陕青等），蒸青绿茶（煎茶、玉露等）。

按形态分有：扁平形绿茶（龙井、大方等），单芽形绿茶（雪水云绿、洞庭春芽等），直条形（针形）绿茶（南京雨花茶、安化松针等），曲条形绿茶（婺源茗眉、文君绿茶等），曲螺形绿茶（碧螺春、无锡毫茶等），珠粒形绿茶（平水珠茶、涌溪火青等），兰花形绿茶（岳西翠兰、安吉白茶等），片形绿茶（六安瓜片等），扎花形工艺绿茶（黄山绿牡丹、婺源墨菊等），团块形绿茶（竹筒茶、粑粑茶等）。

按原料老嫩分有：普通绿茶（眉茶、珠茶等），名优绿茶（龙井茶、黄山毛峰、信阳毛尖、碧螺春等）。

2）红茶。有小种红茶（正山小种、烟小种等），工夫红茶（滇红、祁红、川红、闽红等），红碎茶（叶茶、碎茶、片茶、末茶）。

3）乌龙茶（青茶）。按产地分有闽北乌龙茶（武夷岩茶、水仙、大红袍、肉桂等），闽南乌龙茶（铁观音、奇兰、水仙、黄金桂等），广东乌龙茶（凤凰单丛、凤凰水仙、岭头单丛等），台湾乌龙茶（冻顶乌龙、文山包种、阿里山乌龙等）。

按形态分有条索形乌龙茶（文山包种、凤凰单丛、大红袍等），颗粒形乌龙茶（铁观音、冻顶乌龙等），束形乌龙茶（八角亭龙须茶），团块形乌龙茶（水仙饼茶）。

按发酵程度分有轻发酵乌龙茶（文山包种、台湾清茶等），中偏轻发酵乌龙茶（冻顶乌龙、阿里山乌龙等），中发酵乌龙茶（安溪铁观音、黄金桂等），中偏重发酵乌龙茶（凤凰单丛、武夷岩茶等），重发酵乌龙茶（台湾白毫乌龙等）。

按香型分有清香型乌龙茶（清香型铁观音、冻顶乌龙等），浓香型乌龙茶（传统铁观音、武夷岩茶、凤凰单丛等），韵香型乌龙茶（介于清香型与浓香型之间的铁观音等），陈香型乌龙茶（陈年铁观音、陈年岩茶等）。

4）白茶。分白芽茶（白毫银针等）、白叶茶（白牡丹、贡眉等）。

5）黄茶。分黄芽茶（君山银针、蒙顶黄芽等）、黄小茶（北港毛尖、沩

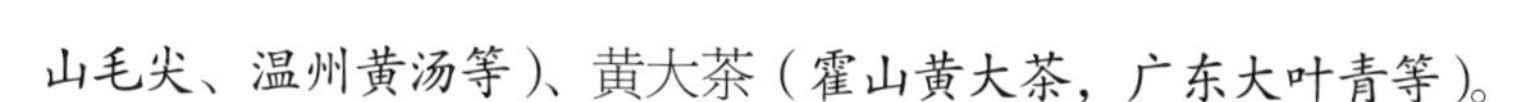

山毛尖、温州黄汤等）、黄大茶（霍山黄大茶，广东大叶青等）。

6）黑茶。分湖南黑茶（安化黑茶等）、湖北老青茶（蒲圻老青茶等）、四川边茶（南路边茶、西路边茶等）、云南普洱茶、广西六堡茶。

（2）再加工茶类 以基本茶类为原料，经重新加工后的茶及茶制品，称之为再加工茶。我国的再加工茶类有花茶（茉莉花茶、珠兰花茶、玫瑰花茶、桂花茶等）、香料茶（香兰茶等）、紧压茶（黑砖、茯砖、青砖、康砖、方茶、七子饼茶等）、萃取茶（速溶茶、浓缩茶等）、果味茶（荔枝红茶、柠檬红茶、猕猴桃茶等）、药用保健茶（减肥茶、杜仲茶、甜菊茶等）、含茶饮料（茶可乐、茶汽水等）。

3. 中国名茶

中国是茶的祖国，历经几千年发展至今，中国名优茶数量之多，为世界之最。据不完全统计，中国现有名优茶1 400多种，真可谓是千姿百态、品质各异。现就各产茶省的主要名优茶作一简要介绍。

（1）浙江省

·西湖龙井

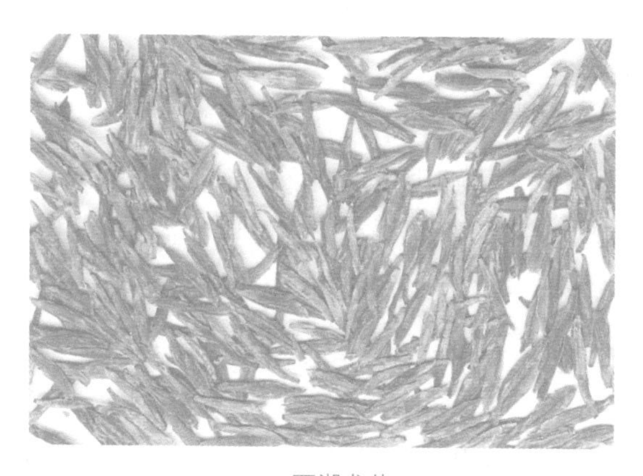

■ 西湖龙井

西湖龙井属于绿茶类，产于浙江省杭州市西湖区范围内西湖周围的群山之中。龙井茶创始于明代，明代高濂《四时幽赏录》中说："西湖之泉，以虎跑为最；两山之茶，以龙井为佳。"龙井茶，虎跑水，这是闻名中外的西湖双绝。宋代诗人苏东坡有“欲把西湖比西子”，“从来佳茗似佳人”的诗句，清代乾隆皇帝下江南，多次品尝过龙井茶，曾作茶诗四首。诗曰：“龙井新茶龙井泉，一家风味称烹煎。寸芽出自烂石上，时节焙成谷雨前。何必凤团夸御茗，聊因雀舌润心莲。”称雀舌莲心般的龙井茶，胜过宋代的龙团凤饼。兴之所至，将龙井狮峰山胡公庙前的十八棵茶树封为御茶，年年进贡。龙井茶色绿，外形扁平光滑，汤色碧绿明亮，香馥如兰，滋味甘醇鲜爽，向有“色绿、香郁、味醇、形美”四绝佳茗之誉。

浙江省名茶除了西湖龙井与安吉白茶外，还有很多名优茶：杭州地区，有余杭的径山茶，临安的天目青顶，淳安的千岛玉叶、淳安大方、鸠坑毛尖，桐庐的雪水云绿、天尊贡芽，萧山的云石三清茶，建德的千岛银针、建德苞茶，富阳的岩顶云雾，杭州的九曲红梅（红茶）等。宁波地区，有余姚的瀑布仙茗、四明龙尖，宁波的宁波白茶，奉化的奉化曲毫，宁海的望海茶、望府茶等。温州地区，有乐清的雁荡毛峰，永嘉的乌牛早，平阳的平阳早春茶、平阳黄汤，泰顺的雪龙茶、三杯香，瑞安的清明早，苍南的翠龙茶等。绍兴地区，有嵊州的越乡龙井、泉岗辉白，新昌的大佛龙井，诸暨的绿剑茶，绍兴的日铸雪芽、平水日铸茶，上虞的觉农舜毫、会稽红（红茶）等。湖州地区，有安吉的安吉白茶、长兴的顾渚紫笋，德清的莫干黄芽等。金华地区，有武义的武阳春雨，金华的婺州举岩、双龙银针，东阳的东白春芽，兰溪的兰溪毛峰，义乌的道人峰有机茶，浦江的浦江春毫，磐安的磐安云峰等。衢州地区，有开化的开化龙顶，江山的江山绿牡丹，龙游的龙游方山茶，常山的常山银毫等。台州地区，有天台的华顶云雾，临海的临海蟠毫、羊岩勾青，仙居的仙居云峰，黄岩的龙乾春茶等。丽水地区，有松阳的松阳银猴，遂昌的龙谷丽人遂昌银猴、红毛茶、香茶，景宁的惠明茶，仙都的仙都曲毫，缙云的缙云黄茶，龙泉的龙泉金观音（乌龙茶）、龙泉凤阳春，丽水的莲都梅峰茶，青田的青田御茶，庆元的沁园春，云和的仙宫雪毫等。舟山地区，有普陀的普陀佛茶、岱山的蓬莱仙芝等。

（2）安徽省

·黄山毛峰

黄山毛峰属于绿茶类，产于安徽省黄山市黄山一带。黄山产茶历史悠

久，《徽州府志》记载："黄山产茶始于宋之嘉佑，兴于明之隆庆。"明清时黄山所产的"黄山云雾茶"就是"黄山毛峰"的前身。清《素壶便录》称："云雾茶气息恬雅，芳香扑鼻，当为茶品中第一。"黄山毛峰为清代光绪年间谢裕泰茶庄所创制。

黄山风景区境内海拔700 ~ 800米的桃花峰、紫云峰、云谷寺等地是黄山毛峰的主产地。风景区外周的汤口、岗村、杨村、岩村是黄山毛峰的"四大名家"。特级黄山毛峰，外形似雀舌，匀齐壮实，峰显毫露，色如象牙，常常有金黄的鱼叶，汤色清澈，清香高长，滋味鲜浓、醇厚、甘甜。

·祁门红茶

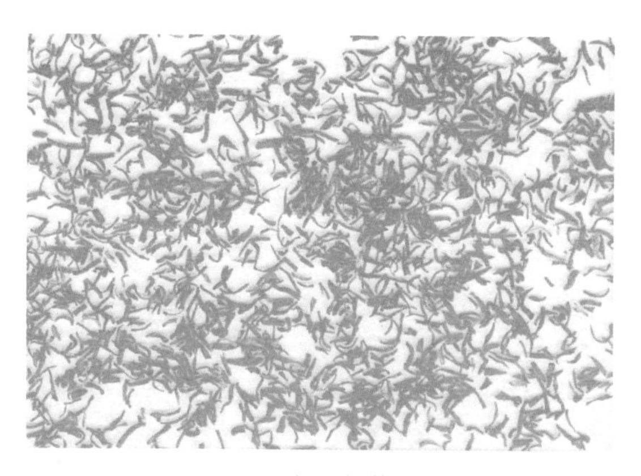

■ 祁门红茶

祁门红茶属于红茶类，主产于安徽省祁门县。祁门是一个皖南的山区县，早在唐代就盛产茶，唐代咸通年间就有"千里之内，业于茶者七八矣"的记载，当时所产的"雨前高山茶"就已出名。祁门县在清光绪以前只产绿茶，自光绪元年以后开始产红茶。祁门红茶因出自土壤肥沃的山区，又因采自优良品种槠叶种的芽叶，加之长烘慢烤的特殊加工技术，成为中国传统工夫红茶中的珍品。在国际市场上，与印度大吉岭红茶和斯里兰卡乌伐红茶，共称为世界三大高香红茶。

祁门红茶条索细紧，色泽乌润，开汤后具有浓郁的玫瑰花香，被国外茶商称之为"祁门香"。英国皇室将祁门红茶誉之为"群芳最"，是贵族的时髦饮品。

安徽省名茶除了黄山毛峰、祁门红茶外，还有六安的六安瓜片、华山银毫，休宁的松萝茶，黄山的屯绿、黄山绿牡丹、黄山松针，祁门的安茶，太平的太平猴魁，歙县的老竹大方、珠兰花茶、黄山银钩、黄山贡菊，青阳的九华毛峰，石台的仙寓香芽、雾里青、蓬莱仙茗，东至的东至云尖，贵池的贵池翠微，泾县的涌溪火青、汀溪香兰，绩溪的金山时雨，宣州的敬亭绿雪、高峰云雾、敬亭雪螺，郎溪的瑞草魁，宁国的黄花云尖，舒城的舒城兰花、白霜雾毫，铜陵的野雀舌，旌德的天山真香，广德的太极云雾、祠山翠毫，滁州的西涧春雪、西涧雪芽，庐江的白云春毫、潜川雪峰，霍山的霍山黄芽、霍山翠芽、小岘春、菊花茶、黄大茶，金寨的金寨翠眉、抱儿云峰，岳西的岳西翠兰、岳西翠尖，潜山的天柱银毫，太湖的天华谷尖，宿松的柳溪玉叶，桐城的桐城小花，芜湖的九山雀舌，潜山的天柱云雾，含山的昭共银须等。

(3) 江苏省

·碧螺春

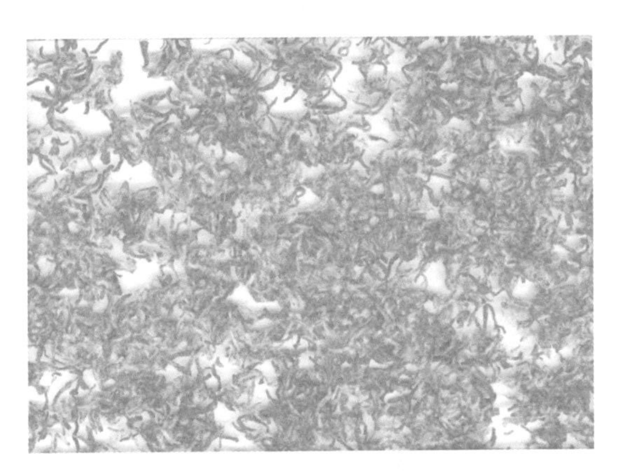

■ 碧螺春

碧螺春属于绿茶类。主产于江苏省苏州市吴县太湖的洞庭山，所以又称“洞庭碧螺春”。碧螺春茶始于明代，俗名“吓煞人香”，到了清代康熙年间，康熙皇帝视察并品尝了这种汤色碧绿、卷曲如螺的名茶，倍加赞赏，但觉得“吓煞人香”其名不雅，于是题名“碧螺春”，从此成为年年进贡的贡茶。

碧螺春产地气候温和，雨量充沛，果木与茶树间作，茶吸果香，花窨茶味，孕育着碧螺春茶花香果味的天然品质。

碧螺春茶以采摘一芽一叶为原料，制造500克特级碧螺春茶，需采6万~7万颗芽叶。其外形条索纤细，卷曲成螺，满身披毫，银白隐翠，汤色碧绿清澈，香气浓郁，滋味鲜醇甘厚。冲泡碧螺春茶时可观赏到“雪浪喷珠，春染杯底，绿满晶宫”三种奇观。

江苏省名茶除了碧螺春外还有南京雨花茶，宜兴的阳羡雪芽、竹海金茗、阳羡红，无锡的无锡毫茶、太湖翠竹，溧阳的天目湖白茶、南山寿眉、水西翠柏，金坛的茅山青峰，镇江的金山翠芽，江阴的暨阳雁湖，句容的茅山长青，丹徒的三山香茗，溧水的迴峰翠毫，仪征的绿杨春，连云港的云雾茶等。

（4）江西省

·庐山云雾

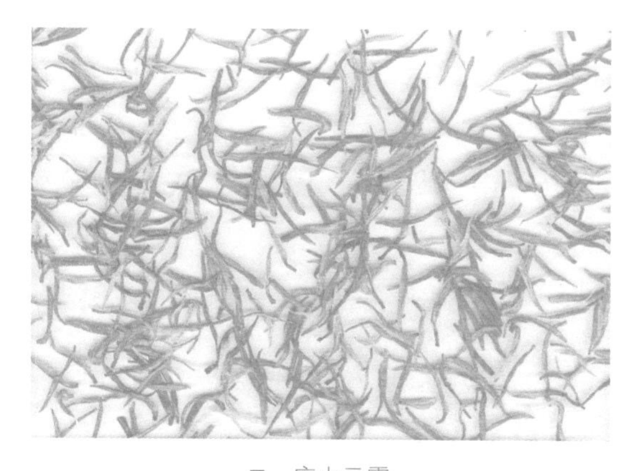

■ 庐山云雾

庐山云雾属于绿茶类，产于江西省庐山一带。庐山青峰重叠，云海奇观，风景秀丽。庐山种茶，始于东汉，随着佛教的传入，寺庙甚多，各自在云雾山间栽茶制茶，均称“云雾茶”。不少文人墨客都曾在庐山游览品茶，留下了众多美妙的诗文。唐代诗人白居易就曾在庐山香炉峰结草堂居，亲辟园圃茶，曾作诗曰：“平生无所好，见此心依然，如获终老地，忽乎不知还，架岩结茅宇，辟壑开茶园。”陆羽也曾在庐山取水煮茶，将庐山谷帘泉评为“天下第一泉”。1959年，朱德同志在庐山品茶后作诗一首：“庐山云雾茶，味浓性泼辣，若得常年饮，延年益寿法。”庐山云雾茶，圆直多毫，色泽翠绿，有豆花香，滋味浓醇爽口。

江西省除了庐山云雾外，还有婺源的婺源绿茶、修水的双井绿、上饶的上饶白眉、南城的麻姑茶、高安的瑞州黄檗茶、井冈山的井冈银针、宁都的小布岩茶、南昌的前岭银毫等。

（5）福建省

·大红袍

大红袍属于乌龙茶类，产于福建省武夷山。大红袍是武夷岩茶四大名丛之一，原种只有四株，生长在天心岩九龙窠的高岩峭壁上。传说，古时有一穷秀才上京赶考，路过武夷山时，病倒在路上，被天心庙老方丈用一碗茶水治好了病，后来秀才中了状元，招为驸马。第二年春天回武夷山谢恩，捎回天心庙的茶叶，正遇皇上得病，用此茶治好了皇上的病，皇上即命状元带上皇上红袍去武夷山致谢。状元到了天心庙命将红袍披盖在那岩壁的茶树上，顿时茶树映出红光，从此这几株神树就名“大红袍”了。大红袍品质确实超群，汤色金黄，有桂花香，“岩韵”浓郁，且耐冲泡，九泡仍有余香，是其他岩茶所不及的。

·铁观音

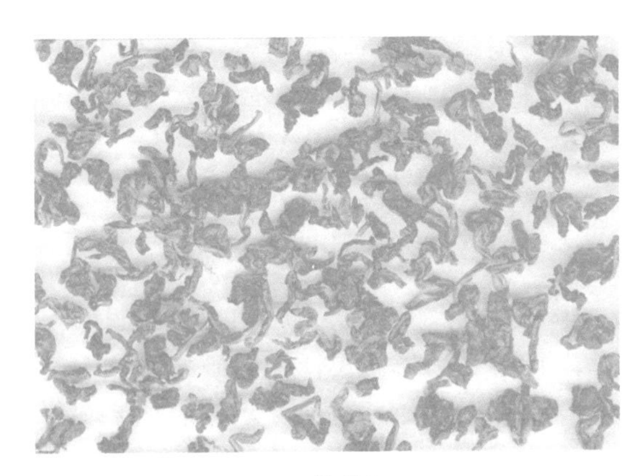

■ 铁观音

铁观音属于乌龙茶类，主产于福建省安溪一带。铁观音茶树品种的由来还有两个美丽的传说呢，一说是安溪松林头茶农魏饮，每天以清茶供奉

观音，有一天在山上偶见一株小茶树，透发出阵阵清香，在阳光下闪闪发光，便挖回种植培育，采摘试制。结果其茶沉重似铁，香味极佳，疑为观音所赐，即名“铁观音”。二说是安溪书生王士谅，一天在南山上偶见一株闪光夺目的茶树，经移植培育、采制后，茶味芬芳异常。后有机会赴京转呈皇上，乾隆帝大喜，赐名“南岩铁观音”。

铁观音茶外形卷曲成近颗粒状，壮实而沉重，呈青蒂绿腹蜻蜓头状，色泽鲜润显砂绿，稍有白霜。汤色金黄，浓艳清澈。香气馥郁持久，有“七泡有余香”之誉，滋味醇厚甘鲜。

福建省名茶除了大红袍与铁观音外，还有福鼎的白毫银针，诏安的八仙茶，武夷山地区的武夷肉桂、武夷水仙，永春的永春佛手，平和的白芽奇兰，政和的政和工夫红茶，安溪的黄金桂，福鼎的白牡丹、白淋工夫、太姥绿雪芽，南安的石亭绿，福州的方山玉露、茉莉花茶，福安的坦洋工夫、福建雪芽，武夷山的小种红茶、金骏眉（红茶），漳平的漳平水仙，政和的白毛猴、政和工夫，罗源的七境堂绿茶等。

（6）湖南省

·君山银针

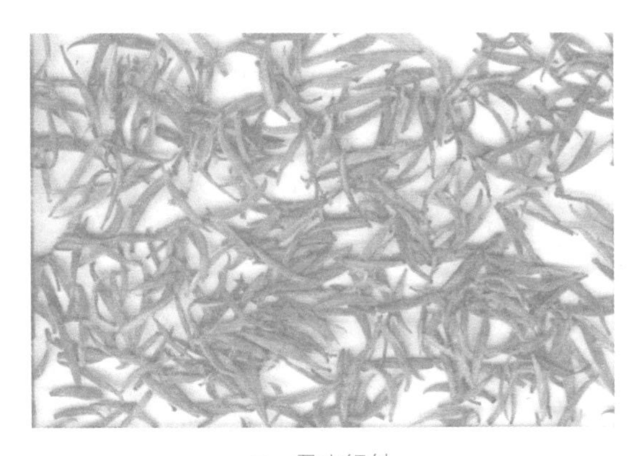

■ 君山银针

君山银针属于黄茶类，产于湖南省岳阳市君山。君山是一个秀丽湖岛，位于岳阳西洞庭湖中，与江南第一名楼岳阳楼隔湖相对。唐代诗人李白有“淡扫明湖开玉镜，丹青画出是君山”的诗句。刘禹锡诗曰：“遥望洞庭山水翠，白云盘里一青螺。”清代万年淳有诗云：“试把雀泉煮雀舌，烹来长似君山色。”君山银针，唐代称“黄翎毛”。因为茶叶满披茸毛，底色金黄，冲泡后像黄色羽毛一样根根竖立而得名。清代乾隆皇帝下江南时，品尝君山茶后，倍加赞许，并把君山茶定为贡茶。

君山银针只采单芽为原料，制造过程中有包茶闷黄的过程，色黄多茸毛，冲泡后颗颗茶芽亭亭玉立，十分美观。

·安化黑茶

安化黑茶属黑茶类，主产于湖南省安化一带。安化黑茶始于明代，安化黑毛茶，采摘较粗老鲜叶经杀青、初揉、渥堆、复揉、干燥而制成。滋味醇厚，带松烟香，无粗涩味，汤色橙黄。历史上生产的黑毛茶装篓称湘尖茶，这种国家管制的官茶，运往陕西泾阳，在泾阳压制成茯砖茶，再运销西北边区以茶易马。

安化黑茶在安化、益阳一带，常压制成黑砖茶、千两茶（花卷茶）、花砖茶和茯砖茶。茯砖茶、千两茶由于后发酵中一种称为“冠突曲霉”的微生物在压制茶内繁殖生长，这种肉眼可见的金黄色散囊菌（俗称“金花菌”）是一种对人体健康有益的微生物，其代谢产物有帮助消化、降脂减肥等多种功效。所以这种过去只供边区少数民族饮用的黑茶，也被沿海内地群众所喜爱。

湖南省名茶除了君山银针、安化黑茶外，还有长沙的高桥银峰、猴王牌茉莉花茶、金井毛尖，安化的安化松针、安化黑茶、千两茶，古丈的古丈毛尖，桃源的野针王、石门的石门银峰、东山秀峰，湘阴的兰岭毛尖，衡山的南岳云雾、岳阳的洞庭春芽，益阳的茯砖茶，保靖的黄金茶，沅陵的碣滩茶，资兴的狗脑贡，桂东的玲珑茶，永兴的龙华春毫，汝城的汝白银针，郴州的南岭岚峰，安仁的安仁豪峰，宁乡的沩山毛尖，江永的回峰茶，常宁的塔山山岚，炎陵的神农剑茶，双峰的双峰碧玉，桑植的桑植元帅茶，江华的江华毛尖等。

（7）湖北省

·恩施玉露

恩施玉露属于绿茶类，产于湖北省恩施地区五峰山一带。五峰山位于恩施市东郊，巍峨奇特的田家峁、龙首山等五座山峰骈联，倚江崛起，形

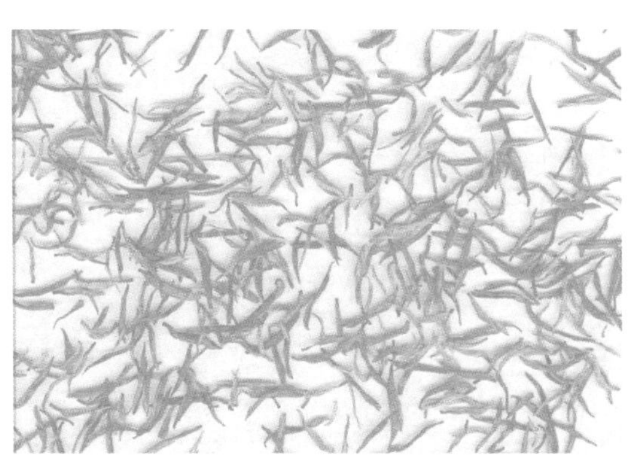

■ 恩施玉露

若贯珠，雄伟壮观。山坡缓园，峪地平阔，朝夕云雾缭绕，漫山绿林之中，茶树葱茏。良好的生态环境，造就了玉露茶优良的天然品质，加之保留了古老而传统的蒸汽杀青工艺特点，使得恩施玉露品质奇特：外形条索紧圆、光滑、纤细挺直如针，色泽苍翠润绿，艳如鲜绿豆，香高味更醇。曾有人作诗曰："甘洌清江水半勺，五峰玉露茶一撮。一杯二杯三四杯，唇齿溢香津液多。身轻气爽力复生，古往今来思路阔。胜似卢仝汤七碗，习习清风腋下过。"

湖北省名茶除了恩施玉露外与还有五峰的采花毛尖，宜昌的峡州碧峰、萧氏绿茶、邓村绿茶，竹溪的龙峰茶，保康的松针茶，羊楼洞的松峰茶，恩施的恩施富硒茶，英山的天堂云雾茶，南漳的水镜茗芽，武汉的金水翠峰，当阳的仙人掌茶，神农架的神农奇峰，武当山的武当道茶，竹山的圣水毛尖，竹溪的龙峰茶、梅子贡茶，鹤峰的鹤峰茶、容美茶，保康的真香茶，大悟的大悟寿眉、大悟毛尖，孝感的浐州龙剑，五峰的虎狮龙芽，宜昌、恩施的宜红工夫红茶，松滋的碧涧茶，随州的车云山毛尖，麻城的龟山岩绿，青梅的挪园青峰，远安的远安鹿苑，咸宁的鄂南剑春，兴山的昭君毛尖，钟祥的娘娘寨云雾，秭归的秭归屈峰等。

（8）四川省

·蒙顶甘露

蒙顶甘露属于绿茶类。产于四川省名山县的蒙顶山。"扬子江中水，蒙顶山上茶。"蒙顶茶自古有名，至今在蒙顶山上清峰仍保留着传说中的茶人

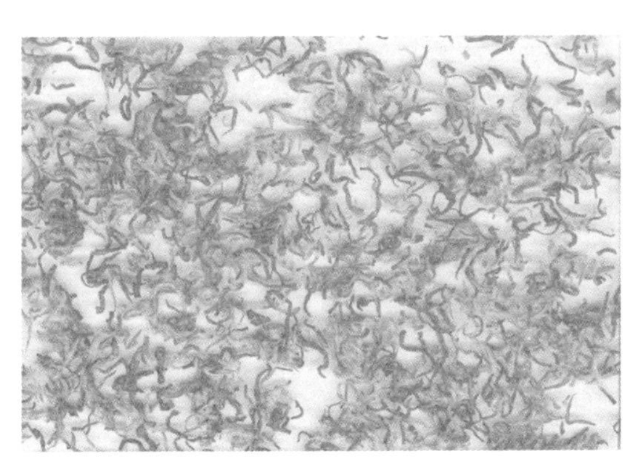

图7-10 蒙顶甘露

吴理真栽种的七棵仙茶。蒙顶茶在唐代就已成为重要的贡品茶，也是皇室的祭祀茶。

蒙顶甘露是蒙顶山系列名茶之一。“甘露”之意，一是西汉年号；二是在梵语中是念祖之意；三是茶汤滋味鲜醇如甘露。蒙顶甘露外形紧卷多毫，嫩绿色润，香气高爽，味醇而甘。原四川省委书记谭启龙曾题词：“雨雾蒙昧，仙茗飘香。”香港大公报曾称：“昔日皇帝茶，今入百姓家。”

·峨眉竹叶青

峨眉竹叶青属于绿茶类，产于四川省峨眉山。峨眉山是中国重点风景旅游区之一，山门上“天下名山”四个大字是郭沫若所写。历代文人都赞美峨眉之秀丽，唐代诗人元稹有“锦江滑腻峨眉秀”，南宋诗人范成大有“三峨之秀甲天下”的诗句。峨眉山产茶历史悠久，唐代就有白芽茶被列为贡品。宋代诗人陆游有诗曰：“雪芽近自峨眉得，不减红囊顾渚春。”明代峨眉山白水寺（今万年寺）种茶万株，采制入贡。现代峨眉竹叶青是20世纪60年代创制的名茶，其茶名是陈毅元帅所取。1964年陈毅视察峨眉山，老僧献上香茶，陈毅饮后连声赞道“好茶好茶”，但好茶无名，陈毅就根据茶叶形如青竹叶而取名“竹叶青”。竹叶青茶扁平光滑色翠绿，是形质兼优的礼品茶。

四川省名茶除了蒙顶甘露与峨眉竹叶青外，还有邛崃的文君绿茶、峡山雨露，宜宾的叙府龙芽，荣县的龙都香茗，峨眉山的仙芝竹尖，蒲江的绿昌茗雀舌，成都的花秋玉竹，万源的巴山雀舌，都江堰的青城雪芽，叙

永的红岩迎春，名山的蒙顶黄芽，宜宾的川红工夫红茶，雅安的藏茶，通江的天岗银芽，北川的神禹苔茶，江油的匡山翠绿，广安的广安银针，南江的云顶绿茶，乐山的沫若香茗，纳溪的凤羽茶等。

（9）重庆市

·永川秀芽

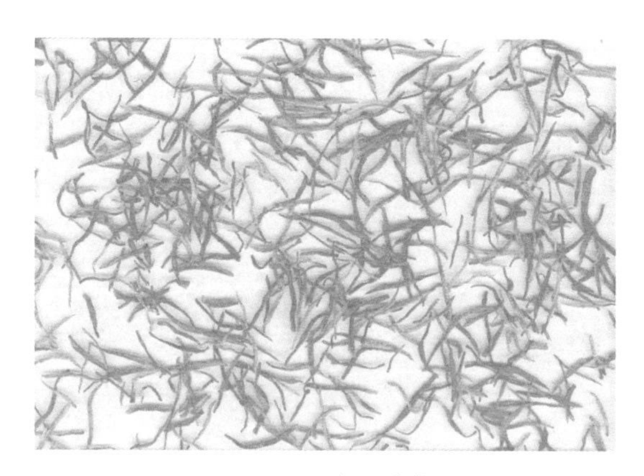

图7-11　永川秀芽

永川秀芽属于绿茶类，产于重庆市永川区。重庆地区古称巴国，晋代《华阳国志》记载巴国已“园有香茗”；陆羽《茶经》记述“巴山峡川有两人合抱”的大茶树，可见重庆地区产茶历史悠久。永川地处渝西南平行峪谷丘陵地带的西端，永川秀芽主产于箕山南麓。箕山上苍松翠竹，云雾缭绕，雨量充沛，土壤肥沃，梯形茶园分布于山的东西两侧，茶园布满山岗，竹林成片似海，“茶山竹海”是永川生态观光的特色景观。

永川秀芽是20世纪60年代当时的四川省（现重庆市）农科院茶叶研究所创制的名茶。采摘细嫩，制工精细，成品茶外形紧细如针，色泽翠绿，香气高雅，滋味鲜醇，是很受消费者欢迎的旅游产品。

·巴南银针

巴南银针属绿茶类，产于重庆巴南山区。其地产茶，历史悠久，是原始茶产地之一。史载，其地古代就生长有“两人合抱”的野生大茶树。

巴南银针是20世纪80年代新创制的名茶。它以茶树一芽一叶新梢为原料，采制于清明前，经摊青、杀青、做形、干燥而成。制成后的巴南银芽，外形扁直显毫，色似白银。开汤冲泡后，汤色清明亮绿，滋味醇爽回甘，毫香浓郁持久，叶底匀整黄嫩。

重庆市名茶除了永川秀芽与巴南银针外，还有奉节的香山贡茶、夔州真茗，重庆的渝州碧螺春、西农花茶、渝云贡芽、缙云毛峰，万盛的滴翠剑茗，南川的金佛玉翠、南川红碎茶，开县的龙珠翠玉，黔江的珍珠兰茶，荣昌的天岗玉叶，城口的鸡鸣贡茶，万盛的景星碧绿，永川的银峰茶，巴南的巴山银芽、江洲茗毫，荣昌的天岗玉叶，万州的太白银针，永川的翠毫香茗，万源的巴山雀舌，江津的龙佛仙岩，开县的龙珠茶等。

（10）广东省

·凤凰单丛

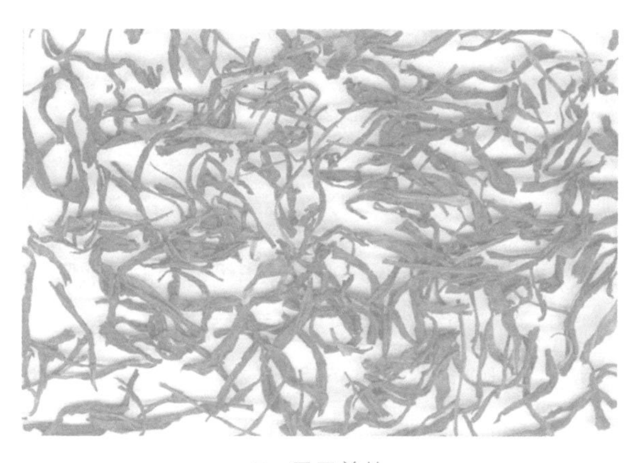

■ 凤凰单丛

凤凰单丛属于乌龙茶类，产于广东省潮安县凤凰山一带。相传南宋末年，宋帝南逃，路经凤凰山时口渴思饮，苦无水源，侍从们在山上找到一种树叶，嚼后生津止渴，自此后人传栽，称为“宋茶”。至今潮安凤凰山上还保存着几株据说是宋代遗留至今的古茶树，亦称“宋种”。目前潮州“宋种”乌龙茶，品质超群，是顶级凤凰单丛茶。所谓凤凰单丛，是从凤凰水仙群体品种茶树中优选出来的若干优良单丛，约有80多个品系（株系）。制成乌龙茶，香型各异，有黄枝香、桂花香、米兰香、芝兰香、茉莉香、杏仁香、肉桂香、夜来香等。凤凰单丛茶由于具有自然的花香味和橙黄的汤色，十分诱人，而且耐冲泡，是潮州工夫茶的顶级茶品。

·英德红茶

英德红茶属于红茶类，产于广东省英德市境内的几个大茶场。英德产茶历史悠久，早在唐代，英德就已盛行饮茶，在英德南山有“煮茗台”，现仍保留遗址。明代英德茶叶已有贡品。20世纪50年代，从云南引进适制红茶的云南大叶种试种成功。1960年前后试制出口红碎茶——英德红茶也获得成功，出口至英国。英国女皇在盛大宴会上用英德红茶招待贵宾，受到普遍称赞和推崇，从此英德红茶名扬海内外，外商竞购。

英德红茶其品质特点是：条形茶条索紧结重实，颗粒状红碎茶细小匀整；色泽乌润，金毫显露；汤色红艳，香气浓郁。可清饮，也可加糖加奶调饮，称得上美味可口。

广东省名茶除了凤凰单丛与英德红茶外，还有乐昌的乐昌白毛茶，饶平的岭头单丛，潮安的石古坪乌龙，兴宁的大叶奇兰，仁化的仁化银毫，鹤山的古劳茶，梅县的清凉山茶，广州的玫瑰花茶、荔枝红茶，大浦的西岩乌龙，信宜的合箩茶，徐闻的雷州海鸥大叶绿茶，罗定的连州茶，广东红碎茶，广北银针茶，饶平岩香茶等。

(11)广西壮族自治区

·桂平西山茶

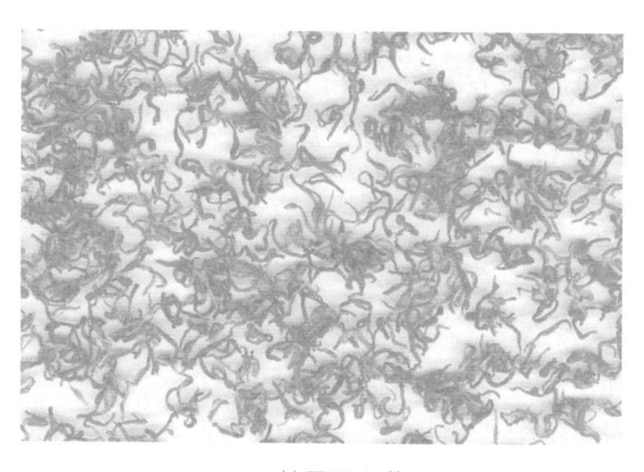

■ 桂平西山茶

桂平西山茶属于绿茶类，产于广西壮族自治区桂平县西山。桂平西山茶始于宋代，《桂平县志》记载西山茶：“出观音岩，棋盘石下，矮株散生，根吸石髓，叶映朝暾，故味甘腴而气芬芳。”西山不仅茶好，还有好水“乳泉”来相配。乳泉位于西山正阁寺左下侧。《桂平县志》载：“乳泉井泉清冽如杭州虎跑泉，而甘美过之，时有汁喷出，白如乳，故名乳泉。”泉旁有一道石刻，文曰：“深谷乳泉众试皆甜”。用乳泉水冲泡西山茶确实鲜醇甘美。

西山茶又名乳泉春，其品质以嫩、翠、香、鲜为特色。20世纪50 ~ 60年代西山寺释宽能法师曾亲手制作西山茶，三次寄给毛泽东主席品尝，中央办公厅感谢信说：“西山茶味道醇厚，是不可多得的好茶。”

广西壮族自治区名茶除了桂平西山茶外，还有桂林毛尖，横县茉莉花茶，苍悟的六堡茶，南山白毛茶，凌云的凌云白毫，百色的红茶，贵港的覃塘毛尖，金秀的白牛茶，贺县的开山白毛茶，昭平的凝香翠茗、桂江碧玉春，柳城的伏桥绿雪，桂林三青茶、桂花茶、漓江银针、桂江白茶等。

(12) 云南省

·普洱茶

■ 多种普洱茶产品

普洱茶属于黑茶类。主产于云南省西双版纳、普洱一带。普洱茶，在历史上是泛指云南普洱府所属六大茶山周围八百里所产的晒青茶以及用晒青茶蒸压成的各种规格的紧压茶，如普洱沱茶、普洱方茶、七子饼茶、藏销紧茶、团茶、竹筒茶等。因集散地在普洱而得名。普洱茶的产制贸易始于唐代，明《滇略》一书中已有“土庶所用，皆普茶也，蒸而团之”的记载。

现代普洱茶属于后发酵茶，是将晒青茶泼水长时间堆积发酵，使叶变

红后晾干成普洱散茶，或再经蒸压而制成各种普洱紧压茶。

普洱茶汤色红浓，滋味醇厚回甘，有明显的陈香味。科学试验表明，常饮普洱茶，有降低血脂与减肥之功效。

七子饼茶旧时常用于赠送礼品，七块饼茶为一个包装，象征着“多子多福”。

目前市场上的七子饼茶，有“生饼”与“熟饼”之分。所谓“生饼”，是以云南大叶种鲜叶为原料，经杀青、揉捻、晒干制成的晒青茶，进行蒸压成茶饼。这种“生饼”是七子饼茶的半成品，需经3 ~ 5年的存放，自然后发酵陈化后才能饮用，这是七子饼茶的传统产品。而“熟饼”，是将晒青茶喷水堆积后发酵，制成叶黑、汤红、味醇的普洱茶，再将普洱茶蒸压成饼形，这是现代改进工艺后的产品。

七子饼茶，形似体育运动用的铁饼，直径20厘米，每饼均重357克。七子饼茶色泽黑褐油润，打碎冲泡后汤色红浓，有特殊的陈香味，滋味浓醇可口。

云南沱茶属于紧压茶类，主产于云南省勐海、大理和昆明等地。云南沱茶是由蒸压团茶演变而来，沱茶原名“谷茶”，因原产地景谷而得名。当时形状似月饼，其凹下程度仅1厘米左右。至清代，云南下关所产的沱茶开始制成碗臼状，其原因据说是为了在沱茶的凹下部分塞进鸦片便于夹带贩运至四川，后来就沿用这种制法。又因这种茶当时畅销四川沱江一带，所以得名“沱茶”。

云南沱茶品种规格甚多，有以绿茶（青茶）为原料压制而成的名为“甲级沱茶”和“乙级沱茶”；也有以红茶为原料压制的“红沱茶”；也有以花茶压制的沱茶；当然更多的是以普洱茶为原料压制而成的“普洱沱茶”，汤色红浓，滋味醇厚回甘，有陈香味。

· 滇红工夫和云南红碎茶

滇红工夫属于红茶类，主产于云南省西双版纳、临沧、凤庆等地。滇红是云南红茶的简称，包括条形的滇红工夫茶和碎片状的滇红碎茶。云南在历史上最早只产晒青普洱茶，红茶是后起之秀，只有几十年的历史。滇红的原料是云南大叶种鲜叶，云南大叶种是中国适制红茶的大叶优良品种。

其特点，一是茶多酚含量高，二是芽叶肥嫩多茸毛。制成红茶后，汤色红艳明亮，滋味浓强鲜爽，特别适应加糖加奶饮用。由于茸毛多，制成红茶后形成金黄毫，外形十分艳丽。

云南红碎茶主产于云南省勐海、普洱、临沧、云县、凤庆等地，是在20世纪50年代末60年代初，为适应外销市场的需要而试制成功的。

云南省名茶除了普洱茶与红茶外，还有景谷的景谷大白，大关的大关翠华茶，绿春的绿春玛玉茶，大理的苍山雪绿，宜良的宝洪茶，勐海的南糯白毫、佛香茶、版纳曲茗、竹筒香茶，墨江的墨江银针，大理的感通茶、云龙绿茶，昆明的十里香茶，凤庆的早春绿，镇沅的马邓茶，牟定的化佛茶，峨山的银毫，保山的白洋曲毫，普洱的徐剑毫峰等。

（13）贵州省

·都匀毛尖

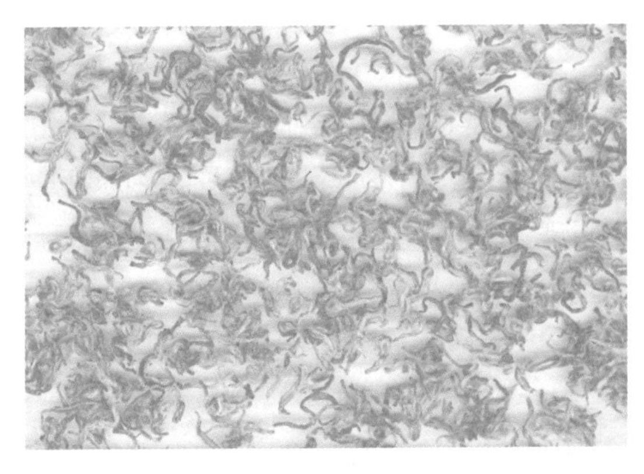

■ 都匀毛尖

都匀毛尖属于绿茶类，产于贵州省都匀市。都匀毛尖茶因外形卷曲似钩，又名鱼钩茶，品质极佳，历史上就曾销往海外。《都匀春秋》记载："十八世纪末，广东、广西、湖南等地商贾，用以物易物的方式，换取鱼钩茶，运往广州销往海外。"中华人民共和国成立后，都匀毛尖依照传统工艺恢复生产。据传，都匀毛尖的风味曾获得毛泽东主席的肯定，并亲自赐名"毛尖"。

都匀多山，山地茶园终年处在多云雾、多漫射光、湿度大的环境中，

茶树芽叶持嫩性好，加上采摘细嫩，精工制作，茶叶品质特优。都匀毛尖于1915年在美国巴拿马万国博览会上获得优质奖。中国茶学泰斗庄晚芳教授品饮后曾作诗赞赏："雪芽芳香都匀生，不亚龙井碧螺春，饮罢浮花清鲜味，心旷神怡攻关灵。"

贵州省名茶除了都匀毛尖外，还有湄潭翠芽，印江的梵净翠峰，石阡的石阡苔茶，湄潭的遵义红，贵定的云雾贡茶，雷山的雷公山银球，凤冈的绿宝石茶，贵阳的羊艾毛峰，安顺的瀑布毛峰，晴隆的贵隆银芽，黎平的古钱茶等。

（14）海南省

·海南红茶

■ 海南红茶

海南红茶有工夫红茶和红碎茶两类，产于海南省南海农场、岭头茶场和通什茶场等地。海南是中国最南端的一个产茶省，全省地处亚热带气候区，冬季依然温暖如春，因此一年四季茶树都处于生长状态，除了春茶、夏茶和秋茶之外，还有冬茶。海南的几个大型茶场中栽种的茶树品种多为云南大叶种和海南大叶种，芽叶肥壮，叶形大，非常适合制造红茶。海南红茶由于芽叶白毫多，成品茶多显金黄毫，香高味浓醇。用CTC切茶机制成的红碎茶，国际上都称它为"CTC红茶"。海南CTC红茶的特点是：滋味浓强鲜爽，汤色红艳，具有甜香，有时有花香，适宜于加糖加奶调饮，出口欧美很受欢迎。

海南省名茶除了海南红茶外，还有白沙的白沙绿茶，海口的香兰绿茶，五指山的仙山玉芽、云顶雾绿、雨林茗眉，保亭的金鼎翠毫等。

（15）山东省

·日照雪青

日照雪青属于绿茶类，产于山东省日照市。日照是“日出曙光先照”之意，日照地处中国沿海中段，山东半岛南部。这里属暖温带湿润季候风气候，光、热、水资源丰富。1974年日照雪青的产地东港区上李家庄茶场，冬季普降大雪，覆盖茶树，翌年春冰雪融化，茶树一片葱绿，枝繁叶茂，采下新茶制成后取名“雪青”。

日照雪青采摘一芽一叶初展芽叶为原料，做到四不采，即紫芽、病虫叶、雨水叶和露水叶不采。精心制作加工而制成的成品茶，其品质特点是：条索紧细，色泽翠绿，白毫显露，香高持久，滋味鲜爽。

山东省名茶除了日照雪青外，还有崂山茗茶，胶南的海青峰，临沂的玉芽，莒南的松针茶，临沭的春山玉芽，泰山的女儿茶，莒县的浮来青，莒南的沂蒙玉芽，日照的茗家春、碧绿茶等。

（16）陕西省

·汉中仙毫

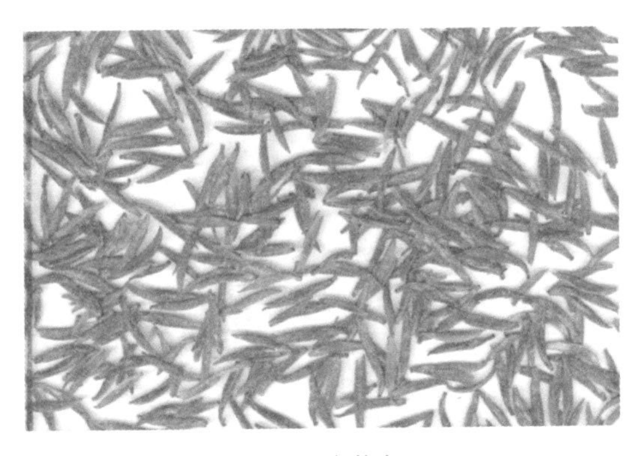

■ 汉中仙毫

汉中仙毫属于绿茶类，产于陕西省汉中地区西乡等地。汉中西乡产茶历史悠久，明代《雍大记》记载：“汉中之茶，产于西乡，故谓西乡尽茶

也。”《汉中府志》也称：“汉中之茶，独产西乡。西乡之茶独产云亭、游仙、归仁三里。”西乡县境内汉江南岸的茶镇，据说是汉高祖刘邦被项羽封为汉王后，曾在这个小镇歇息饮茶，故名“茶镇”。此地就是后来南来北往水陆交通要道，茶楼、茶馆比比皆是，也是陕南重要的茶叶集散地。北宋苏轼曾游览西乡三十景，其中一景为“茶縻洞”，游后曾题诗曰：“长忆故山寒食夜，野茶蘼发暗香来。”

汉中仙毫是20世纪80年代创制的名茶，形似兰花，朵形微扁，翠绿显毫，清香持久，滋味鲜醇，汤色明亮，叶底嫩绿。

陕西省名茶除了汉中仙毫外，还有南郑的汉水银梭，宁强的宁强雀舌，平利的八仙云雾，岚皋的巴山芙蓉，勉县的定军茗眉，城固的城固银毫，商南的秦岭泉茗，安康的瀛湖仙茗，紫阳的紫阳毛尖、紫阳翠峰、紫阳富硒茶，镇巴的秦巴雾毫，泾阳的茯砖茶，咸阳的泾渭茯茶，平利的女娲银峰、三里垭毛尖，安康的安康银峰，岚皋的巴山碧螺，勉县的定军茗眉等。

（17）河南省

·信阳毛尖

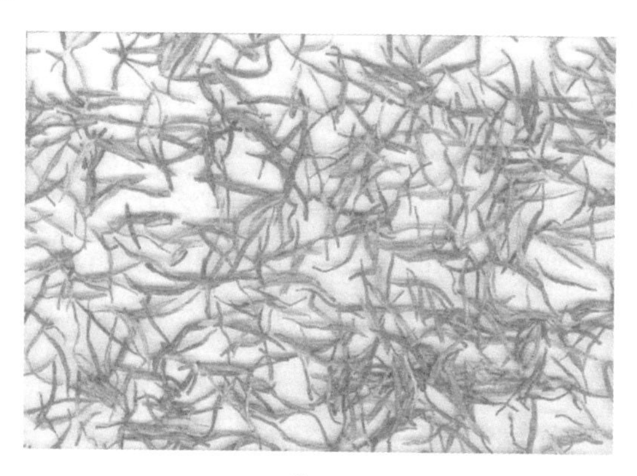

■ 信阳毛尖

信阳毛尖属于绿茶类，产于河南省信阳地区。信阳位于河南省的南部，其附近的罗山、光山、潢川、固始、商城等县均产茶。唐代陆羽《茶经》曾把这些地方划为中国古老的八大茶区之一的“淮南茶区”，曾记述：“淮南光州（今光山县）上，义阳郡（今信阳县）、舒州次……。”信阳毛尖主产地山高云雾多，多雾湿润的气候为茶树芽叶的茁壮生长创造了良好的生态条件，因此品质优良。曾于1915年在美国巴拿马万国博览会上获得金奖。

信阳毛尖芽叶细嫩有锋苗，外形细、圆、光、直，多白毫，香高味浓汤色绿，是江北茶区最著名的茶叶。

河南省名茶除了信阳毛尖外，还有信阳的信阳红（红茶），光山县的赛山雪莲、杏山竹叶青，桐柏的清淮绿梭，泌阳的白云毛峰，罗山的灵山剑峰，固始的仰天雪绿，商城的金刚碧绿，桐柏的太白银毫、水濂玉叶，新县的龙眼玉叶、香山翠峰、桐柏，潢川的云芽翠毫等。

（18）甘肃省

·碧口龙井

碧口龙井属于绿茶类，产于甘肃省文县碧口镇。大西北的甘肃也产茶，可能是人们想象不到的，其实甘肃的东南部文县一带，南通巴蜀，气候温和，也适宜于茶树生长。碧口镇位于文县东南部，有茂密的乔木和灌木丛林，也有大面积的草山绿坡，因此碧口被称为甘肃的“小江南”。碧口镇的李子坝，清代道光年间开始就种茶，茶园里至今还有100多年树龄的老茶树。碧口山坡地种茶，云雾弥漫，漫射光充足，气候温和湿润，昼夜温差大，干物质积累较多，有利于增进茶味。

碧口龙井采用龙井茶的制造方法，采摘细嫩芽叶，手工精心制作。成品茶外形扁平，色泽翠绿，汤色黄绿，香气清高，滋味浓爽，耐冲泡。碧口龙井已成为甘肃当地人引以为荣的自产茶叶名品。

甘肃省名茶除了碧口龙井外，还有康南的阳坝银毫、龙神翠竹、龙神毛尖，文县的碧峰春花、龙池云雾、龙峪雀舌，武都的阶州毛尖、栗香毛尖等。

（19）西藏藏族自治区

·珠峰圣茶、林芝绿茶、易贡云雾、雪域银峰

这些茶属于绿茶类，产于西藏藏族自治区林芝地区雅鲁藏布江大峡谷和波密易贡一带，产茶最多的是易贡茶场。“易贡”，藏语是“美好地方”的意思。易贡风景如画，气候怡人，把高原的雄伟与江南水乡的秀丽融为一体。东面是耀眼夺目的雪山冰川，四周是茫茫的原始森林，东面是碧波荡漾的湖泊，湖边奇峰巨石屹立，西藏人民把易贡誉为“高原江南”。

茶叶是藏族人民生活的必需品，有“宁可一日无粮，不可一日无茶”之说。西藏过去不产茶，20世纪60年代后经反复引种后获得成功，现在易贡茶场有茶园200多公顷。所产的炒青绿茶，外形条索细紧有锋苗，露毫，色泽深绿光润，香高持久，滋味醇厚回甘。

（20）台湾省

·冻顶乌龙

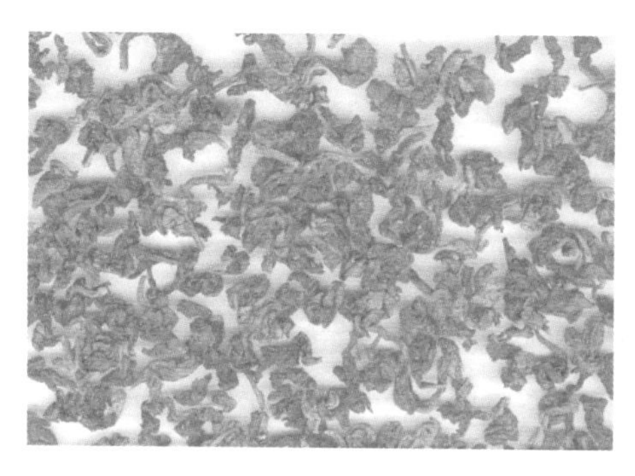

■ 冻顶乌龙

冻顶乌龙属于乌龙茶类，产于台湾省南投县冻顶山一带。冻顶山种茶历史悠久，据说是清道光年间，南投县鹿谷乡村民林凤池从福建武夷山带来茶苗种植成功的。林凤池，祖籍福建，有一年去福建应考，考中了举人，几年后回台湾探亲，便从武夷山要了三十六棵乌龙茶苗带回台湾，种在家乡的冻顶山上，逐渐发展成有名的冻顶乌龙茶园。制造出的乌龙茶还曾给道光皇帝品尝过，道光皇帝称赞之后命名为“冻顶乌龙”。

冻顶乌龙茶呈半球形颗粒状，色泽墨绿油润，近年来为适应消费者的新口味，追求花香清香类型，采用偏轻发酵工艺，香气清新而浓郁，耐冲泡，具有台湾高山茶品质风格。

·白毫乌龙

白毫乌龙属于乌龙茶类，产于台湾省新竹县北浦一带。由于采摘细嫩，成品茶多芽且有白毫而得名。白毫乌龙的诞生有一段有趣的经历。北浦一带茶树在夏季易遭受小绿叶蝉叮咬为害，刺激后形成较多的甜味果香类物质。用这种鲜叶制成乌龙茶销往英国后，被发现该茶外形条片状有白毫，红褐相间，非常美观，喝起来有一种蜜糖果味香，汤色橙红，滋味甘醇，别有风味，遂称之为“东方美人茶”，成了英皇室贡品。茶商返乡，告知乡亲，乡人不信，斥之为“膨风”（台湾客家语“吹牛”之意）。后来年年畅销，遂又称之为“膨风茶”。此茶加少许白兰地酒，犹如香槟，因此又得名“香槟乌龙茶”。

台湾省名茶除冻顶乌龙与白毫乌龙外，还有阿里山金萱茶，台北的文山包种、木栅铁观音，浦里等地的日月红茶等。

五、茶之加工

从中国古代生产最原始的茶叶，至今大约有三千多年的历史。中国是生产茶类最多的国家，长期的生产实践与技术进步，使得多种茶类的制茶技术精益求精，从而形成了色香味形各具特色的多种茶类。

1. 中国古、近代制茶技术的发展

早在三千年前周武王时，就有茶作为贡品的记载。东晋《华阳国志·巴志》记述：“周武王既克殷，以其宗姬于巴。……丹、漆、茶、蜜……皆纳贡之。”而且书中记载，当时巴蜀地区已是“园有香茗”了。

公元前59年西汉王褒《僮约》中有“武阳买茶”之载，说明西汉已有加工成商品的茶。

唐代饼茶的采制在陆羽《茶经》中已有记载，不细说了。

宋代北苑贡茶的采制技术十分讲究，据宋代赵汝砺《北苑别录》（1186年）介绍，基本过程是：采茶、拣茶、蒸茶、洗茶、榨茶、搓揉、再榨茶再搓揉反复数次、研茶、压模（造茶）、焙茶、过沸汤、再焙茶过沸汤反复数次、烟焙、过汤出色、晾干。

明代，炒青制法日趋完善，在《茶录》《茶疏》《茶解》中都有较详细的记载。明代罗廪在《茶解》“制”一节中记述：“炒茶铛宜热，焙铛宜温。凡炒，止可一握，候铛微炙手，置茶铛中，札札有声，急手炒匀，出之箕上，薄摊，用扇扇冷，略加揉挼，再略炒，入文火铛焙干，色如翡翠。若

出铛不扇，不免变色。茶叶新鲜，膏液具足，初用武火急炒，以发其香，然火亦不宜太烈，最忌炒至半干，不于铛中焙燥，而厚罨笼内，慢火烘炙。茶炒熟后，必须揉挼，揉挼则脂膏镕液，少许入汤，味无不全。铛不嫌熟，磨擦光净，反觉滑脱，若新铛则铁气暴烈，茶易焦黑，又若年久锈蚀之铛，即加蹉磨，亦不堪用。炒茶用手，不惟匀适，亦足验铛之冷热。茶叶不大苦涩，惟梗苦涩而黄，且带草气，去其梗，则味自清澈，此松萝（安徽绿茶——作者注）、天池（江苏绿茶——作者注）法也。”

元、明、清朝贡茶的采制方法和贡茶品目，历经700多年的变革，有很大的差异性。元朝仍以蒸青团饼茶为主，明朝开始改贡芽茶，炒青技术得到了很大的发展，采摘细嫩芽叶，炒制成形态各异的茶叶。这时蒸青茶、烘青茶、炒青茶并存。至清朝，在明朝贡茶的基础上有了扩大，以烘青茶与炒青茶为主，制工更加精细，外形千姿百态，同时创制了乌龙茶、红茶、黑茶、花茶等，广大茶区形成了多种茶类的贡茶。历代贡茶制度的形成也就促进了制茶技术的发展。

2. 茶叶初、精制

中国传统的制茶方法分初制和精制两个过程。

茶叶初制，就是将采来的茶鲜叶（又称茶菁）通过一系列制造工序制成干毛茶的过程。制造工序不同，制成的茶叶就不一样，这就是不同茶类形成的关键所在。也就是说，同样的鲜叶原料采用不同的制茶工序就形成了不同的茶类。茶叶精制，就是对干毛茶进行进一步的加工整理，这种加工整理包括筛分、风选、复火、切断、拣剔、匀堆、装箱等过程，最终达到使茶叶整齐一致符合各等级商品茶的规格要求。这种精制过程，不同茶类有不同的要求，有简有繁。

（1）绿茶的加工　绿茶的加工基本工序是：杀青→揉捻（造形）→干燥。

杀青是利用高温抑制酶活性，使茶叶保持绿色，形成绿茶清汤绿叶的品质特点；同时，利用高温去除青草气形成茶香；还利用高温除去一部分水分，使叶子变软，有利于揉捻成条或造形。杀青常用锅子或滚筒加热进行，也有用蒸汽杀青的。杀青程度要掌握适当，杀青不足，酶活性不能及时抑制，茶多酚继续氧化，轻者叶色泛黄，重者易造成红梗红叶。

揉捻通常是用揉捻机进行，通过挤压使叶细胞受损，叶汁附于叶表，便于冲泡时水溶性内含物溶于茶汤。揉捻又使叶子揉成条，这是曲条形和直条形绿茶造形的方法。另有很多名优绿茶不进行揉捻，如扁形的龙井茶只在锅中边炒边压扁进行造形。兰花形的太平猴魁和江山绿牡丹也是在锅中轻抓轻拍进行造形。需揉捻的茶叶，揉捻程度要适当，投叶量太大，易造成松、扁、碎。

干燥是定形和形成香气的工序，干燥的方法一般用锅子和烘干机进行。有不少绿茶是在干燥过程中边干燥边造形的，如珠茶是在炒干中卷曲成珠形的，又如碧螺春也是在边烘边搓团中卷曲成螺肉形的。千姿百态的名优绿茶，都是干燥过程中运用不同的造形方法而形成的。干燥时温度要适当，温度过高易产生色黄和焦茶。

中国千姿百态的绿茶，都是由于造形不同而形成的。造形是在茶叶干燥之前，将茶叶塑造成要求的形状，可以通过揉捻成条，也可拍压至扁，可以搓理成直条，可以团搓成螺形，也可推压挤成珠粒，也可扎结成花朵，还可压制成或方或圆的饼茶等。

中国传统出口绿茶以眉茶和珠茶为主，少量为特种绿茶。眉茶以长炒青绿茶为原料进行精制加工而成；珠茶以圆炒青精制而成。眉茶的加工十分精细复杂，须经过筛分、风选、拣剔、烘焙、车色等一系列过程，将长炒青毛茶分本身路、圆身路和筋梗路进行筛分，分出多种筛号茶，按各出口标准样进行拼配，最后制成各花色级档的眉茶。中国传统出口眉茶的花色级档包括：特珍（分特一、特二级），珍眉（分一、二、三、四、不列级），雨茶（一级），秀眉（分特、二、三级），片茶，碎茶，末茶（分粗、细末）。我国出口眉茶是以代号进行交易的，各花色级档的代号如下：特珍一级为9371，特珍二级为9370，珍眉一级为9369，珍眉二级为9368，珍眉三级为9367，珍眉四级为9366，珍眉不列级为3008，雨茶一级为8147，秀眉特级为8117，秀眉二级为8647，秀眉三级为9380，片茶为34403。

（2）白茶的加工 白茶的加工基本工序是：萎凋→干燥。

制造白毫银针的鲜叶采回来以后，要将茶芽与叶片分离，这个过程称为抽针。茶芽制造银针，叶片制造寿眉，也有采摘时直接采下肥壮的单芽制造银针的。

萎凋是采取薄摊叶子，使叶子慢慢失水，叶质变软，形成茶香，失水以减重30%为度。萎凋的方法有日光萎凋和室内自然萎凋两种。

干燥是一个进一步失水和成形的过程，通常第一天利用阳光晒至六七成干，第二天继续晒至八九成干，再烘至足干。

比较干爽的天气，也可以将茶芽叶均匀薄摊干水筛上，芽叶不重叠，不翻动。历时35 ~ 45小时，待青气消失，七八成干时进行并筛，让茶叶自然失水干燥，最后用文火慢慢烘干即可。

（3）黄茶的加工 黄茶加工的基本工序是：杀青→揉捻→闷黄→干燥。

不同的黄茶制造工序有所差异。黄芽茶如君山银针一般不经过揉捻，只在杀青后进行初烘，失去一部分水分后进行包茶闷黄，最后进行干燥。湖北的黄茶远安鹿苑，是杀青后稍摊凉后再进行锅炒至七八成干，然后进行闷堆变黄，最后炒干。

闷黄是黄茶形成黄汤黄叶特征的关键工序。闷黄时间的长短依不同黄茶有所差异，温州黄汤闷黄时间最长，需堆闷2 ~ 3天，而且最后还要进行闷烘，黄变程度较充分。北港毛尖闷黄时间最短，只需30 ~ 40分钟。沩山毛尖、鹿苑毛尖、广东大叶青一般需闷5 ~ 6小时。君山银针需二烘二闷、蒙顶黄芽需三烘三闷，烘闷交替进行，历时2 ~ 3天左右，黄变比较充分。传统的霍山黄大茶，堆闷时间甚至长达5 ~ 7天，但由于堆闷的茶叶含水量低，通常烘至九成干后再堆闷，黄变十分缓慢，黄大茶的黄褐色泽主要是在其后的先低后高的干燥过程中形成的。黄茶加工通过闷黄以后，消除了苦涩味，使滋味变得更加甜醇。

（4）红茶的加工 红茶加工的基本工序是：萎凋→揉捻或揉切→发酵→干燥。

萎凋是失水过程，为揉捻造形作准备。萎凋的方法有室内自然萎凋、日光萎凋和萎凋槽加温萎凋三种，室内自然萎凋一般品质较好。

揉捻或揉切是一个造形过程，工夫红茶需要揉捻成条，而红碎茶则需要揉切成小颗粒形碎片。揉切机具有像绞肉机似的转子，有的双滚齿式的称CTC切茶机。工夫红茶揉捻要充分，揉捻不足，条索松而不紧，滋味淡。

发酵是红茶品质形成的关键工序，绿色的叶子通过发酵，茶叶中的茶多酚在多酚氧化酶作用下氧化聚合形成茶黄素和茶红素，使叶子变红，形成红汤红叶的特征。发酵程度要掌握恰到好处，才能形成汤色红艳明亮，香高味鲜爽。发酵不足，会产生汤色欠红、滋味淡薄、香味青涩；发酵过度，汤色发暗、香味不鲜爽。

干燥是定形和形成茶香的过程，用烘干机进行干燥，通常进行毛火和足火两次干燥。

中国红茶加工，近年来已采用了可控式供氧发酵、流化床式烘干和烘干机输送带供热干燥等技术，从而使红茶加工品质显著提高。

红碎茶的初制毛茶进行筛分、风选、拣梗等精制工艺处理后制成的精制茶，有碎茶一、二、三号，以及叶茶、片茶和末茶。

（5）乌龙茶的加工　乌龙茶加工的基本工序是：晒青→凉青→做青→杀青→揉捻→锅炒→（包揉）→干燥。乌龙茶的加工比较复杂，杀青之前的工序类似红茶，杀青以后的工序类似绿茶。

晒青，是乌龙茶形成花果香所必需的，适当晒青可以激活糖苷酶活性，有利于乌龙茶香气的形成。

晾青做青，是乌龙茶香气形成的关键工序。叶子稍晒软后就收叶在室内晾青，待叶子走水“复活”后进行摇青做青，使叶子经碰撞后，边缘有所破损开始发酵。武夷山的传统武夷岩茶要做到“绿叶红镶边”，称为三分红七分绿。不同的乌龙茶，发酵程度是不一致的，很多轻发酵的乌龙茶，要求不出现明显的红变，叶子外表仍为绿色，叶子内部则发生了显著的化学变化，产生了较多的花果香物质。因此摇青程度的掌握是根据不同乌龙茶的品质要求而定的，轻发酵乌龙茶摇青程度较轻，摇青次数少；重发酵乌龙茶摇青程度较重，摇青次数较多。

各类乌龙茶的发酵程度大致如下表所示。

茶名	发酵程度	品质特征
文山包种	20%左右	汤色绿黄，叶底黄绿
冻顶乌龙	30%左右	汤色金黄，叶底褐绿
铁观音	40%左右	汤色深金黄，叶底青褐，少许红边
凤凰单丛	50%左右	汤色橙黄，叶底黄褐，有红边
大红袍	60%左右	汤色橙黄红，叶底深褐，红边明显
白毫乌龙	70%左右	汤色橙红，叶底红褐

清香型铁观音的做青技术具有“轻萎凋、轻摇青、轻发酵、薄摊青、长晾青、不堆青”的特点，叶片一般呈“一分红九分绿”的状态。现代乌龙茶做青多采用空调间做青，清香型乌龙茶一般掌握做青间温度18 ~ 19℃，相对湿度65% ~ 75%；浓香型乌龙茶一般掌握做青间温度20 ~ 22℃，相对湿度70% ~ 80%。低温做青有利于香气物质的形成与积累，有利于多酚等苦涩味物质的转化。

炒青，是停止发酵、稳定色泽的重要工序。一般需遵循“高温、少量、重炒”的原则。炒至叶子含水率达40%左右为宜。

包揉，是颗粒形（台湾称半球形）乌龙茶的必要工序，因为只有通过反复包揉，叶片才能卷曲成颗粒状。传统乌龙茶多采用热包揉，便于适型。现代清香型乌龙茶多采用冷（温）色揉技术，避免叶绿素降解和多酚类物质的过多氧化，有利于砂绿油润色泽的形成。同时采取现代包揉机械进行强有力的反复包揉，保证颗粒紧结。

烘干，是固定外形提高香气的重要工序，要求掌握“低温、通气、薄摊”的原则。采用较低火温进行慢烘，使乌龙茶香气更好。前半小时开箱烘，使冷热风对流，有利于保持绿色。后期关门烘，有利于提高香气。

（6）黑茶的加工 黑茶加工的基本工序是：杀青→揉捻→堆积发酵→干燥。黑茶的种类很多，堆积发酵工序有的在干燥前，有的在干燥后。如湖南安化的黑茶是在干燥前，而云南的普洱茶是在干燥之后。所谓后发酵是指茶叶已经过高温处理（杀青或干燥）后再进行的发酵。这个后发酵过程是微生物作用和湿热作用同时兼有的过程，不是像红茶那样的酶性氧化过程。这个后发酵过程有长有短，短的只有数小时，而长的可达数十天。如湖南黑茶堆积发酵只需8 ~ 18小时，而云南普洱茶则要堆积数十天。经过堆积发酵以后，绿色的叶子变成黑褐色；汤色变深，有的变红；滋味变得浓醇，甚至产生陈香。不少黑茶要经过较长时间的仓储，促进品质的转化与提升。中国主要黑茶加工工序如下：

湖南黑茶：杀青→初揉→渥堆→复揉→干燥

湖北老青茶：杀青→初揉→初晒→复炒→复揉→渥堆→晒干

四川南路边茶：杀青→揉捻→渥堆→干燥

广西六堡茶：杀青→揉捻→渥堆→复揉→干燥

云南普洱茶：杀青→揉捻→晒干→渥堆→晾干→筛分

堆积发酵是普洱茶品质形成的关键，一般经过泼水、回潮、堆积、翻堆、风干等步骤而完成。

泼水增湿：是为发酵提供充足的水分条件，晒青毛茶一般含水9% ~ 12%，而后发酵的水分含量必须达到25% ~ 30%。因此要泼水，使之吸潮以利后发酵的进行。

堆积发酵：通常采用大堆发酵，堆好后茶堆表面再泼水，使表层茶叶湿透，再盖上湿布，大而高的茶堆，有利于升温、保温和保湿。堆积发酵时间为40 ~ 50天，每隔5 ~ 10天翻堆一次，有利于调温和均匀发酵。

翻堆调温供氧：堆积后第二天就要翻堆，如水分不足还要补充拨水，翻堆要进行5 ~ 7次。发酵时叶温控制在40 ~ 65℃范围内。

发酵程度：掌握至茶叶呈现红褐色，茶汤滑口，无强烈苦涩味，汤色红浓，有陈香时为适度。

通沟风干：发酵完成后掀去盖布，开沟通风，使茶叶慢慢风干，使茶叶含水量达到14%以下时可以进行筛分拣剔。

仓储陈化：干仓储存是促使酯化作用增加普洱茶陈香味的必要措施。

3. 再加工茶制造

再加工茶由于种类不同，加工方法也不同。

（1）花茶的加工　花茶加工的基本工序是：茶坯加即将开放的鲜花→窨制吸香→茶与花分离→花茶干燥。

用作窨制茉莉花茶的茉莉花，通常是下午采摘含苞待放的大蕾，采回的花蕾摊放几个小时后，大约到晚上8时左右，开始开放吐香。这时才能把素坯茶叶和鲜花拌和并堆放窨制，使茶叶吸收花香。这一窨制过程往往要反复进行几次，高香的花茶往往要窨3 ～ 5次。50千克茶叶通常要用20千克甚至更多茉莉花来窨制。

传统花茶加工，茶坯每次窨花后，均要进行烘干后再窨。现代通过研究，发现在茶坯含有一定水分状态下，花香吸收更好，故在窨花过程中，适当减少窨花后的烘干次数，可提高花茶产品的香气并可节约鲜花用量。因此多采用连续湿窨技术。另外，又发明了隔离窨花技术，即在窨花作业中，茶坯和鲜花不再混合，而分别置于不同的密闭容器中，两容器以管道相连，使鲜花中的香气由交替气流携带，不断通过茶层被茶叶吸收。实践证明，这种窨花技术，由于鲜花损伤小，窨制的花茶鲜灵度好，并且节约鲜花。

（2）紧压茶的加工　紧压茶加工的基本工序是：原料茶→蒸软→装填入模→压紧→出模放置定型→干燥。

紧压茶种类很多，有的是用模子压制，有的则装布袋压制，有的是筑装至篾篓中。如湖南的黑砖、茯砖，湖北的青砖、米砖，云南的普洱方茶等都是用模子压制，而云南的七子饼茶、沱茶则是将茶装入布袋再入模压制，广西的六堡茶、四川的方包茶、湖南的湘尖茶、千两茶都是将茶叶筑装至篾篓中的。

主要紧压茶加工工序如下：

湖南黑砖茶、花砖茶压制：称茶→蒸茶→装匣→预压→压砖→冷却定型→退砖→修砖、检砖→烘砖→包装

湖南花砖茶：汽蒸→渥堆→称茶→加茶汁搅拌→蒸茶→装匣紧压→冷却定型和退砖→验收包砖→发花干燥

湖南湘尖茶：称茶→汽蒸→装篓压紧→捆包→打气针→晾干

四川康砖茶、金尖茶：称茶→蒸茶→筑包→冷却定型→包装

四川方包茶：蒸茶、渥堆→称茶→炒茶→筑包→封包→烧包→晾包

湖北青砖茶：称茶→蒸茶→预压→压紧→冷却定型→退砖→修砖→

干燥→包装

广西六堡茶：发水潮茶→渥堆→蒸茶→踩篓→仓储陈化

云南七子饼茶：称茶→蒸茶→装袋→压饼→定型脱袋→干燥→包装

云南沱茶：称茶→蒸茶→装袋→压饼→定型脱袋→干燥→包装

云南紧茶：称茶→蒸茶→压砖→定型脱模→干燥→包装

云南普洱方茶：称茶→蒸茶→压制→定型脱模→干燥→包装

云南竹筒茶：蒸茶→装筒压紧→烤干

湖北米砖茶：称茶→蒸茶→装模压砖→定型退砖→干燥→包装

（3）萃取茶的加工　萃取茶加工的基本工序是：原料茶→提取→茶汁浓缩→浓缩茶。或原料茶→提取→茶汁浓缩→喷雾或冷冻干燥→速溶茶。或原料茶→提取→过滤出茶汁→加水至一定浓度→调节酸碱度→瞬时灭菌→灌入包装→再次灭菌→罐装茶饮料。

萃取茶的品质往往与浓缩方法有很大关系，常规的加热浓缩，往往香气损失较多品质较差，应用膜浓缩技术（这种半透性膜只透过水，其他物质均予保留），浓缩时无须加热，香气保存较好。

萃取茶加工中对水的要求较高，硬度高的水，钙、镁、铁等元素含量高，不仅影响茶汤品质和易褐变，而且易造成存放过程中发生沉淀的现象，茶汤混浊不透明。

速溶茶的品质还与干燥方法有关，通常是冷冻干燥产品比喷雾干燥产品要好。

（4）果味茶的加工　果味茶加工的基本工序是：原料茶加果汁或果肉等→拌匀→干燥。果味茶在欧美市场较多，国内品种较少。

（5）保健茶的加工　保健茶加工的基本工序是：原料茶加某些中草药→拌匀→包装成袋泡茶。另有一种方式是将某些中草药经过提取再加入茶叶中，干燥后包装。还有一种方式是将茶与中草药一起或分别提取，然后制备成液态或固态保健茶。保健茶属保健食品一类，需经有关部门审批。

（6）含茶饮料的加工　含茶饮料加工的基本工序是：原料茶→提取茶汁→添加配料→搅拌均匀→瞬时灭菌→包装→再灭菌→装箱。

含茶饮料中除了茶以外混配的物料可以是果汁、糖、牛奶、蜂蜜、酒等。

4. 茶叶深加工与利用

茶叶深加工是20世纪70年代以后才逐渐发展起来的，目前主要是对茶叶中一些有效成分进行提取与利用。通过研究已知茶叶中对人体健康有益的有效成分主要是茶多酚、咖啡因、茶多糖、茶色素等。

借鉴于现代分离纯化技术，已经能够从茶叶中把这些有效成分提取分离出来，然后用作食品添加剂、药品和化妆品原料，制备成功能食品和防治某些疾病的新药。

茶树上茶籽资源的利用，一般是将茶籽压榨制油。脱脂饼粕可以用来提取茶皂素，而茶籽壳则可以用作糠醛的生产原料。就茶籽中的成分而言，约含有25% ~ 35%的油脂，脱脂饼粕中约含10% ~ 12%的茶皂素，此外还含有约10% ~ 20%的蛋白质和30% ~ 50%的淀粉与糖类等物质。

从茶籽中制油，一般可分为提取和精制两个阶段。茶籽油的提取，亦即茶籽毛油的加工，主要工艺流程为：茶籽→脱壳→风选→粉碎→清蒸→机榨→压滤→毛油→精练→纯净茶叶籽油。

经精制而成的茶籽油，与其他食用油脂相比，不饱和脂肪酸及亚油酸等的含量较高，饱和脂肪酸含量则较低，对人体健康更有益。

茶皂素不仅在茶树叶片中含有，茶籽中含量和种类更为丰富。茶籽榨油后其脱脂饼粕可以提取茶皂素。因茶皂素水溶液经振荡时能产生持久的、类似肥皂液的泡沫，具有极强的起泡能力（即表面活性），因而在医药、农药、日用化工、建筑等工业方面有着广泛的应用价值，此外，茶皂素与大分子量的醇（如甾醇）类化合物相结合形成复盐类，因而对红血动物具有溶血作用，在对虾养殖水池中用来杀死鱼而保护对虾，用作对虾养殖保护剂。

茶叶有效成分的提取与利用，是一个新兴的科技领域，随着科学技术的进步，将会应用更新的技术，使茶叶这个古老而文明的饮料，更加充分地造福于全人类，对提高人们健康水平发挥更重要的作用。

茶叶深加工除了上述对茶叶中有效成分的提取分离并加以利用以外，还包括：制备速溶茶、含茶软饮料、茶酒、含茶冷冻食品（如含茶冰淇淋、雪糕等）、茶味糖果（如含茶巧克力、口香糖等）、茶味糕点（如含茶年糕、粽子、面条等）、含茶洗理护肤品（如含茶牙膏、沐浴露、洗发水、护肤霜、防晒霜等）、含茶纺织品（如含茶内衣、汾臭抗菌袜等），用途十分广泛。

5. 茶食与茶菜

用茶作为配料制作成的食品和菜肴是多种多样的，这也是茶利用的一个重要方面。

（1）茶食品 用茶作配料或添加剂而生产出的食品就称之成茶食品。市场上的茶食品是多种多样的，有茶面条、茶糕点、茶糖果、茶饼干、茶瓜子、茶酒、茶汽水、茶冰淇淋等。在日本，家庭中常用茶制作茶泡饭、茶馒头、茶水饺等。在韩国、日本市场上，含茶的口香糖比较普遍。我国市场上的茶瓜子、茶糖果、茶糕点较多。

茶食品的制作，可以添加茶粉，也可以加入茶汁，添加量以适量可口为宜，不宜过量，量太多会带来苦涩味。

（2）茶菜 用茶作配料制作成的菜肴五花八门，花样甚多，可制作成羹汤，也可烹煮炸炒成菜肴。

茶羹汤有上百种之多，如绿茶粉太极羹、龙井白玉汤、绿茶莲子羹、绿茶银耳羹、红茶柠檬汤、红茶杞子汤、绿花绿豆汤、红茶金桔汤、绿茶甜瓜汤、绿茶蕃茄汤等。

茶菜更是五花八门，有龙井虾仁、香炸云雾茶、祁红烧鸭、五香茶花生、碧螺炒银鱼、绿牡丹汆双脆、茶叶熏鸡、君山鸡片、绿雪鸡丝、祁门鸡丁、铁观音炖鸭、龙井扇贝、红茶牛肉片、银针烹肉丝、雀舌火方丁、五香茶叶蛋、冻顶肉末豆腐、龙井银耳三菇等数百种之多。各地创制的茶菜不仅味道好，而且很多茶菜的造型非常新颖，有的富有山水风景的创意，有的像鱼、虫、花、鸟，别有情趣。

六、茶之器具

陆羽将饮茶相关器具称茶器，现代人一般称茶具，它随着饮茶的发生

而产生，并随着饮茶的发展而发展。茶具的发生和发展，如同酒具和食具一样，历经了一个从无到有，从共用到专一，从粗糙到精致的发展过程。

1. 茶具的发生

中国最早的茶具是与酒具、食具共用的，是一种小口大肚、陶制的缶。《韩非子》中说到尧时饮食器具为土缶。当时饮汤水，自然只能以土缶作为器具。中国陶器生产已有七八千年历史，浙江余姚河姆渡出土的七千年前黑陶器，便是当时食具兼作饮具的代表作。

原始社会茶具一具多用。中国最早谈及饮茶时使用的器具为西汉神爵三年（公元前59年）王褒的《僮约》，其中说道："烹茶尽具，已而盖藏。"这便是在中国茶具发展史上，最早谈及饮茶器具的史料。近年来，在浙江上虞出土了一批东汉（25—220年）时期的青瓷器，内中有碗、杯、壶、盏等器具，考古学家认定是世界上最早的青瓷茶具。所以，作为饮茶时所需的专用器具，即茶具的出现，中国至迟始于汉代。但茶具在民间的普遍使用，以及成套专用茶具的确立，还是需要经过一个相当长的时期的。

2. 茶具的确立

明确表示有茶具意义，并为茶学界公认的有关茶具的最早文字记载，是出在西晋左思（约250—约305年）的《娇女诗》中，其内有"心为茶荈剧，吹嘘对鼎钖"。这"鼎钖"当属茶具了，差不多与左思同一时代的杜育，在他写的《荈赋》中亦谈到"器泽陶简，出自东隅"，"酌之以匏，取式公刘"，指的是浙东一带。而其中提到的饮茶用具"匏"，它原本是酒具，其式似古代公刘使用的葫芦状的壶。

唐时，饮茶之风在全国兴起，茶具已成为茶文化的主要内容之一。陆羽在总结前人饮茶使用的各种器具后，开列出24种茶具名称，并描绘其式样，阐述其结构，指出其用途（见《茶经·四之器》）。这是中国茶具发展史上，对成套茶具的最明确、最系统、最完善的记录。它使后人能清晰地看到，唐代时中国茶具不但配套齐全，而且已是形制完备。

如果说，陆羽在《茶经》中提及的只是民间的饮茶所需的器具，那么，陕西法门寺地宫出土的成套饮茶器具，为人们提供了大唐宫廷饮茶器具的物证。根据同时出土的《物账碑》载："茶槽子、碾子、茶罗子、匙子一副七事，共八十两。"这"七事"是指茶碾，包括碾轴、罗合、分罗身、罗合和罗盖，以及银则和长柄勺。此外，同时出土的宫廷茶器还有五瓣葵口圈足秘色瓷茶碗、素面淡黄色琉璃茶盏和茶托等高贵、珍稀的饮茶器具。

3. 茶具的发展

中国的成套专用茶具，自唐代确立后，进入到一个新的发展时期。

（1）唐代茶具 唐代茶具，有"南青北白"之说。南方推行的饮茶器具是越窑青瓷茶碗，认为它"类冰""类玉"，还能"益茶"。越窑窑址在今浙江的慈溪、上虞一带。而当时北方推行的是邢窑白瓷茶具，它"类银""类雪"，享有"薄如纸、色如玉、声如磬"之誉，以邢窑生产的最为著名，窑址在今河北的内丘、临城一带。邢窑白瓷茶具的问世，打破了原本青瓷茶具一统天下的格局，这是中国陶瓷茶具艺术发展史上的分水岭，越窑和邢窑这两大窑口成为中国陶瓷茶具发展史上的两朵奇葩。

此外，还有以生产青瓷茶具闻名的长沙窑、岳州窑，以生产黑釉茶具闻名的建窑、吉州窑、德清窑，以生产白瓷茶具闻名的德化窑等，它们都是唐代生产各种茶具的重要窑址。

（2）宋代茶具 宋代的饮茶器具与唐代相比，在种类和数量上，并无多大变化。只是唐代煮茶用的釜为宋代点茶烧水用的执壶（汤瓶）所取代。但宋人饮茶，更讲究烹瀹技艺，特别是宋代盛行斗茶，不但讲究点茶的技和艺，且对斗茶用的茶和水，以及用于斗茶的器具，更是达到精益求精的程度，以求达到斗茶的最佳效果。宋代斗茶器具最崇尚的是黑釉建盏。这是因为用黑釉建盏盛茶，能与宋代斗茶追求的"雪白汤花"相呼应，如此黑白分明，易验茶色，能出现对比美；其次是黑釉建盏烧制时，窑变出现的异形花纹，诸如兔毫盏、油滴盏、鹧鸪盏等，能与茶汤相映成辉，结晶出五彩缤纷的茶纹，平添品茗的艺术美；三是建盏大口小底，可以容纳点茶时出现的"汤花"，而盏壁斜直，更易吸尽茶汤和茶末，同时建盏下内折的折线，还能在注汤时起到标准线的作用。

尽管如此，宋时在宫廷生活中更多应用的仍然是青瓷茶具，它们是由五大官窑烧制而成。五大官窑指的是：官窑，北宋时窑址在河南开封；定窑，窑址在今河北曲阳涧磁村、燕川村；汝窑，窑址在今河南宝丰（临汝）境内；钧窑，窑址在今河南禹县；哥窑，窑址疑似在浙江杭州。

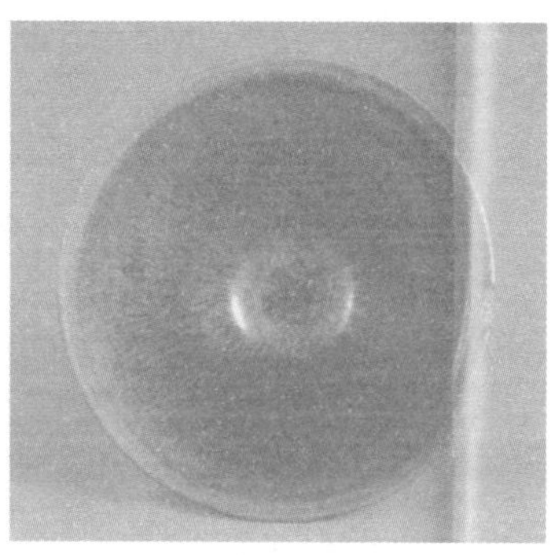

■ 兔毫盏

（3）元代茶具 元代，茶的加工和饮茶方法都出现新变化，紧压茶开始衰退，条形散茶（即芽茶和叶茶）开始兴起，直接将散茶用沸水冲泡饮用的方法，逐渐代替了将饼茶研末而饮的点茶法和煮茶法。与此相应的是一些茶具开始消亡，另一些茶具开始出现。所以，从饮茶器具来说，元代是上承唐、宋，下启明、清的一个过渡时期。

（4）明代茶具 明代茶具，对唐、宋而言，可谓是一次大的变革，元青花瓷茶具名噪一时。

1）贮茶器具。明时，由于人们饮的是条形散茶，比早先的团饼茶更易受潮，因此，贮茶就显得更为重要。选择贮存性能好的贮茶器具锡瓶，成为了茶人普遍关注的问题。

2）洗茶器具。在中国饮茶史上，“洗茶”一说，始见于明代，因此产生了洗茶器具。

3）烧水器具。明代的烧水器具主要有炉和汤瓶，其中，炉以铜炉和竹炉最为推崇。

4）饮茶器具。明代，饮茶器具最突出的特点：一是小茶壶的出现，二是紫砂茶具的创制。

在这一时期，江西景德镇的白瓷茶具和青花瓷茶具、江苏宜兴的紫砂茶具获得了极大的发展，无论是色泽和造型，品种和式样，都进入了穷极精巧的新时期。

■ 供春　树瘿壶

（5）清代茶具　与明代相比，清代茶具的制作工艺技术又有长足的发展，这在清人使用的最基本茶具，即茶盏和茶壶上表现最为充分。清代茶壶，不但造型丰富多彩，而且品种琳琅满目，著名的有康熙五彩竹花壶、青花松竹梅壶、青花竹节壶；乾隆粉彩菊花壶、马蹄式壶；以及道光青花嘴壶、小方壶等。

清代的江苏宜兴紫砂壶茶具，在继承传统的同时，又有新的发展。康熙年间宜陶名家陈鸣远制作的梅干壶、束柴三友壶、包袱壶、南瓜壶等，集雕塑装饰于一体，情韵生动，匠心独运。制作工艺，穷工极巧。嘉庆年间的杨彭年和道光、咸丰年间的邵大亨制作的紫砂茶壶，名噪一时，前者以精巧取胜，后者以浑朴见长。特别值得一提的是当时任溧阳县令、“西泠八家”之一的陈曼生，他设计了新颖别致的“十八壶式”，由杨彭年、杨凤年兄妹制作，待泥坯半干时，再由陈曼生用竹刀在壶上镌刻诗文或书画。这种工匠制作、文人设计的曼生壶，开创了文人壶的一代新风。

此外，自清代开始，福州的脱胎漆茶具、四川的竹编茶具、海南的生物（如椰子、贝壳等）茶具也开始出现，自成一格，使清代茶具异彩纷呈，形成了这一时期茶具新的特色。

（6）现当代茶具　现代饮茶器具，不但种类和品种繁多，而且质地和

形状多样，以用途分，有贮茶器具、烧水器具、沏茶器具、辅助器具等；以质地分有金属茶器具、瓷器茶器具、紫砂茶器具、陶质茶器具、玻璃茶器具、竹木茶器具、漆器茶器具、纸质茶器具、生物茶器具等。而且使用时，讲究茶器具的相互配置和组合，将艺术美和沏茶需要统一起来。

4. 茶具的种类

现将流行广、应用多，在茶具发展史上曾占有重要地位的茶具，结合主要产地，分类介绍如下。

（1）金属茶具　金属用具是指由金、银、铜、铁、锡等金属材料制作而成的器具。它是我国最古老的日用器具之一，早在公元前18世纪至公元前221年秦始皇统一中国之前的1 500年间，青铜器就得到了广泛的应用，先人用青铜制作盘、瓮盛水，制作爵、尊盛酒，这些青铜器皿自然也可用来盛茶。隋唐时，金银器具的制作达到高峰。20世纪80年代中期，陕西扶风法门寺出土的一套由唐僖宗供奉的鎏金茶具，可谓是金属茶具中罕见的稀世珍宝。

（2）瓷器茶具　瓷器茶具的品种很多，其中主要的有：

1）青瓷茶具。以浙江生产的质量最好。早在东汉年间，已开始生产色泽纯正、透明发光的青瓷。晋代浙江的越窑、婺窑、瓯窑已具相当规模。宋代，作为当时五大名窑之一的浙江龙泉哥窑生产的青瓷茶具，已达到鼎盛时期，远销各地。明代，青瓷茶具更以其质地细腻，造型端庄，釉色青莹，纹样雅丽而蜚声中外。16世纪末，龙泉青瓷出口法国，轰动整个法兰西，人们用当时风靡欧洲的名剧《牧羊女》中的女主角雪拉同的美丽青袍与之相比，称龙泉青瓷为“雪拉同”，视为稀世珍品。这种茶具除具有瓷器茶具的众多优点外，因色泽青翠，用来冲泡绿茶，更有益汤色之美。

2）白瓷茶具。具有坯质致密透明，上釉、成陶火度高，无吸水性，音清而韵长等特点。因色泽洁白，能反映出茶汤色泽，传热、保温性能适中，加之色彩缤纷，造型各异，堪称饮茶器皿中之珍品，适合冲泡各类茶叶。早在唐时，河北邢窑生产的白瓷器具已“天下无贵贱通用之。”唐朝白居易还作诗盛赞四川大邑生产的白瓷茶碗。元代，江西景德镇白瓷茶具已远销国外。如今，白瓷茶具更是面目一新。

3）黑瓷茶具。黑瓷茶具，始于晚唐，鼎盛于宋，延续于元，衰微于明、清，这是因为自宋代开始，饮茶方法已由唐时煮茶法逐渐改变为点茶法，而宋代流行的斗茶，又为黑瓷茶具的崛起创造了条件。

宋人衡量斗茶的效果，一看茶面汤花色泽和均匀度，以“鲜白”为先；二看汤花与茶盏相接处水痕的有无和出现的迟早，以“盏无水痕”为上。北宋蔡襄在他的《茶录》中就说得很明白：“视其面色鲜白，著盏无水痕为绝佳；建安斗试，以水痕先者为负，耐久者为胜。”而黑瓷茶具正如宋代祝穆在《方舆胜览》中说的“茶色白，入黑盏，其痕易验”。所以，宋代的黑瓷茶盏，成了瓷器茶具中的最大品种。福建建窑、江西吉州窑、山西榆次窑等，都大量生产黑瓷茶具，成为黑瓷茶具的主要产地。黑瓷茶具的窑场中，建窑生产的“建盏”最为人称道。建盏配方独特，在烧制过程中使釉面呈现兔毫条纹、鹧鸪斑点、日曜斑点，一旦茶汤入盏，能放射出五彩纷呈的点点光辉，增加了斗茶的情趣。

4）彩瓷茶具。彩色茶具的品种花色很多，其中尤以青花瓷茶具最引人注目。青花瓷茶具，其实是指以氧化钴为呈色剂，在瓷胎上直接描绘图案纹饰，再涂上一层透明釉，尔后经1 300℃左右高温还原烧制而成的器具。然而，对“青花”色泽中“青”的理解，古今亦有所不同。古人将黑、蓝、青、绿等诸色统称为“青”，故“青花”的含义比今人要广。它的特点是：花纹蓝白相映成趣，有赏心悦目之感；色彩淡雅幽菁可人，有华而不艳之力。加之彩料之上涂釉，显得滋润明亮，更平添了青花茶具的魅力。

直到元代中后期，青花瓷茶具才开始成批生产，特别是景德镇，成了我国青花瓷茶具的主要生产地。由于青花瓷茶具绘画工艺水平高，特别是将中国传统绘画技法运用在瓷器上，因此这也可以说是元代绘画的一大成就。元代以后除景德镇生产青花茶具外，云南的玉溪、建水，浙江的江山等地也有少量青花瓷茶具生产，但无论是釉色、胎质，还是纹饰、画技，都不能与同时期景德镇生产的青花瓷茶具相比。明代，景德镇生产的青花瓷茶具，诸如茶壶、茶盅、茶盏，花色品种越来越多，质量愈来愈精，无论是器形、造型、纹饰等都冠绝全国，成为其他生产青花茶具窑场模仿的

对象，清代，特别是康熙、雍正、乾隆时期，青花瓷茶具在古陶瓷发展史上，又进入了一个历史高峰，它超越前朝，影响后代。康熙年间烧制的青花瓷器具，更是史称“清代之最”。

（3）紫砂茶具 紫砂茶具是由陶器发展而成的一种新质陶器。它始于宋代，盛于明清，流传至今。紫砂茶具创造于明代正德年间，为供春所创，名曰“树瘿壶”，藏于北京历史博物馆。

宜兴紫砂茶具之所以受到茶人的钟情，除了这种茶具风格多样，造型多变，富含文化品位，以致在古代茶具世界中别具一格外，还与这种茶具的质地适合泡茶有关。后人称紫砂茶具有三大特点，就是“泡茶不走味，贮茶不变色，盛暑不易馊”。

目前中国的紫砂茶具，经过历代茶人的不断创新，“方非一式，圆不相同”，就是人们对紫砂茶具器形的赞美。一般认为，一件好的紫砂茶具，必须具有三美，即造型美、制作美和功能美，三者兼备方称得上是一件完善之作。而决定紫砂价值与品位的因素是名师与落款、题材和创意、泥料和工艺三个方面。

（4）漆器茶具 漆器起源久远，在距今约7 000年前的浙江余姚河姆渡文化中，就有可用来作为饮器的木胎漆碗。但尽管如此，作为供饮食用的漆器，包括漆器茶具在内，在很长的历史发展时期中，一直未曾形成规模生产。这种局面，直到清代开始，才出现转机，由福建福州制作的脱胎漆器茶具日益引起了时人的注目。

脱胎漆茶具通常是一把茶壶连同四只茶杯，存放在圆形或长方形的茶盘内，壶、杯、盘通常呈一色，多为黑色，也有黄棕、棕红、深绿等色，并融书画于一体，饱含文化意蕴；且轻巧美观，色泽光亮，明镜照人；又不怕水浸，能耐温、耐酸碱腐蚀。脱胎漆茶具除有实用价值外，还有很高的艺术欣赏价值，常为鉴赏家所收藏。

（5）竹木茶具 隋唐以前，我国饮茶虽渐次推广开来，但属粗放饮茶。当时的饮茶器具，除陶瓷器外，民间多用竹木制作而成。陆羽在《茶经·四之器》中开列的28种茶具，多数是用竹木制作的。清代，在四川出现了一种竹编茶具，它既是一种工艺品，又富有实用价值，主要品种有茶杯、茶盅、茶托、茶壶、茶盘等，多为成套制作。这种茶具，不但色调和谐，美观大方，而且能保护内胎，减少损坏；同时，泡茶后不易烫手，并富含艺术欣赏价值。因此，多数人购置竹编茶具，不在其用，而重在摆设和收藏。

（6）玻璃茶具 玻璃，古人称之为流璃或琉璃，中国的琉璃制作技术起步较早，陕西扶风法门寺地宫出土的由唐僖宗供奉的素面圈足淡黄色琉璃茶盏和素面淡黄色琉璃茶托，是地道的中国琉璃茶具，虽然造型原始，装饰简朴，质地显混，透明度低，但却表明我国的琉璃茶具唐代已经起步，在当时堪称珍贵之物。近代，随着玻璃工业的崛起，玻璃茶具很快兴起。玻璃质地透明，光泽夺目，可塑性大，因此，用它制成的茶具，形态各异，用途广泛，加之价格低廉，购买方便，而受到茶人好评。在众多的玻璃茶具中，以玻璃茶杯最为常见，用它泡茶，茶汤的色泽，茶叶的姿色，以及茶叶在冲泡过程中的沉浮移动，都尽收眼底，因此，用来冲泡种种细嫩名优茶，最富品赏价值，家居待客，不失为一种好的饮茶器皿。

七、茶之品饮

饮茶已有数千年的历史，饮茶的方式方法随着社会的进步而不断变化与发展。现代人们对茶有了更深的认识和更高的要求。泡茶用水、茶的沏泡、茶的品赏、品茶技艺，成为茶之品饮中不可或缺的环节。

1. 茶与水

茶之与水，亲如手足，这是因为水乃茶之色香味形的载体。饮茶时，茶中各种物质的呈现，愉悦快感的产生，无穷意会的回味，都要通过水来实现；茶中各种营养成分和保健功能，最终也须通过水冲泡茶叶，经眼看、鼻闻、口尝的方式来达到。如果水质欠佳，茶中许多内含物质受到损害，甚至污染，人们在饮茶时，既闻不到茶的清香，又尝不到茶的甘醇，还看不到茶的晶莹，因此也就失去饮茶给人们带来的益处，尤其是品茶给人们带来的物质、精神和文化享受。

（1）鉴水由来 唐以前的中国，尽管长江以南饮茶已较普遍，但那时饮茶比较粗放，宜茶水品并没有引起茶人的足够关注。进入唐以后，茶事兴旺，饮茶成为风尚，尤其是陆羽对茶业的卓越贡献以及精湛的茶艺，引导众多饮茶者，燃起了炽热的饮茶热情，开辟了“比屋皆饮”的饮茶黄金时代，并随着清饮雅赏饮茶之风的开创，使喝茶解渴上升为艺术品饮。人们在汲水、煮茶和品茶过程中，对水有了特殊的要求。据唐代张又新《煎茶水记》记载：最早提出鉴水试茶的是唐代的刘伯刍，他通过“亲挹而比之”，列出天下水品依次分为七等，提出：“扬子江南零水，第一；无锡惠山寺石水，第二；苏州虎丘寺石水，第三……”

而差不多与刘伯刍同时代的陆羽，在江苏扬州与御史李季卿同品南零水时，根据实践所得，提出：“楚水第一，晋水最下。”并把天下宜茶水品，依次评点为二十等。进而断定“庐山康王谷水，第一；无锡县惠山寺石泉水，第二；蕲州（今湖北蕲春）兰溪石下水，第三……”。不论陆羽品水结论是否正确，但他强调茶与水的关系，提出饮茶用水有优劣之分，并采用调查研究方法去品评水质，是符合科学道理并值得学习的。

古代茶人，对宜茶水品的论述颇多，但由于历代品茗高手，嗜好不一，条件不同，以致对天下何种水沏茶最宜，说法也不完全一致，以致结论亦有一定差异。综合起来，大致可以归纳为以下几种论点：即择水择“源”；水品在“活”；水味在“甘”；水质需“清”；水品应“轻”。

（2）水品选择 “扬子江心水，蒙顶山上茶”；“采取龙井茶，还烹龙井水”。有关“佳茗”配“美泉”之说，各地都有。这就是说，有了好茶，还须有好水，才能“茶经水品两足佳”。中国饮茶史上，许多茶人常常不遗余力，为赢得“一泓美泉”，以致“千里致水”也不在话下。

其实，烹茶好水，各地都能觅得。茶多产自名山，名山多有名泉，况且中国各地总能找到一些名水，因此“千里致水”，大可不必。何况，对众多茶人而言，也并非是品茶择水，务求名川美泉莫属。其实，大多随汲随饮，亦能适意可人的。

1）烧水容器。煮水器具必须经过选择，否则会给泡茶用水产生不良影响，主要可从以下三个方面加以考虑：

一是烧水器的质地和材料。古时多用铁制锅炉烧水，但常含铁锈水垢，所以对锅腔需要进行经常冲洗，否则，用含有铁质的水泡茶，会使绿茶茶汤变暗，红茶茶汤变褐，影响茶汤滋味的鲜爽，大大降低茶的品饮和欣赏价值。又如有不少茶艺馆选用金属茶壶煮水，但对人体健康而言，用金属茶壶煮水会在一定程度上提高泡茶用水中铜的含量，未必是上品。用陶茶壶烧水，虽然容易散热，但对水质无污染。

二是烧水器具的洁净度，它不但对泡茶用水透明度产生影响，还会对茶汤滋味造成良莠不同的影响。中国农村至今还有用锅子烧水的，那就必须做到专用，否则会使泡茶用水沾染油污，影响茶汤滋味。

三是煮水器具容积的大小、器壁的厚薄，以及传热性能的好坏等。因为烧水器具容积大，器壁厚，传热差，烧水时间拉长，煮水久烧，其结果是水质变“钝”，失去鲜爽味。用来泡茶，使茶汤失去鲜灵之感，变得“呆口”。

目前，居家或茶艺馆一般都用烧水壶煮水。以质地而言当以瓦壶为佳。但在多数场合，用得比较普遍的有铝壶、不锈钢壶。以壶的大小而言，以煮一壶水能冲上一热水瓶的容量就可以了。若冲泡用水量大的单位，也可用电热水器煮水，当水初沸时，即可分盛于热水瓶中保存，切忌在电热水器中长贮久沸，以免使水失去鲜活感。

2）煮水程度。要沏好茶，还得烧好水。对如何烧好水，古今茶人都积累了许多经验。古人采用形辨、声辨和气辨相结合的方法进行。对煮水程度的掌握，在《茶录》中提出了“汤有三大辨十五小辨”。按照当代中国茶人的分析表明，就是水未烧沸，谓之嫩；水烧过头，谓之老。其次，当今生活饮用水，大多属暂时性硬水，水中的钙、镁离子在煮沸过程中会发生沉淀，从而变成适宜泡茶的软水。若煮水偏嫩，水中的钙、镁离子会影响茶汤滋味。第三，在水的煮沸过程中，也有杀菌消毒作用，保证泡茶用水的卫生。但倘若水烧过头，溶解于水中的二氧化碳气体挥发得一干二净，会减弱茶汤的鲜爽味。另外，水中含有微量的硝酸盐，在高温久沸的情况下，经长时间煮沸，水分不断蒸发，亚硝酸盐浓度含量相对提高，不利于人体健康。所以，会品茶的人总是不喜欢用多次回烧的开水，或者用锅炉

蒸气长时间加热煮沸的开水泡茶。用这样的水泡出来的茶，饮起来总带有熟汤味，其道理也在于此。由此看来，古人所言的“水老不可食”，也并非是耸人听闻。

总之，烧水程度须掌握两条：一是要急火快煮，不可文火慢烧；二是煮水要防止水烧得过“老”或过“嫩”，烧水要适中。

2. 茶的沏泡

要沏好茶，饮好茶，享受到饮茶的乐趣，并非是件易事。中国有六大基本茶类，又有六大再加工茶类，单是名优茶品种，就有千余个。不但不同茶类、不同的茶品，有不同的沏茶方法；就是同一品种的茶，由于原料老嫩和采收季节的不同，沏茶方法也不相同。在现实生活中，不同的人沏茶，其结果是大不一样的。所以，沏茶也是一门学问。但尽管如此，根据试验和实践，人们还是可以从中找出一定的轨迹来，这就是沏茶的四要素。

（1）茶水用量 试验表明，按中国人的习惯，以人们饮用最普遍的大宗红、绿茶为例，以1克茶，冲上50 ~ 60毫升沸水，能取得较好的冲泡效果。有鉴于此，中国的多数茶是按此标准，确定茶水比例的。即如果是200毫升的一只饮杯或一把茶壶，那么，放上3克左右的茶，冲水至七八分满，就成了一杯浓淡适宜的茶汤了。但也有例外的：乌龙茶，它的用茶量在中国茶中是最大的，通常投入1克乌龙茶冲水量20 ~ 30毫升。普洱茶，在中国茶类中，普洱茶的用茶量仅次于乌龙茶。一般说来，饮普洱茶侧重于尝味，其次是闻香。用茶量一般是每克茶冲30 ~ 40毫升水左右。

（2）沏茶水温 沏茶的水温高，茶汁就容易浸出；沏茶的水温低，茶汁浸出速度就慢，冲泡茶叶的水温，与茶汁在茶汤中的浸出速度有着密切的关系。“冷水泡茶慢慢浓”，说的就是这个意思。

其实，沏茶水温的高低，还与茶的老嫩、松紧、大小有关。大致说来：细嫩、松散、切碎的茶要比粗老、紧实、整叶的茶浸出速度要快，反之则慢；粗老、紧实、整叶的茶要比细嫩、松散、切碎的茶水温要高，反之则低。总之，要做到看茶沏茶。一旦沏茶水温过高，不但细嫩芽叶因“泡熟”，而无法直立，因而不能展现茶姿之美，失去观赏性；而且使维生素、主要是维生素C遭到破坏，降低营养；同时茶多酚很快浸出，茶汤会产生苦涩味。另外，如果是绿茶，还会使茶汤泛黄，叶底变暗，使细嫩名优茶的品质特性无法展示，优质茶也就贬低为普通茶了。

沏茶水温过低，又会使茶的渗透性降低，茶片浮在汤面，给饮茶带来不便；其次，茶的有效成分一时难易浸出，在较长时期内，会使茶味变得淡薄；另外，茶的香气成分不易挥发，降低茶的香气。

泡茶水温也与冲泡方法有关，传统的杯泡法，茶水不分离，尤其是用高杯泡细嫩绿茶时，水温不宜过高，以免烫熟烫黄茶叶，通常水温掌握在85℃左右。其他红茶、乌龙茶、普洱茶等均可用沸水冲泡。现代冲泡法，无论盖碗泡、壶泡，均采用茶水分离的冲泡法，包括绿茶都可采用沸水短时冲泡快速出茶汤的方法。

八、茶之诗文

与茶有关的文学艺术是中国茶文化的重要组成部分，茶书、茶诗、茶画、茶文学作品等是茶文化百花园中绚丽多彩的花朵，是中国传统文化光辉的一页，它既是精神文明的体现，也是意识形态的延伸，更是现代文化产业中不可或缺的产品。

1. 古代茶书简介

早于中国唐朝之前一千多年前就有送茶的记载，但专门论茶之书，始于唐朝。唐朝是我国茶业和茶叶生产技术获得空前发展的一个时代，饮茶风俗传遍大江南北茶事活动日益频繁。随着茶文化的发展，茶书也就必然产生、发展和流传开来。宋朝以后，不仅文人雅士著书论茶，而且社会上层人士，甚至朝廷官吏、乃至皇帝也挥笔著书论茶。宋徽宗赵佶著《大观茶论》就是一例。

中国是最早为茶著书立说的国家，唐朝的陆羽，他亲临茶区调查，亲身实践，品饮各地名茶和名泉，并博采群书，终于在764年左右写出了世界上第一部茶书——《茶经》。自《茶经》问世以后，著述专论渐多。自唐

至清，中国茶书数量之多，可称世界之冠，据万国鼎先生《茶书总目提要》（1958年）所列，中国历史上刊印的各类茶书共存98种。2007年由郑培凯、朱自振主编的《中国历代茶书汇编校注本》，汇集了自唐代陆羽《茶经》至清代王复礼《茶说》共114种茶书。可惜，历经一千多年的历史变迁，很多茶书已散失，有的只存残句和残本，至今，保存完整的茶书尚有五六十种。

中国历史上有影响的茶书，除唐代陆羽的《茶经》外，尚有唐代张又新的《煎茶水记》、苏廙的《十六汤品》；五代十国蜀国毛文锡的《茶谱》；宋代丁渭的《北苑茶录》、蔡襄的《茶录》、宋子安的《东溪试茶录》、沈括的《本朝茶法》、黄儒的《品茶要录》、赵佶的《大观茶论》、熊蕃的《宣和北苑贡茶录》、唐庚的《斗茶记》、赵汝砺的《北苑别录》、审安老人的《茶具图赞》；元代杨维真的《煮茶梦记》；明代朱权的《茶谱》、田艺蘅的《煮泉小品》、陆树声的《茶寮记》、屠隆的《茶说》、陈师的《茶考》、张源的《茶录》、许次纾的《茶疏》、熊明遇的《罗岕茶记》、罗廪的《茶解》、冯时可的《茶录》、陈继儒的《茶董补》、闻龙的《茶笺》、周高起的《洞山岕茶系》、冯可宾的《岕茶笺》；清代陈鉴的《虎丘茶经注补》、冒襄的《岕茶汇钞》、程雨亭的《整饬皖茶文牍》等。

除了上述专门论茶的茶书之外，还有一些记载有茶事和茶法的史书或论著，计五百多种。现就历史上有重大影响的茶书做一简介。

（1）唐·陆羽《茶经》《茶经》一书分上、中、下三卷，共十章，约七千余字。卷上“一之源”论述茶的起源、性状、名称、功效以及茶与生态条件的关系；“二之具”记载采制茶叶的工具；“三之造”论述茶叶的采摘时间与方法、制茶方法及茶叶的种类和等级；卷中“四之器”，叙述煮茶、饮茶的用具和全国主要瓷窑产品的优劣；卷下“五之煮”，阐述了烤茶和煮茶的方法以及水的品第；“六之饮”叙述饮茶的历史、茶的种类、饮茶风俗；“七之事”杂录古代茶的故事和茶的药效；“八之出”论述了当时全国著名茶区的分布及其评价；“九之略”讲采茶、制茶、饮茶用具，省略或必备；“十之图”指出要将《茶经》写在绢帛上并张挂座前，指导茶的产、制、烹、饮。

（2）唐·张又新《煎茶水记》 张又新，河北深县人，于825年前后著有《煎茶水记》一卷。该书内容为论述煎茶用水对茶叶色香味的影响，评述了刘伯刍把各地之水分为七等，并辩证地提出，除七种水外，浙江也有好水，如桐庐江严子滩溪水和永嘉的仙岩瀑布水，均不比南零水差。书中还记载了陆羽检验真假南零水的故事，列出了陆羽所品的二十种水的品第。在评述了茶、水关系后，张又新指出茶汤品质不完全受水的影响，善烹、洁器也很重要。

（3）唐·苏廙《十六汤品》《十六汤品》成书具体年份不详，此书原为苏廙仙芽传第九卷中的一篇短文，《仙芽传》早佚。这里是引自陶谷的《清异录卷四茗荈部》（970年）。因此推测《十六汤品》成书于900年前后。

《十六汤品》论述了煮水、冲泡注水、泡茶盛器和烧水用燃料的不同，并将汤水分成若干品第——煮水老嫩不同分三品，冲泡注水缓急不同分三品，盛器不同分五品，燃料不同分五品，共计十六汤品。即第一，得一汤；第二，婴汤；第三,百寿汤；第四，中汤；第五，断脉汤；第六，大壮汤；第七，富贵汤；第八，秀碧汤；第九，压一汤；第十，缠口汤；第十一，减价汤；第十二，法律汤；第十三,一面汤；第十四，宵人汤；第十五，贼汤；第十六，魔汤。

《十六汤品》，对煮水老嫩程度、泡茶器具的选择，烹茶方法等的论述，至今仍有一定的现实意义。

（4）五代十国蜀·毛文锡《茶谱》 毛文锡于935年前后著《茶谱》，原书已佚，后据宋乐史《太平寰宇记》传于后人。该书记述了各产茶地的名茶，对其品质、风味及部分茶的疗效均有评论。

书中提及的名茶有彭州（今四川彭县）、眉州（今四川眉山县）、临邛（今四川临邛县）的饼茶，蜀州的雀舌、鸟嘴、麦颗、片甲、蝉翼等散茶，泸州的芽茶，建州的露芽，紫笋；渠江的薄片，洪州的白露，婺州的举岩茶，味极甘芳；蜀的雅州（今四川雅安一带）蒙山有蒙顶茶，湖州长兴县啄木岭金沙泉则是每岁造茶之所，造茶前祭泉水涌，造毕则涸，似有些不可思议。书中还提到非茶之茶，如枳壳芽、枸杞芽、枇杷芽、皂荚芽、槐芽、柳芽，均可制茶，且能治风疾。另记述有龙安的骑火茶、福州的柏岩茶、睦州的鸠坑茶、蒙山的露芽茶，此茶有压膏（压去茶汁）与不压膏之分。

《茶谱》中记述了多种散叶茶（即芽茶），这说明当时除饼茶外，散叶茶已产生并有所发展。

（5）宋·蔡襄《茶录》 蔡襄，福建莆田人，曾任福建转运使，亲临建安北苑督造贡茶，于1049—1053年著《茶录》两篇。

《茶录》上篇论茶，论述茶的色、香、味、贮藏、碾茶、冲泡等。认为茶色以白为贵，且青白者胜于黄白。茶有真香，不宜掺入龙脑等香料，恐夺其真香。茶味与水质有关，水泉不甘，能损茶味。茶叶贮藏，以蒻叶包好保持干燥，不宜近香药。茶存放时间久了，则色香味皆陈，需用微火炙之，碾后过筛，方可备用。煮水必须老嫩适宜，未熟和过熟之水均不宜，因此候汤最难。泡茶之茶盏必须热水温热才能置茶冲泡。

《茶录》下篇论茶器，有烘茶的“茶焙”、贮茶的“茶笼”、碎茶的“砧椎”、烤茶的“茶钤”、碾茶的“茶碾”、筛茶的“茶罗”、泡茶的“茶盏”、取茶的“茶匙”、煮水的“汤瓶”等。

（6）宋·宋子安《东溪试茶录》 宋子安在蔡襄《茶录》的基础上，于1064年前后写成《东溪试茶录》，记述建安产茶的概况，书中对产地、茶树品种、采制、品质及劣次茶产生的原因等，均作了较详尽的调查记录。建安茶品甲于天下，官私诸焙有1 336处，唯北苑凤凰山连属诸焙所产者味佳，因此对建安北苑、壑源、佛岭、沙溪各处的产茶情况作了概述。

《东溪试茶录》对建安的茶树品种有所研究，将其分为七种，即白叶茶、柑叶茶、早茶、细叶茶、稽茶、晚茶、丛茶。该书还记述了建溪茶的采摘时间与方法，指出采制不当则出次品茶。

（7）宋·黄儒《品茶要录》 黄儒，福建建安人，于1057年前后写成《品茶要录》，论述茶叶品质的优劣，分析造成劣质茶的原因：一是采摘制造时间过晚，二是采茶时带下白合（鳞苞）和盗叶（鱼叶），三是混入其他植物叶子，四是蒸茶不足，五是蒸茶过熟，六是炒焦，七是制茶各工序处理不及时，产生压黄，八是榨汁不尽，有渍膏之病形成味苦，九是烘焙时有烟焰，产生烟焦。书中对建安壑源和沙溪两处茶叶品质的差异进行了分析，指出两处茶园虽只一山之隔，但差异很大。书的“后论”认为，品质最好的茶是鳞苞未开、芽细如麦者。南坡山，土壤多砂石者，茶叶品质较好。

（8）宋·徽宗赵佶《大观茶论》 宋徽宗大观年代（1107年）贡茶鼎盛，赵佶于烹茶取乐时茶兴大发，写成这篇“茶论”。该书自序说：“本朝之兴，岁修建溪之贡，龙团凤饼，名冠天下。”“近岁以来，采择之精，制作之工，品第之胜，烹点之妙，莫不盛造其极。”

序言之后，对茶产地、茶季、采茶、蒸压、制造、品质鉴评、白茶分别进行了论述；对罗碾、盛茶碗盏、搅茶竹筅、水壶、杓、水质、茶叶冲泡等如何掌握得法，进行了研讨；书中还论述了茶叶色、香、味，茶叶贮藏、品名等，内容可谓十分全面。

（9）宋·熊蕃《宣和北苑贡茶录》 熊蕃，建阳人，宋太平兴国元年（976年）遣使就北苑造圃茶，到宣和年间（1119—1125年），北苑贡茶极盛，熊蕃深感当年陆羽著《茶经》时未提及北苑产茶是一憾事，特撰《宣和北苑贡茶录》，专述北苑茶事。

该书内容包括北苑贡茶历史、各种贡茶发展概略，并有各色模板图形造出的贡茶附图三十八幅。书末还收录由其父所作的《御苑采茶歌》十首，以示仰慕前修之意。

（10）宋·赵汝砺《北苑别录》 赵汝砺于淳熙十三年（1186年）任福建转运使主管账司时，因北苑茶事益兴，深感熊蕃的《宣和北苑贡茶录》已欠详尽，于是在搜集补充资料的基础上，撰写《北苑别录》一书，作为前书的续集。

该书约有2 800多字，内容包括序言、御园（御茶园四十六处）、开焙（开园采摘）、采茶（每日常以五更挝鼓，集群夫于凤凰山，监采官人给一牌入山，至辰刻则复鸣锣以聚之）以及拣茶（剔除白合、乌蒂、紫芽）、蒸茶、榨茶（宋时制茶要压榨去汁，以免味苦色浊）、研茶、造茶（装模造型）、过黄（焙茶与过沥出色）等制茶过程。

其次，对北苑贡茶的等级以“纲次”划分，分为十二纲，即细色第一至第五纲，粗色第一至第七纲。细色茶以龙团胜雪最精，细色茶用箬叶包好，盛在花箱之中，内外有黄罗幕之。粗色茶箬叶包好后，束以红缕，包以红纸，缄以蒨绫。

（11）宋·审安老人《茶具图赞》 审安老人于1269年，将焙茶、碾茶、筛茶、泡茶等用具的名称和实物图形，编辑成书，附图十二幅，并加以说明。茶具共十二件，其名称包括：韦鸿胪（焙茶）、木待制（碎茶）、金法曹（碾茶）、石转运（磨茶）、胡员外（收茶）、罗枢密（筛茶）、宗从事（扫茶）、漆雕秘阁（茶盏）、陶宝文（茶碗）、汤提点（茶壶）、竺副师（茶筅）、司职方（抹布）。

（12）明·朱权《茶谱》 朱权是明太祖朱元璋第十七子，于1440年前后编写《茶谱》一卷。除序言外，内容包括品茶、收茶、点茶、熏香茶法、茶炉、茶灶、茶磨、茶碾、茶罗、茶架、茶匙、茶筅、茶瓯、茶瓶、煎汤法、品水等节。

在序言中提到“茶之功大矣……占万本之魁，始于晋，兴于宋……制之为末，以膏为饼，至仁宗时，而立龙团、凤团、月团之名，杂以诸香，饰以金彩，不无夺其真味。”因此他不主张掺入香料，并提倡烹饮散叶茶，“然天地生物，各遂其性，莫若叶茶，烹而啜之，以遂其自然之性也，予故取烹茶之法，末茶之具，崇新改易，自成一家。”书中重点介绍了蒸青散叶茶的烹饮方法，这在当时是一种创新性主张。

（13）明·顾元庆《茶谱》 顾元庆是明朝大文学家，他读了钱椿年于1539年写的《茶谱》，认为“收采古今篇什太繁，甚失谱意”，因此对其“余暇日删校”。可见，1541年顾元庆编写的《茶谱》是删校钱椿年之书而成的。

该书的主要内容包括：茶略（茶树的性状）、茶品（各种名茶）、艺茶（种茶）、采茶（采茶时间与方法）、藏茶（贮藏条件）、制茶诸法（橙茶、莲花茶、茉莉、玫瑰等花茶制法）、煎茶四要（择水、洗茶、候汤、择品）、点茶三要（涤器、熁盏、择果）、茶效（饮茶功效）。

书中有几处论述是很有价值的，一是关于花茶的窨制方法，指出要采摘含苞待放的香花，茶与花按一定比例，一层茶一层花相间堆置窨制。二是关于饮茶，指出“凡饮佳茶，去果方觉清绝”，提倡清饮，指出不宜同时吃香味浓烈的干鲜果，如果一定要配用，也以核桃、瓜仁等为宜。三是关于饮茶功效，指出“人饮真茶，能止渴消食、除痰少睡、利水道、明目益思、除烦去腻，人固不可一日无茶。”

（14）明·田艺蘅《煮泉小品》 田艺蘅于1554年汇集历代论茶与水的诗文，写成《煮泉小品》一卷。全书约五千字；分为源泉、石流、清寒、甘香、宜茶、灵水、异泉、江水、井水、绪谈十节，多数文字系文人戏笔。

该书宜茶一节有一定参考价值。认为好茶必须要有好水来冲泡，一般名茶之产地，均有名泉，如龙井茶产地有龙井。另外，书中赞赏生晒茶（即后来发展起来的白茶），认为“茶者以火作者为次，生晒者为上，亦更近自然，且断烟火气耳。况作人手器不洁，火候失宜，皆能损其香色也。生晒茶瀹之瓯中，则旗枪舒畅，清翠鲜明，尤为可爱”。

（15）明·屠隆《茶说》 屠隆，鄞县人，于1590年写成《考槃余事》四卷，共十六节，后抽取其中卷三的“茶笺”（笺即节），删去其中的洗器、熁盏、择果、茶效、茶具诸节，增入茶寮一节，改称《茶说》。

《茶说》的内容，包括茶寮、茶品、采茶、日晒茶（即今之“白茶”）、焙茶（即今之“炒青”）、藏茶、择水、养水、洗茶、候汤、注汤、择器、择薪等。

（16）明·陈师《茶考》 陈师于1593年著《茶考》一卷，论述蒙顶茶、天池茶、龙井茶、闽茶等的品质状况；杭城的烹茶习俗，即“用细茗置茶瓯，以沸汤点之，名为撮泡”，且提倡清饮，不用果品，“随意啜之，可谓知味而雅致者矣”。

（17）明·张源《茶录》 张源，苏州洞庭西山人，隐居山谷间，平日汲泉煮茗，博览群书，历三十年，于万历中（1595年前后），著成《茶录》一卷。

该书约一千五百字，文字简洁，内容广泛，包括采茶、辨茶、藏茶、火候、汤辨、汤用老嫩、泡法、投茶、饮茶、香、色、味、点染失真、茶变不可用、品泉、井水不宜茶、贮水、茶具、茶盏、拭盏布、分茶盒、茶道等。

（18）明·张谦德《茶经》 1596年，张谦德在收集前人论茶资料的基础上，编写成《茶经》，分上、中、下三篇。上篇论茶，内容包括茶产、采茶、造茶、茶色、茶味、别茶、茶效；中篇论烹，内容包括择水、候汤、点茶、用炭、洗茶、熁盏、涤器、藏茶、炙茶、茶助、茶忌；下篇论器，

内容包括茶焙、茶笼、汤鏅、茶盏、纸囊、茶洗、茶瓶、茶罏。

(19)明·许次纾《茶疏》 许次纾，钱塘人，于1597年著《茶疏》一书，内容丰富，其目录为产茶、今古制法、采摘、炒茶、岕中制法、收藏、置顿、取用、包裹、日用置顿、择水、贮水、舀水、煮水器、火候、烹点、秤量、汤候、瓯注、荡涤、饮啜、论客、茶所、洗茶、童子、饮时、宜辍、不宜用、不宜近、良友、出游、权宜、虎林木、宜节、辩讹、考本等节。

在“产茶”一节中，认为“天下名山，必产灵草，江南地暖，故独宜茶”。“江南之茶，唐人首称阳羡，宋人最重建州，于今贡茶，两地独多，阳羡仅有其名，建茶亦非最上，惟有武夷雨前最胜”。

在“炒茶”一节中，认为炒茶“铛必磨莹，旋摘旋炒。一铛之内，仅容四两。先用文火焙软，次用武火催之。手加木指，急急炒转，以半熟为度，微俟香发，是其候矣。急用小扇，钞置被笼，纯棉大纸衬底燥焙，积多候冷，入瓶收藏”，“岕中制法，岕之茶不炒，甑中蒸熟，然后烘焙”。

在“饮啜”一节中，认为“一壶之茶，只堪再巡。初巡鲜美，再则甘醇，三巡意欲尽矣”。

该书对什么时候适宜饮茶，什么时候不宜饮茶，饮茶时哪些器具不宜用，饮茶环境等都提出了要求，可谓非常讲究。

在“宜节”一节中，认为“茶宜常饮，不宜多饮。常饮则心肺清凉，烦郁顿释；多饮则微伤脾肾，或泄或寒”。

(20)明·程用宾《茶录》 程用宾于1601年写成《茶录》。全书分四集，即首集（茶具图）、正集、末集（茶具）、附集（茶歌）。正集的主要内容包括：原种、采候、选制、封置、分用、煮汤、治壶、洁盏、投交、酾啜、品真。

(21)明·熊明遇《罗岕茶记》 熊明遇，江西进贤人，于1608年前后著《罗岕茶记》一书，全书约五百字，分七节，主要内容介绍长兴罗岕茶山的茶产概况。“岕茗产于高山，浑至风露清虚之气，故为可尚”。

(22)明·罗廪《茶解》 罗廪，浙江慈溪人，经过亲自采茶、制茶的实践，于公元1605年写成《茶解》一卷。全书约三千字，分总论及原、品、艺、采、制、藏、烹、水、禁、器等节。

在“品”一节中，认为“茶须色、香、味三美具备。色以白为上，青绿次之，黄为下。香如兰为上，如蚕豆花次之。味以甘为上，苦涩斯下矣”。

在“藏”一节中，认为“藏茶宜燥又宜凉，湿则味变而香失，热则味苦而色黄”。这一论述符合科学，这一点与过去若干茶书提出藏茶宜温燥忌冷不同，因此提出“蔡君谟云，茶喜温，此语有疵”。

在“禁”一节中，认为“茶性淫，易于染着，无论腥秽及有气之物，不得与之近，即使名香亦不宜相褋。

（23）明·闻龙《茶笺》 闻龙，浙江四明人，于1630年前后编写《茶笺》一卷，主要论茶之采制方法，四明泉水，茶具及烹饮等。

其中论述茶的采制较为具体，且有参考价值：“茶初摘时，须拣去枝梗老叶，惟取嫩叶”，“炒时须一人从旁扇之，以祛热气。否则色香味俱减。予所亲试，扇者色翠，不扇色黄。炒起出铛时，置大瓷盘中，仍须急扇，令热气稍退，以手重揉之，再散入铛，文火炒干入焙”。

（24）明·周高起《洞山岕茶系》 周高起于1640年前后写成《洞山岕茶系》，论述岕茶及其品质。岕茶是宜兴与长兴之间茶山之茶，岕为山岭，据说八十八岭，“洞山是诸岕之最”。其中第一品位于老庙后，第二品位于新庙后等处，第三品位于庙后涨沙等处，第四品位于下涨沙等处，不入品则位于长潮等处。贡茶即南岳茶，为天子所尝。

岕茶采焙，须在立夏后三日。“采嫩叶，除尖蒂，抽细筋炒之，曰片茶；不去筋尖，炒而复焙燥如叶状，曰摊茶；采取剩叶制之者，名儵山”。

（25）明·冯可宾《岕茶笺》 冯可宾于1642年前后写成《岕茶笺》，论述宜兴一带产茶者有罗岕、白岩、乌瞻、青东、顾渚、篠浦等，以罗岕最胜，岕为两山之介也，罗氏居之，故名罗岕。该书还论及采茶、蒸茶、焙茶、藏茶、烹茶、泉水、茶具、茶宜、禁忌等。

（26）明《茗笈》《茗笈》成书于明末，不知何人所作，内容与以前茶书大同小异，包括溯源、得地、乘时、采制、藏茗、品泉、候火、定汤、点瀹、辨器、申忌、相宜、衡鉴、谈茶十四节。多数内容均属摘录前人茶书。

（27）清·陈鉴《虎丘茶经注补》 陈鉴于1655年著《虎丘茶经注补》，作为陆羽《茶经》的补充，内容亦分为：一之源、二之具、三之造、……七之出等。

（28）清·冒襄《岕茶汇钞》 冒襄于1683年前后写成《岕茶汇钞》，全书连序跋约一千七百多字，主要是从许次纾、熊明遇、冯可宾等茶书中抄录有关内容，对岕茶进行较详尽的论述。

（29）清·程雨亭《整饬皖茶文牍》 程雨亭于光绪二十三年主持安徽茶厘局，罗振玉辑录其禀牍文告，题名《整饬皖茶文牍》。

书中内容主要论述皖南婺源、休宁、屯溪、歙县、德兴之绿茶，祁门、浮梁、建德之红茶的概况和存在的问题，以及改进产、供、销之建议，主张取消用洋靛着色，才能扩大外销。

书中还论及皖茶品质，认为“徽产绿茶以婺源为最，婺源又以北乡为最。休宁较婺源次之，歙县不及休宁北乡，黄山差胜。水南各乡又次之。大抵山峰高则土愈沃，茶质亦厚”。

（30）清·程淯《龙井访茶记》 程淯，江苏吴县人，清末住杭州，宣统二年秋写《龙井访茶记》。1949年后移居台湾。阮毅成所著《三句不离本“杭”》中集有他的《龙井访茶记》一文。

书中内容主要论述龙井茶产地土性、栽植、培养、采摘、焙制、烹瀹、香味、收藏、产额、特色。书中对龙井茶炒制过程描写细致，对龙井茶味有深刻体会，认为“龙井茶的色香味，人力不能仿造，乃出天然。”

2. 茶事诗词与楹联

茶事诗词可分为广义和狭义两类：广义的是指包括所有涉及茶事的诗词；狭义的是单指主题是茶的诗词。通常所指的茶事诗词，多是以广义而言的。

（1）茶事诗词 茶事诗词的特点，一是数量多题材广：有写名茶、名泉、茶具、烹茶、品茶、栽茶、采茶、制茶、颂茶、送茶等；二是匠心别具，体裁多样：有寓言茶诗、宝塔茶诗、回文茶诗、联句茶诗、唱和茶诗；三是影响深远，佳作连篇。

1）晋咏茶诗。

杜育《荈赋》：我国最早专门咏茶的诗作是晋代的《荈赋》。《荈赋》中所说的生于高山的奇产“荈草”即是茶。杜育《荈赋》中的“沫沉华浮，焕如积雪，煜若春敷”，形容的是茶汤形态色泽之美。

2）唐代咏茶诗词。

李白《玉泉仙人掌茶》：咏茶诗起始于唐代，在唐以前，只是在诗歌吟唱中咏及茶。唐代最早的咏茶诗应该是李白的《答族侄僧中孚赠玉泉仙人掌茶并序》诗。李白所指的玉泉仙人掌茶产于湖北当阳的玉泉寺。据李白在诗前的序言中说：玉泉寺真公常采而饮之，年八十余，脸色如桃花。李白因得其宗侄僧中孚送的仙人掌茶，遂作一诗答谢。

皎然《饮茶歌消崔石使君》：其中的“一饮涤宿寐”“再饮清我神”“三饮便得道”，正是出自于皎然的诗。诗中赞誉剡溪茶（产于今浙江嵊州、新昌一带）清郁隽永的香气，甘露琼浆般的滋味，并生动描绘了一饮、再饮、三饮的感受。与卢仝的《饮茶歌》有异曲同工之妙。

刘禹锡《西山兰若试茶歌》：此诗中提道“斯须炒成满室香，便酌砌下金河水”。从诗中对采茶、炒茶、煎茶的描绘可知，那时除了用蒸青法制团饼茶外，也用炒青法制成散茶的，并用散茶直接煎饮。

李郢《茶山贡焙歌》：“十日王程路四千”，“到时须及清明宴”。这首诗主要写督办贡茶扰民，生动描述了这种劳役的繁重，诗人对服贡茶劳役者抱有深切的同情。

3）宋代咏茶诗。

苏轼《汲江煎茶》：诗中提道“活水还须活火烹，自临钓石取深清”。诗人烹茶的水，还是亲自在钓石边从深处汲来的，并用活火煮沸的。苏轼对烹茶时水的温度掌握十分讲究，不许有些许差池。

陆游《雪后煎茶》：诗中“雪液清甘涨井泉，自携茶灶就烹煎”，描绘了诗人烹茶择水随时随地而宜的情趣。陆游爱茶嗜茶，是他生活和创作的需要。

4）元代咏茶诗。

虞集《次邓文原游龙井》：诗中写道“烹煎黄金芽，不取谷雨后”。虞

集，字伯生，是元代文学家。他的诗文和生平活动中与茶有关联的虽不多，但他的这首诗，却是赞颂龙井茶的奠基之作，在我国名茶史上值得记上一笔。

（2）茶事楹联 在许多文化场所的石庭或石柱上，经常可以看到有以茶为题材的楹联，中国的茶联，至少在2 000副（条）以上。它是浓缩了的茶文化，一种精神与物质复合的茶文化结合体呈现。

郑板桥，又名郑燮，他的茶联，读来通俗，却倍感亲切：

汲来江水煮新茗

买尽青山当画屏

我国名著中的茶联也很多。明代作者吴承恩的《西游记》是描写唐僧取经为主要题材的长篇小说。在创著《西游记》时，他多次运用了茶联：

（一）

香酒香茶多美艳

素汤素饭甚清奇

（二）

椰子葡萄能做酒

胡桃银杏可传茶

在曹雪芹的名著《红楼梦》中，也有不少茶联。现摘录两副，供欣赏。

（一）

烹茶水渐沸

煮酒叶难烧

（二）

宝鼎茶闲烟尚绿

幽窗棋罢指犹凉

还有茶馆名茶联。上海“天然居”茶楼茶联：

客上天然居

居然天上客

广州“陶陶居”茶楼茶联：“陶陶居”为百年名楼，相传在80年前，老板为了招揽生意，美化环境，曾用公开招标的方式，以楼名“陶陶”两字征集茶联一副。众人感到用字出奇，难以成联。后来，一位嗜茶能文的过路人，每句以“陶”字开头，竟作成茶联一副。

上联是：陶潜善饮，易牙善烹，饮烹有度

下联是：陶侃惜分，夏禹惜寸，分寸无遗

成都茶酒铺名茶联。传说早年成都有家兼营茶酒的铺子，生意清淡，掌柜的只好让位给他的儿子。儿子果然比老子高明，他请来当地一个才子，写就一副对联，挂于门庭两旁。联曰：

为公忙，为利忙，忙里偷闲，且喝一杯茶去

劳心苦，劳力苦，苦中作乐，再倒一碗酒来

这副茶酒联，生动贴切，雅俗共赏，人们交口相传，使众多顾客慕名前去观看，结果生意日益兴隆，长盛不衰。

杭州“茶人之家”茶联。在杭州“茶人之家”的“迎客轩”门庭上，挂有一副茶联：

得与天下同其乐

不可一日无此君

在“茶人之家”另一门庭上，还有一副茶联：

一杯春露暂留客

两腋春风几欲仙

它将人与茶的关系，以及人饮茶的情趣说得明明白白。如此吟联品茶，使人流连忘返。

北京“老舍茶馆”茶联。著名的北京老舍茶馆，有一副门联是写的：

大碗茶广招九州宾客

老二分奉献一片丹心

这副茶联，上联说出了茶馆“以茶会友”的本色，下联阐明了茶馆的经营宗旨，两者相映生辉，可谓珠联璧合。

茶与文学艺术的关系是非常密切的，除了以上提到的茶事文学艺术外，还有很多茶事传说、茶事谚语、茶事雕刻、茶事谜语等。

3. 茶书画

茶事书画，始于何时？难以稽考。在1972年四川大邑县出土东汉年间

的画砖上，画有文人宴饮的情景：人物神态自然，场面气氛热烈。画砖的右下角还有一口大锅，锅中有长勺，其煮饮习惯与茶事书画中唐代的《宫乐图》相似，这对研究汉代饮茶和茶事画有着重要的参考价值。明确无异的最早茶事书画则是唐代阎立本（？～637年）的《萧翼赚兰亭图》，它真实记录了儒释同堂，谈书论艺的场面。画中人物位置、神态和主宾关系，恰到好处，已成为古代茶事书画作品中的传世精品。现存于台北故宫博物院的唐代《宫乐图》，虽然无从考查到具体年代，却也是研究饮茶文化发展史的珍贵资料。在中国历史上，唐代政治相对稳定，经济发展，生活富足。所以，作者用饱满的感情，明亮的色彩，描绘宫廷中仕女奏乐饮茶情景。而案中的大锅、长勺，以及众仕女斟茶、品茶的姿态，说明在1 100年前的唐代，品茶仍不失为高雅之举，成为宫廷欢宴的佳品。

五代时，画坛大家顾闳中创作的《韓熙载夜宴图》，是鸿篇巨制。夜宴中的重要场景，有人研究以为其中有茶饮、茶食、茶具，说明品茶是官宦夜宴生活的重要内容。

宋代，由于茶文化大盛，一批宫廷画家和民间艺术家各显其能创作的，集中表现以制茶、烹茶、品茶为题材的画作，著名画家钱选的《卢同煮茶图》、刘松年的《撵茶图》《茗园赌市图》等，真实地反映了当时对茶人生活的理解和深切感受。

北宋末年，徽宗皇帝赵佶，是个疏于政事，但精于书画的人。他创作的《文会图》，描写的是文士们举行的一个大型茶会，案桌上果品、茶食、茶盏陈列有序，案后花树之间，炉香氤氲，琴瑟悠扬，茶会气氛祥和，说明宋代饮茶已从实用走向雅化，从物质需要到追求精神升华的文化理念。

元代的赵孟頫是个诗、文、书、画造诣很深的艺苑高手，在品茗、吟诗之余，创作了很多以茶为题材的书画，其中《斗茶图》更形象地反映了茶农在品茶、斗茶、嬉茶的一种休闲心态。赵原创作的《陆羽品茶图》，突破了前人以书斋、庭院、宫苑为背景的局限，将茶人、茶事移至山川林泉之中，体现作者崇尚“天人合一”，回归自然的主观追求。

明代，有“吴门四子”之称的文徵明、唐寅、仇英、沈周，都是茶画创作的身体力行者，他们同居苏州，精于诗、文、书、画，以茶会友，既能激发画家的创作灵感，也从中领略到品茗、吟诗的仙境之乐。

文徵明的《惠山茶会图》。唐寅的《事茗图》都表现了明代仕图圈外文人超凡脱俗品泉吟诗，追求精神境界，融天、地、人、山水、香茗于尺幅之中的绝妙画师。

清代，由于散茶冲泡法的流行，紫砂茶具得到文人的青睐，画家创作不再以描述烹茶作为主要场所，而寓情于方兴未艾的茶馆文化，一批反映社会人物、文化和市民留恋于茶馆、茶肆的风俗速写、素描及小说插图纷纷面世，成为研究近代茶文化现象的重要资料。

进入20世纪，随着多元文化的勃兴和互动，很多有影响的画家如吴昌硕、齐白石、潘天寿、丰子恺等创作了不少以茶为题材的佳作，极大地丰富了茶文化内涵。

综观茶画两千年的历史，不难看出，茶画的创作过程是和中华茶文化史结伴而行的。研究茶文化史，不能不研究茶画；同理，一幅幅风格各异，情趣盎然的茶画，又使我们紧紧地把握住了中华茶文化进程中跳动的脉搏。

4. 茶事小说

唐代以前，小说中的茶事，多在神话志怪传奇故事里出现。自唐以后，直至当代，出现了不少专门描写茶事的小说，如近代有陈学昭的长篇小说《春茶》、廖琪中的中篇小说《茶仙》、颖明的传记文学《茶圣陆羽》、章士严的纪实文学《茶与血》、王旭烽的“茶人三部曲”——《南方有嘉木》《不夜之侯》和《筑草为城》。特别是明、清时代，还出现了许多描述茶事的话本小说和章回小说。在中国六大古典小说或四大奇书中，如《三国演义》《水浒传》《金瓶梅》《西游记》《红楼梦》《聊斋志异》《三言二拍》《老残游记》等全书中，都有关于茶事的描写。

5. 茶事戏曲与歌舞

（1）茶与戏曲　茶与戏曲渊源很深，茶圣陆羽就有过一段演戏、编剧的经历。明代著名戏剧家汤显祖（1550—1616年）代表作《牡丹亭·劝农》中，就写了杜丽娘之父，太守杜宝下乡劝农。农妇边采茶边唱歌：“乘谷

雨，采新茶，一旗半枪金缕芽。学士雪炊他，书生困想他，竹烟新瓦。”杜宝为此叹曰：“只因天上少茶星，地下先开百草精。闲煞女郎贪斗草，风光不似斗茶清。”说的是采茶、烹茶和斗茶的情景。在中国的传统戏剧剧目中，还有不少表现茶事的情节与台词。如昆剧《西园记》的开场白中就有“买到兰陵美酒，烹来阳羡新茶”之句。现代著名剧作家田汉的《环璘珴与蔷薇》中也有不少煮水、沏茶、奉茶、斟茶的场面。戏剧与电影《沙家浜》的剧情就是在阿庆嫂开设的春来茶馆中展开的。所以，自古至今，茶事戏曲既多又广，是戏曲家笔端的重要内容之一。

至于以茶为题材，或情节与茶有关的戏剧更是数不胜数。具有代表性的一些戏剧节目有：明代计自昌编剧的《水浒记·借茶》、明代高濂编剧的《玉簪记·茶叙》、明代王世贞编剧的《凤鸣记·吃茶》、清代洪昇编剧的《四婵娟·斗茗》、现代高宜兰等挖掘整理成的《茶童歌》、老舍编剧的《茶馆》。

此外，还有程学开、许公炳编剧的《茶圣陆羽》；王旭烽编剧的《中国茶谣》《六羡歌》；中央电视台、中国茶叶进出口公司、上海敦煌国际文化艺术公司联合摄制的电视专题纪录片《中华茶文化》；央视纪录片频道拍摄的六集大型纪录片《茶，一片树叶的故事》等。

茶与戏曲，在国外也时有所见。日本是中国茶传入最早的国家，电影《吟公主》中就有许多反映丰臣秀吉时代的茶道宗师千利休提倡创导“和、敬、清、寂”茶道精神的情节。1692年，英国剧作家索逊在《妻的宽恕》剧中有关于茶会的描述。1735年，意大利作家麦达斯达觉在维也纳写过一部叫《中国女子》的剧本，其中有人们边品茶、边观剧的场面。还有英国剧作家贡格莱的《双重买卖人》、喜剧家费亭的《七副面具下的爱》，都有饮茶的场面和情节。德国布莱希特的话剧《杜拉朵》也有许多有关茶事的情节，特别值得提出的是，1701年荷兰阿姆斯特丹上演的戏剧《茶迷贵妇人》，至今还在欧洲演出。

（2）茶事歌舞 远在唐代，文学家杜牧的《题茶山》诗中，就谈到“溪尽仃蛮棹，旗张卓翠苔。柳村穿窈窕，松涧度喧豗。”“舞袖岚侵涧，歌声谷答回。磬音藏叶鸟，雪艳照潭梅。”说当年在茶山采茶的载歌、载舞的热闹场面。其实，中国各民族的采茶姑娘，历来都能歌善舞，特别是在采茶季节，茶区几乎随处可见到尽情歌唱，翩翩起舞的情景。因此，在茶乡有“手采茶叶口唱歌，一筐茶叶一筐歌”之说。

在明代正德年间，浙江曾发生过一起有名的“谣狱案”。此案起因于浙江杭州富阳一带流行的《富阳江谣》。这首民谣，以通俗朴素的语言，反映了茶农的疾苦，控诉了贡茶的罪恶。此事被当时的浙江按察佥事韩邦奇得知，便呈报皇上，并在奏折中附上了这首歌谣，以示忠心，不料皇上大怒，以“引用贼谣，图谋不轨”之罪，将韩邦奇革职为民，险些送了性命。这首歌谣是这样写的：富春江之鱼，富阳山之茶。鱼肥卖我子，茶香破我家。采茶妇，捕鱼夫，官府拷掠无完肤。昊天何不仁？此地一何辜？鱼何不生别县，茶何不生别都？富阳山，何日摧？富春水，何日枯？山摧茶亦死，江枯鱼始无！呜呼！山难摧，江难枯，我民不可苏！

清代钱塘人陈章的《采茶歌》，写的是“青裙女儿”在“山寒芽未吐”之际，被迫细摘贡茶的辛酸生活。歌词是：凤凰岭头春露香，青裙女儿指爪长。渡洞穿云采茶去，日午归来不满筐。催贡文移下官府，都管山寒芽未吐。焙成粒粒比莲心，谁知侬比莲心苦。

在朱秋枫编的《浙江民间歌谣》中，也记有多首反映茶农疾苦的歌谣，其中一些反映了20世纪30—40年代茶农的生活。其中有一首叫《龙井谣》：龙井龙井，多少有名。问问种茶人，多数是客民。儿子在嘉兴，祖宗在绍兴。茅屋蹲蹲，番薯啃啃。你看有名勿有名？

由金帆作词、陈田鹤作曲、流传于福建武夷茶区的民歌《采茶灯》，则以轻松愉快的歌声，表达了采茶姑娘对茶叶丰收的喜悦。

由周大风作词、作曲，具有浓厚江南越剧风味的《采茶扑蝶舞》和《采茶舞曲》，以龙井茶区为背景，充分反映了江南茶乡的春光山色和姑娘采茶扑蝶，与小伙子你追我赶，喜摘春茶的欢乐情景。

由周大钧作词，曾星平作曲的《龙井茶，虎跑水》，是一首名茶配名泉的赞歌。也是一首对名茶、名泉、名湖的赞歌，一首友谊的颂歌。

由叶尉林作词、诚仁作曲的《挑担茶叶上北京》，表达的是故乡人民对毛主席的热爱。这首歌词，文字优美，曲调明快，十分动听。

由阎肃作词、姚明作曲的前门《大碗茶》，勾起了海外游子归来的无限遐想，新旧对比，意味深长。

凡此等等，不胜枚举。

九、茶之艺道

茶艺与茶道来源于生活，中国是一个多民族国家，有着丰富多彩的民间茶俗与多样性的茶艺。唐、宋时期已形成中国茶道，历史上儒、释、道对中国茶艺与茶道有着深远的影响。现代丰富多彩的茶艺充分反映出中国茶文化灿烂的光辉。

1. 民间茶俗

茶俗是饮茶习俗的简称。它是民间生活长期积累、演变、发展而自然积淀起来的与饮茶相关的文化现象。中国地域辽阔，民族众多，由于历史、地理、民族、文化、信仰、经济等条件不同，各地的茶俗，无论是内容还是形式，都具有各自的特色。

（1）长江上游的茶俗 长江流域的上游地区，一般是指水系流入长江上游的重庆、四川，还有云南、贵州的部分地区以及陕西略阳地区。这里地处古代巴蜀地区及云贵高原，是中国茶树和饮茶的发源地。由于地理复杂、民族众多，保留着各种各样的饮茶习俗，其中尤以云南和贵州地区的少数民族茶俗最具特色。

独具特色的吃茶法。如滇南基诺族的凉拌茶，滇西德昂族的水茶，滇南的傣族、景颇族、哈尼族的竹筒茶，拉祜族的烤茶，云南大理地区白族的响雷茶，滇、贵、湘、桂四省交界的侗族的打油茶，滇西北纳西族的油茶，云南傈僳族的油盐茶，藏族的酥油茶，黔东南北部侗乡一带的豆茶，贵州北部道真一带的火锅油茶，陕西西南部略阳县的羌族罐罐茶。

爱情、婚姻中的茶。如汉族人家订婚时，男方要向女家纳彩礼，称为“下茶礼”，又称“三茶礼”：订婚时“下茶礼”，结婚时“定茶礼”，洞房时“合茶礼”。

（2）长江中下游的茶俗 长江中游的茶俗：如湖北西部来凤县土家族的油茶汤；湖南侗乡的油茶汤；陕西汉中地区的镇巴县，地处秦巴山区，山民们爱喝烤茶；洞庭湖南边湖南湘阴县有种姜盐豆子茶；湖南常宁地区的糖姜茶；湖南宁乡县一带的烟熏茶；湖南北部洞庭湖区入洞房前要喝交杯茶；湖南衡阳地区青年结婚时的合合茶；湖南擂茶；江西南昌地区过去流行的芝麻豆子茶；江西修水县、武宁县一代流行的菊花豆子茶等。

长江下游的茶俗：如春节期间，江南地区的民众要给客人端上元宝茶；每年立夏之日，杭州茶区的七家茶；浙江德清的熏豆茶；旧时苏州在婚事中有跳板茶；浙江杭州等地民间喜欢喝菊花茶。

（3）两广闽台茶俗 潮汕工夫茶：广东潮汕地区盛行独特的泡茶技艺——小壶小杯的工夫茶；此外，还有广东连南瑶族自治县瑶族竹筒茶；广东顺德一带，旧时新娘到夫家见公婆时的跪茶；广西壮族婚俗中的壮乡筛鞋敬茶，广西三江平岩一带侗族男女青年的闹油茶，广西盘古瑶姑娘出嫁时的新婚敬茶等。

福建台湾茶俗：福建将乐地区也有喝擂茶的习惯。福建东北福安地区，新娘在结婚第二天，要上堂屋拜见夫家女眷，其见面礼就是敬献糖茶，原料是大枣、冬瓜糖、冰糖、炒花生和茶叶冲泡而成，沏于精致的小茶盅内，盅内备有银勺，以便客人搅拌或舀吃。此外，还有福安的畲族女儿出嫁时的宝塔茶，福安地区畲族的茶树枝随葬习俗。还有，台湾青年的相亲茶、结婚茶、洞房茶等。

（4）北方地区的茶俗 在淮河以北的广大地区，虽然并不产茶，但已有千年以上的饮茶历史，自然也会形成具有地方特色的饮茶习俗。有山西酽茶、回族三炮台，此外，还有新疆哈萨克族的奶茶和维吾尔族的香茶、藏族的酥油茶、蒙古族的咸奶茶，以及西北地区裕固族的摆头茶、东乡族的定茶、撒拉族的订婚茶等。

2. 中国茶艺

中国茶艺形成于唐代中期，在《茶经》中，陆羽用了“四之器”“五之

煮”“六之饮”三章的篇幅来论述茶具种类、煮茶方式和品茶技艺。唐代茶诗中也有大量描述茶汤色、香、味、形的诗句，说明品茶艺术在唐代的确是已经形成。

(1) 中国茶艺发展 我国茶艺成熟于宋代，当时创造了点茶法，其与唐代煮茶法的最大不同点在于不再将茶粉放到锅里去煮，而是将茶粉放到茶盏里加进稍许开水调匀再冲入开水，用茶筅击拂使之产生泡沫后再品饮。也就是说，煮茶法的茶汤泡沫是煮茶时在锅里自然形成，而点茶法则是通过人工击拂在盏里产生泡沫的。当时盛行的斗茶就是以泡沫越多越白越持久越好，即所谓的“斗浮斗色”。宋代茶人对茶汤泡沫的高度重视，在《大观茶论》中得到了充分体现。

我国茶艺到明清时期得到高度发展。明清时期的乌龙茶创制成功，也促进了工夫茶艺的发展。除了小壶小杯的工夫茶艺之外，明清时期还同时流行杯泡法，不用茶壶，而是将茶叶直接放在茶杯里，用开水沏泡。

杭州一带流行的这种“撮泡法”至今也在民间使用，如南北各地的盖碗杯泡法，就是它的延续，可见其影响的深远。明清的撮泡法还有一个创造，就是“三投法”，即根据不同季节、不同气温采取不同的投茶方法。张源《茶录》中指出：“投茶有序，毋失其宜。先茶后汤，曰下投。汤半下茶，复以汤满，曰中投。先汤后茶，曰上投。春秋中投，夏上投，冬下投。”

中国茶艺的高度发达是在当代。自从20世纪70年代茶文化热潮先后在海峡两岸兴起之后，茶艺活动蓬勃发展，很快推广到全国各地，甚至波及国外。最先作出成绩者是台湾的茶艺界人士。经过四十多年的努力，特别是近二十几年来大陆茶文化事业的迅猛发展，带动了全国茶艺馆事业的勃兴，一大批文化界有识之士介入到茶文化活动中来，还有许多专家学者投身于茶文化理论研究，对茶艺的科学内涵进行理论探讨，出版了众多的学术论著，也极大地推动了中国茶艺事业的发展。

上海市开展少儿茶艺活动，将茶艺送到学校、引进家庭，经常举办社区茶艺讲座，举行少儿茶艺比赛、家庭茶艺比赛等活动，获得政府和群众的好评。茶艺从个人的品茶爱好发展成为群众性的文化活动，是新时代茶艺事业的一个重大成就。

20 世纪90年代以后，茶文化活动在大陆形成热潮，每年各地都要举办各种规模的茶会和研讨会，茶艺表演成为重头戏，原有的传统茶艺表演已不能满足要求，各地茶艺界人士就编创了许多新型的茶艺节目。这些茶艺节目主题鲜明、内涵深刻，同时形式多样，各具特色，形成中国茶艺百花齐放万紫千红的繁荣局面。茶艺也就逐渐发展为一种具有相对独立性的艺术形式，登上了表演舞台。这是中国茶艺在新时代兴旺发达的最重要成果之一。

（2）中国茶艺分类 目前在各地舞台上或生活中演示的茶艺一般可分为两种类型：生活型茶艺和表演型茶艺。

1）生活型茶艺。生活型茶艺就是平时日常生活中用以自饮或为客人服务的茶艺。在茶艺分类上它属于传统和改良茶艺。

传统茶艺：是指一直在民间流传没有经过专业人员加工整理过的冲泡技艺，主要有四川、北方地区的盖碗茶艺，以冲泡花茶为主，也有用来冲泡绿茶或乌龙茶的。其次是闽广港台地区以小壶小杯冲泡的工夫茶艺，专泡乌龙茶。再次为江浙地区的玻璃杯茶艺，专泡名优特绿茶，其历史较晚，是近代玻璃器皿盛行之后才开始使用的。

改良茶艺：是为了适应各种茶文化集会的茶艺展示和茶艺馆营业中的需要，茶艺专家们将上述的几种传统茶艺进行加工整理和改良提高，使之规范化、艺术化，更具有观赏性。其中较为成功的有台湾工夫茶艺、海派工夫茶艺、北京盖碗茶艺和玻璃杯茶艺等。

2）表演型茶艺。表演型茶艺是根据一定的主题要求进行编创的茶艺节目，这种茶艺因多在舞台上表演，并非是直接给客人泡茶品饮，故称之为"表演型茶艺"。因为它们都有一定的主题或情节，故也称为"主题茶艺"。这些茶艺从取材上区分，大体上可分为4个类型：仿古、现实、宗教、民俗。

茶艺表演时，为了增强整体艺术效果，往往配以音乐、布景、字画、插花、点香、古玩等，围绕茶艺主题，精心布置茶席；表演者穿戴符合主题的服饰，动作有序缓慢进行。

3. 茶道与茶德

茶道是人们在茶艺实践过程中所追求、所体现的精神境界和道德风尚。茶德是茶道精神的概括。专家学者们为了便于饮茶大众对茶道精神的理解，用精练的哲理语言对茶道的基本精神进行提炼、概括，提出许多道德要求，希望人们在茶事活动中遵循。茶道大于茶德，高于茶德。而庄晚芳教授曾经提出过的“廉、美、和、敬”和程启坤教授等提出的“理、敬、清、融”等茶德精神（详后）则均与保健功效无关，实际上是指茶道精神。因此，茶道和茶德是有所区别的，但又有密切关系。

茶道的形成有个历史过程。我国茶道精神的真正形成是在唐代中期。此时品茗艺术已经正式形成，茶道精神也随之产生。《茶经·一之源》中指出：“茶之为用，味至寒，为饮最宜精行俭德之人。”意思是茶作为饮料，最适合于品行端正、有勤俭美德的人饮用。也就是说，善于饮茶的人应该具有“精行俭德”的品行。这“精行俭德”四字可以视为陆羽在《茶经》中提倡的茶道精神。

唐代文人在品茗之时，已远远超越一般感官上的享受，而是提升到精神世界的高度，想达到“涤尘烦”“涤心源”“洗尘心”“爽心神”“欲上天”“通杳冥”的境界，追求超凡脱俗的心灵净化，是地道的“灵魂之饮”。达此境界，自然要生成真正意义上的茶道精神了。于是便真正产生了“茶道”概念。“茶道”概念的产生，在中国乃至世界茶文化史上都具有重大意义，它表明中国不但是茶树的起源地、品茗艺术的发源地，也是茶道的诞生地，并且早在1 200年前的唐代就已形成。

能够从理性的角度对茶道精神进行概括的是晚唐时期的刘贞亮。他将茶道精神称为茶德，即茶赐予人们的功德。据说他撰有论述茶德的文章，其中论述了茶的十大功德，故被称为“茶十德”：“以茶散闷气，以茶驱腥气，以茶养生气，以茶除疠气，以茶利礼仁，以茶表敬意，以茶尝滋味，以茶养身体，以茶可雅心（志），以茶可行道。”由此可见，到了唐代，中国的茶道精神确实已经形成并臻于成熟。

宋代的点茶法更富有艺术性，他们常会在品茗之时寄托自己的思想感情，超越感官的享受而赋予茶叶以浓郁的道德精神色彩。故宋徽宗在《大观茶论》序言中指出："至若茶之为物，擅瓯闽之秀气，钟山川之灵禀，祛襟涤滞，致清导和，则非庸人孺子可得而知矣；冲淡闲洁，韵高致静，则非遑遽之时可得而好尚矣。""祛襟涤滞，致清导和"，"冲淡闲洁，韵高致静"，是对中国茶道基本精神的高度概括，如果套用现代学者喜用的"四字"模式的话，那么宋徽宗的茶道观可以归纳为"清、和、韵、静"四个字，确实是揭示出中国茶道的本质特征。"清、和、韵、静"四字的提炼，是对中国茶道精神的一个发展。

能够全面揭示中国茶道精神实质的是明末清初的诗人杜浚。他在《茶喜》一诗的序言中指出："夫予论茶四妙：曰湛、曰幽、曰灵、曰远。用以澡吾根器，美吾智意，改吾闻见，导吾杳冥。"是对茶道精神的一种概括。

综上所述，自晋唐以来迄明清，茶道精神一直在品茗艺术历程中时隐时现，绵延不绝。

直到20世纪80年代茶文化热潮在海峡两岸兴起之后，中国茶道精神再次得到极大的弘扬。

最早对茶道精神进行概括的是台湾大文化学者林琴南教授，他于20世纪80年代提出的"茶道四义"，将茶道精神概括为"美、健、性、伦"，即"美律、健康、养性、明伦"。台湾茶艺协会原会长、茶学家吴振铎随后也提出"清、敬、怡、真"四字，称之为"茶艺基本精神"。此外，台湾茶艺专家周渝先生在1990年提出过"正、静、深、远"，后来于1995年修正为"正、静、清、圆"，用以概括茶道精神。

大陆学者最早对茶道精神进行概括的是浙江农业大学的庄晚芳教授，他也称之为"茶德"，明确提出中国的茶德应是"廉、美、和、敬"，并加以解释为：廉俭育德，美真康乐，和诚处世，敬爱为人。与此同时，中国农业科学院茶叶研究所的程启坤、姚国坤研究员提出"理、敬、清、融"四字来概括中国茶德。以后陆续有些专家学者也对中国茶道精神发表自己的意见。如林治的"和、静、怡、真"；余悦的"和、清、美、敬"；陈文华的"静、和、雅"等。

综合各家的主张，共有廉、美、和、敬、理、清、融、健、性、伦、怡、真、俭、静、洁、正、深、远、圆、雅20个字，虽然取舍不尽相同，但其主要精神还是接近的，特别是清、静、和、美、敬、雅等是符合中国茶道精神和茶艺的特性，与日本茶道的“和、敬、清、寂”及韩国茶礼的“清、敬、和、乐”的基本精神也是相通的。对于当今的专家学者来说，可以继续对中国茶道的定义进行探索，以求更加准确、科学的界定。至于能否形成共识，还有待于历史和实践的考验。但由此亦可表明，中国学者对中国茶道已具有自觉的意识，能从理论的高度来探索、阐释它的深刻内涵和本质特征，也标志着中国茶文化学正在走向成熟，进入一个崭新的历史时期。

4. 茶与宗教

在茶叶发展历史过程中，与宗教也产生密切关系，诸如道教、佛教、基督教、伊斯兰教等都与茶叶关系密切，其中尤以佛教影响最为深远。《封氏闻见记》载：“开元中，泰山灵岩寺有降魔师，大兴禅教。学禅务于不寐，又不夕食，皆许其饮茶，人自怀挟，到处煮饮。从此转相仿效，遂成风俗。”

佛家认为茶性与佛理是相通的，所以自古以来，就有“茶禅一味”之说。中国佛教协会会长赵朴初有诗云：“七碗爱至味，一壶得真趣，空持百千偈，不如吃茶去。”佛教还认为吃茶能悟性，其典出自河北赵州柏林禅寺从谂禅师。如今，在寺内立有“吃茶去”碑，以示纪念。

佛教对中国的茶艺和茶道也有很大的贡献。唐宋时期许多僧人经常参与茶事活动，推动了品茗艺术的形成和发展。如唐代皎然、齐己、灵一等和尚都留下了很多描写品茶的诗篇，宋代的福全和尚还创造了“分茶”的技艺，在历史上留下佳话。

茶与道教的因缘也很深。道教是两汉时期方士们把先秦的道家思想宗教化的产物。道教的独特服食炼养方式促进了茶的发现、利用和向民间普及的过程，其时间甚至早于佛教。如东汉末年，著名的道教理论家葛玄就曾在浙江天台山种植茶叶。其后裔葛洪《抱朴子》记载：“盖竹山（天台山）

有仙翁茶圃，旧传葛玄植茗于此。”汉代的《神异记》记载：浙江余姚人虞洪入山采茗，遇一道士丹丘子，引他到瀑布山，指点他说：山中有“大茗”，后家人经常进山采获大茗。四川的青城山、峨眉山，江西的庐山、西山，福建的武夷山，浙江的四明山、天目山，湖南的君山、衡山等，都是道教的理想修道场所，又是著名的茶叶产地。可见道教与茶的关系确实是密不可分的。

基督教对中国茶叶的影响主要体现在茶叶西传时，西方传教士所做出的贡献。早在16世纪，天主教便先后派遣了许多传教士来中国传教，据统计，1581—712年，来华的耶稣会传教士达249人，分属于澳门、南京、北京三个主教区。他们中很多人改穿儒服，学说汉语，起用汉名，甚至有些人还进入北京供职朝廷。有些传教士与当时的封建士大夫交往甚密，关系良好。因此了解中国的风土人情、饮食习惯、礼仪文化，自然也很了解中国的茶文化。通过他们的讲述、著作，他们将中国饮茶习俗向西方社会传播，引起西方社会对中国茶叶的兴趣和了解，进而饮用消费并最终进行贸易。

众多的传教士是意大利的罗马教廷派出的，他们必须经常向罗马教皇汇报传教情况，其中也有涉及茶的相关信息，当会在意大利传播开来。17世纪中期以后，法国的一些传教士也直接来到中国，他们曾将中国茶叶栽培和加工的图片和文字资料寄回法国，作为研究资料，也促进了法国饮茶之风的兴起。天主教对中国茶叶传播到欧美起了宣传和推动作用。

信仰伊斯兰教的回族主要生活在我国西北地区，其地虽然不产茶，但饮茶之风却仍然很盛。伊斯兰教的《古兰经》禁止饮酒，从而促使他们选择茶、喜爱茶。同时，“清真”教义贯穿于整个民族精神中，和谐、清洁、纯真，是回族穆斯林群众一生的人格追求，这与中国茶道的“精行俭德”精神相一致。

回族穆斯林创造了有名的“八宝盖碗茶”，将冰糖、桂圆、大枣、枸杞、芝麻、果干、葡萄干等一些地方特产与茶叶一起冲泡，营养丰富，滋味可口，且具有多种医疗保健功效。在我国饮茶艺术中，“八宝盖碗茶”是一颗璀璨的明珠。

十、茶之功效

饮茶有利于健康已成为饮茶者的共识，很多古代医书都记载了关于饮茶有利于健康的论述。近代科学研究表明，茶叶中确实存在不少有利于健康的有效成分，通过一系列临床医学研究也证明，茶的保健功能与疗效是多方面的。

1. 古籍记茶功名人论茶效

我国古老的中医药学，有“药食同源”之说，这是很有道理的，因为自古以来，许多能治病的中草药都从可食性的动植物中筛选出来。茶叶这一古老的饮料，传说是神农尝百草中偶然发现它可以解毒而被利用的。唐代陆羽《茶经》亦称“茶之为饮，发乎神农氏”。

（1）古籍记载的茶功效 自汉以来，很多历史古籍和古医书都记载了不少关于茶的药用价值和饮茶健身的论述。

唐代陆羽《茶经》记载：“茶之为用，味至寒，为饮最宜精行俭德之人，若热渴凝闷、脑疼目涩，四肢烦，百节不舒，聊四五啜，与醍醐甘露抗衡也。”

唐代斐汶《茶述》记载：“茶，起于东晋，盛于今朝，其性精清，其味浩洁，其用涤烦，其功致和，参百品而不混，越众饮而独高，烹之鼎水，和以虎形，人人服之，永永不厌，得之则安，不得则病。”

《新修本草·木部》记载：茗，苦荼，味甘苦，微寒无毒，主瘘疮，利小便，去痰热渴，令人少睡，春采之。苦荼，主下气，消宿食。又称：下气消食，作饮，加茱萸、葱、姜良。

唐代陈藏器《本草拾遗》记载：茗，苦寒，破热气，除瘴气，利大小肠，食宜热，冷即聚痰，茶是茗嫩叶，捣成饼，并得火良，久食令人瘦，去人脂，使不睡。

宋代苏东坡诗句吟道：“何须魏帝一丸药，且尽卢仝七碗茶。”

南宋虞载《古今合璧事项外集》记载：“理头痛、饮消食、令不眠。”

南宋林洪《山家清供》说："茶即药也，煎服则去滞而化食，以汤点之，则反滞膈而损脾胃。"

宋代陈承《本草别说》记载："治伤暑，合醋治泄泻甚效。"

元代王好古《汤液本草》记载："清头目，兼治中风昏愦，多睡不醒。"

元代忽思慧《饮膳正要》将茶的功效归纳如下："凡诸茶，味甘苦，微寒无毒，去痰热，止渴，利小便，消食下气，清神少睡。"

明代朱权《茶谱》说："茶之为物，可以助诗兴而云山顿色，可以伏睡魔而天地忘形，可以倍清谈，而万象惊寒，茶之功大矣……食之能利大肠，去积热，化痰下气，醒睡解酒消食，除烦去腻，助兴爽神，得春阳之首，占万木之魁。"

明代李时珍《本草纲目》："茶苦而寒，最能降火，火为百病，火降则上清矣。温饮则火因寒气而下降，热饮则茶借火气而升散，又兼解酒食之毒，使入神居闿爽，不昏不睡，此茶之功也。"

清代黄宫锈《本草求真》中说："茶味甘气寒，故能入肺清痰利水，入心清热解毒，是以垢腻能涤，炙煿能解，凡一切食积不化，头目不清，痰涎不清，二便不利，消渴不止，及一切吐血、衄血、血痢、火伤目疾等症，服之皆有效。但热服为宜，冷服聚痰，多服少睡，久服瘦人，至于空心饮茶，即入肾削火，复于脾胃生寒，万不宜服。"

清代王士雄《随息居饮食谱》记载："茶微苦微甘而凉，清化心神，醒睡除烦，凉肝胆，涤热消爽，肃肺胃，明目解渴。"

清代沈李龙《食物本草会纂》记录：茗……茶味清香，能止渴，生精液，去积滞秽恶，醉饱后，饮数杯最宜。……叶味苦甘，微寒无毒……久食令人瘦，去入脂，使人不睡。……茶子苦寒有毒，治喘急顿咳，去痰垢。

（2）名人谈饮茶的益处 中国民主革命先驱孙中山先生爱茶至深，他重视茶叶生产，主张发展茶叶实业，并将其纳入建国方略的内容。在《建国方略之二，实业计划》中还指出："茶为文明国所既知已用之一种饮料……就茶言之，是最合卫生，最优美之人类饮料。"孙中山先生在题为《三民主义·民生主义》的讲演中指出："中国出口货物，除了丝之外，第二宗便是茶。……外国人没有茶以前，他们都是喝酒，后来得了中国的茶，

便喝茶来代酒，以后喝茶成为习惯，茶便成为一种需要品。”历史发展到了今天，科学的事实证明，茶叶确实是一种有益于人体健康的饮料。

1959年，爱茶的朱德在庐山植物园品饮“庐山云雾茶”之后，顿觉心旷神怡，精神大振，因而诗兴勃发，当即写下五绝一首：“庐山云雾茶，味浓性泼辣，若得常年饮，延年益寿法。”

1991年底，营养学家于若木在陕西省紫阳富硒茶品评论证会上作了专题发言，其中谈到饮茶与智商关系有这样一段话，她说：“中国人有较高的智商是中华民族的祖先由茶文化培育了较为发达的智力，并且把这优良的素质遗传给了后代。”

著名的茶叶生物化学家王泽农教授，列举了茶的23种功效：即止渴生津、清热解暑、消减疲怠、醒酒消醉、戒除烟瘾、消食解腻、减肥健美、利尿通便、和胃止泻、洁口防龋、明目亮眼、洁净水质、排除毒物、杀菌消炎、抑制病毒、抵御辐射、防治心脏病、降低血压、防治动脉粥样硬化，提升白细胞、抑制血栓形成、治疗肝炎、防癌抗癌。

日本高僧荣西1168年和1187年两次来中国学习佛教文化，同时学习掌握了种茶、制茶和品茶的技艺，并亲身体验了饮茶健身的功效。回国后，写成了《吃茶养生记》一书，着重论述了茶的功效和饮茶健身法。书的开头就称：“茶乃养生之仙药，延龄之妙术。山谷生之，其地则灵。人若饮之，其寿则长。”

2. 茶叶内含成分与人体健康

几千年的饮茶历史，茶叶已成为世界人民普遍喜爱的一种饮料，它不仅是人们在社会交际活动中的一种亲和剂，而且确实从饮茶过程中，体会到茶对人体健康非常有益。近代科学研究的不断探索结果也证明，茶叶中含有丰富的营养成分和多种对人体健康有益的药效成分。这些营养成分是人体正常的生长发育所必需的，可以帮助人体预防和治疗某些疾病。把茶叶中所含的营养成分和药效成分合在一起，并称为茶叶功能成分。

（1）茶多酚 茶鲜叶中含有20% ~ 30%的茶多酚，制成不同的茶类。茶多酚的保留量不一致，绿茶最多，其次是白茶、黄茶，再次是乌龙茶，红茶较少，其中黑茶最少。茶多酚减少后主要形成了茶黄素、茶红素和茶褐素等氧化聚合物。这些氧化聚合物的含量以黑茶、红茶最多，其次是乌龙茶，再次是黄茶与白茶。绿茶中只有极微的茶多酚的氧化聚合物。茶多酚的主要保健功能有杀菌抗病毒作用、抗氧化作用、除臭作用、抑制动脉硬化作用、降血压作用、降血糖作用、抗过敏作用、对重金属的解毒作用、抗辐射作用、抗癌抗突变作用、抵御艾滋病毒的作用。

（2）氨基酸　茶叶中的游离氨基酸已发现的有20多种，大部分都是人体需要的氨基酸。茶叶中氨基酸的含量一般为1% ～ 5%，春茶高于夏秋茶，细嫩茶叶高于粗老茶，芽和嫩茎中的含量高于成熟叶片，更高于老叶片。

茶树品种不同，氨基酸含量有显著差异。特别值得一提的是，有一种“白叶茶”，即春天低温时新生长出的芽叶是白色的，到了温度升高以后，也就是春末夏初时又会转成绿色。这种“白叶茶”的春天白色芽叶，其氨基酸的含量，一般要比普通的茶树品种芽叶高1 ～ 3倍。比如浙江省安吉县的“安吉白茶”，其游离氨基酸的含量可高达6% ～ 10%。

茶叶中的游离氨基酸有20多种，其中茶氨酸的含量要占氨基酸总量的一半左右，近些年来，科学家们对茶氨酸的药效功能进行一些研究之后，发现茶氨酸的药效作用也是多方面的，而且显得十分重要。茶氨酸的功能主要是：提高脑神经传达能力、保护神经细胞、镇静作用与提高记忆力、减肥护肝抗氧化作用、增强抗癌药物的疗效、增强免疫功能、祛烟瘾和清除重金属作用。

此外，茶叶中还有一种叫γ-氨酸丁酸的氨基酸，具有降血压、镇静、安神的作用，对预防老年痴呆症和帕金森症有帮助。

（3）咖啡因　咖啡因对人体有益还是有害，曾经在美国引起争议，后来经过严格的科学试验以后，证明咖啡因对人体无害。

茶叶中大约含有2% ～ 5%的咖啡因，夏茶高于春茶，红茶高于绿茶，嫩叶高于老叶。咖啡因的功效归纳为：兴奋作用、强心作用、利尿作用、促进消化液分泌的作用、减肥作用。

（4）茶多糖　中国民间有采用粗老茶治疗糖尿病的传统，现代研究得知，粗老茶中具有降血糖作用的有效成分是茶叶多糖。

茶叶中多糖化合物的含量约为5%左右，粗老茶比细嫩茶含量高。茶多糖主要由葡萄糖、阿拉伯糖、核糖、半乳糖等所组成。茶多糖的功效主要是：降血糖作用、降血脂作用、抗辐射作用。

（5）色素 茶叶中的色素有水溶性色素和脂溶性色素两类，对人体具有药效作用的水溶性色素，近些年来研究最多的是“茶色素”，这里的“茶色素”指的是以红茶为原料提取分离出的茶多酚氧化高聚合物及其裂解产物。大量的临床试验表明，“茶色素”对心血管疾病的预防和治疗有一定作用，表现为能降低血脂和胆固醇，防治动脉粥样硬化。

茶叶中有脂溶性色素主要是叶绿素和胡萝卜素。叶绿素能刺激组织中纤维细胞的生长，促进组织再生，能加速伤口愈合。叶绿素还能治疗溃疡，对消化道的炎症有良好的辅助疗效。叶绿素还有抗菌作用，能抑制金黄色葡萄球菌、化脓链球菌的生长。最近还发现，叶绿素能促进体内二恶英的排泄。二恶英是一种致癌物质，在燃烧聚氯乙烯塑料制品时会放出二恶英，对人有刺激感，严重时会致癌致畸。

茶叶中的胡萝卜素的含量为16 ~ 30毫克/100克，胡萝卜素具有抗氧化能力，它是维生素A原，在体内可分解为维生素A，维生素A对维持人体的正常视力有帮助。

（6）维生素 茶叶是富含多种维生素的饮料，含量最多的是维生素C，其含量以高档绿茶为多，低档绿茶和红茶都较少。特级龙井茶中维生素C含量可高达300 ~ 500毫克/100克。维生素C具有抗氧化能力，能增强人体的免疫功能，预防感冒，促进铁的吸收，有防癌、抗衰老、防治坏血病的作用。

除了维生素C以外，茶叶中还含有维生素A、B族维生素、维生素E、维生素K、维生素F、维生素P、叶酸和泛酸。

（7）皂甙 茶叶和茶籽中都含有皂甙化合物，具有提高免疫功能、抗菌抗氧化、消炎、抗病毒、抗过敏等功效。

（8）芳香物质 茶叶中的芳香物质种类很多，每种香气物质的含量都是极微量的。不少香气物质都具有镇静、镇痛、安眠、放松（降压）、抗菌、消炎、除臭等多种功能。

（9）矿质元素 茶叶中的矿质元素，含量较多的是磷、钾，其次是钙、镁、铁、锰、铝、硫，微量元素有锌、铜、氟、钼、硒、硼、铅、铬、镍、镉等。

钾是调节体液平衡，在夏季人体大量出汗后必须补充钾元素，通过饮茶补充钾是很有效的。

锌是生长必须元素，缺锌会引起生长发育不良，有些茶叶锌含量甚高，通过饮茶也能补充一部分锌。

氟是人体必需的元素，缺氟会引起骨质疏松和蛀牙。为了预防龋齿，常使用含氟牙膏是有效的。但是过分粗老的茶叶中含氟量达300毫克/千克以上，常饮这种高氟的茶叶，会引导氟过量而中毒，出现氟斑牙和骨骼变异。

硒是人体必需的元素，我国大部分地区是低硒地区，只有陕西的紫阳县和湖北的恩施地区为富硒地区，这两个地方生产的"富硒茶"，对人体具有多方面的保健作用，能增强免疫功能、抗氧化、清除过量自由基、抗癌、抗突变。

钙和铁也是人体必需的元素，饮茶能补充一定量的钙和铁，对保健是有利的。

（10）纤维素 茶叶中纤维素的含量为10%～15%。人体每天需要摄取25～35克纤维素。纤维素具有帮助消化、通便、解毒、减肥、美容等功效。但茶汤中不能获得纤维素，只有吃茶渣或喝末茶、吃茶粉才能获得有效的纤维素。所以用各种粒度很细的茶粉添加于食品中，然后食用是获得纤维素的好方法。

茶叶的保健功能是多方面的，已被现代科学研究所证实的，有下列20个方面：生津止渴、消热解暑，利尿解毒，益思提神与镇静，坚齿防龋，增强免疫，延缓衰老，杀菌抗病毒，降脂减肥，降血压、预防心血管疾病，消臭、助消化，降血糖、预防糖尿病，明目、治疗眼科疾病，清肝、保护肝脏，防治坏血病人，抗辐射，抗过敏，抗溃疡，益智、有利于身心健康，治疗腹泻与便秘，抗癌抗突变。

相信随着科学的发展，茶叶保健功效和药理功能的研究还会进一步深入。

3. 茶的社会功能

开门七件事——“柴米油盐酱醋茶”，茶是人民生活的必需品。在中国社会发展过程中形成的茶文化，是中华传统文化的重要组成部分。在国际社会交往过程中，茶是友谊的桥梁，和平的使者，是促进社会和谐与进步的载体。

（1）“茶为国饮”意义重大　中国茶界的有志之士早就倡导“茶为国饮”。在中国，倡导“茶为国饮”有着十分重大的现实意义：有利于增进国民的身体健康；有利于反腐倡廉，促进社会的精神文明建设；有利于密切人际关系，促进国际交流；有利于社会的文化建设与发展；有利于茶产业的发展和山区农民的致富。

茶是清廉的象征，不断反腐倡廉是社会进步的必要条件，提倡“茶为国饮”，有利于社会精神文明建设。古人说，茶性俭，“清茶一杯”是廉俭的象征。历代茶人提倡以茶倡廉，社会生活中“以茶代酒”已开始普及。新年团拜会、茶话会都普遍采用清茶一杯进行招待。因此，提倡“茶为国饮”，必将促进社会风气的进一步好转，精神文明建设的进一步发展。

（2）茶与国计民生关系密切　几千年的种茶史，几千年的饮茶史，造就了茶在中国国计民生中的特殊地位。在过去，淡茶粗饭就是一种民生底线，茶在中国已真正成为人们生养作息不可或缺的一种东西。如今，茶作为种植面积首屈一指的重要经济作物，其健康发展，成了中国许多地方，特别是中国南方山区提高农民收入，解决三农问题的重要途径。

茶馆业的迅猛发展、茶旅游的不断开发、茶综合利用的日益深化和相关文化产业的崭露头角，方兴未艾，势头强劲。这种全新的茶叶业态，昭示了中国茶在新世纪的开发，前景广阔，生机无限。

我们可以看到，茶在开门七件事中的“排位”不断提高，展示了茶在新世纪的民生中，扮演着越来越重要的角色。近几年，中国茶更是带着她与生俱来的“绿色、健康”走向世界，为越来越多不同肤色、不同国籍的人们所钟爱。饮茶，在某种程度上代表着一种新世纪的健康生活方式。

（3）茶是社会和谐与民族团结的载体 千百年来，中国茶的发展与“和谐”二字密不可分。

中国自唐代以来，以茶待客已成风气。文人相聚茶当先，礼敬长辈先敬茶，社会发展到今天，物质极大丰富，但无论多么高贵的客人登门，仍然是香茶敬客，这显示了茶的精神内涵是多么的丰富与高尚。这是中华民族的传统美德。

茶是民族团结的载体，公元641年唐太宗李世民，为了改善内地与西藏的关系，将宗女文成公主下嫁吐蕃松赞干布，带去了大量的茶叶和其他物品，通过这次和亲，增强了民族团结。从此以后四川和云南的茶叶通过茶马古道，源源不断地运进西藏，满足了藏民每日生活的必需。至今云南、四川、湖南、湖北、陕西等地许多国家定点的边茶厂，生产的边销茶，就是专门供给边疆少数民族地区的民族兄弟姐妹饮用的。多少年来，边销茶的生产一直是国家计划定点生产，这是我国民族大家庭和睦相处的典型事例。千百年来民族团结的事实证明，茶确实是民族团结的载体。

（4）茶是国际交往的桥梁和纽带 茶是友谊的桥梁，和平的使者。早在汉时，随着来华学习佛教人数的增多，茶及茶艺最早传到朝鲜和日本。明清时期，是我国茶叶传播至世界各地的重要年代，大批茶叶、瓷器、丝绸及其他土特产，源源不断地运往欧洲及世界其他地方。使当时外国人眼中认为是一种能治百病的神奇植物叶子，广泛地被他们接受。在中国与世界的文明交流中，茶一直扮演了亲善大使的角色。

茶在许多国家中成了东方文明的一种象征。茶所代表的和平共处、崇尚自然的东方文明，启发着人们对人类新发展观的思考。这也是近几年源于中国、兴于亚洲的茶，在全世界的传播愈演愈烈的重要原因。

十一、茶之经贸

专门管理茶业的茶政与茶法始于唐代，用以规范茶业的经济与贸易。古往今来茶馆文化是中国茶文化的一个重要方面。而今，中国茶叶的消费与贸易正在逐步发展。

1. 茶政与茶法

唐代中期以前，种茶、买卖茶叶，不征收赋税。唐中期以后，茶叶成为全社会广泛使用的饮品，茶叶生产、贸易发展成为大宗生产和大宗贸易。于是在建中三年（782年）九月初征茶税，开始了中国历代朝政对茶叶的行政管理与课税政策。此后，征收茶税的政策为历朝政府所沿用，并且在政治、经济、军事形势变化的情况下，多次修改制定茶法，茶政茶法成为社会政治经济生活的重要内容之一。历朝的茶政茶法主要包括贡茶、茶税、榷茶等内容。贡茶是无偿贡献或定额实物税；茶税又称茶课，是以实物或货币纳税；榷茶是官营专卖以获取垄断利润。

唐文宗大和九年（835年），王涯为诸道盐铁转运榷茶使，始改税茶为榷茶专卖。令百姓移茶树就官场中栽植，采茶于官场中制造，旧有私人贮积，皆使焚弃，全部官种官制官卖，欲使政府尽取茶叶之利。此法遭到朝野反对。不久王涯因李训之乱被诛，榷茶之制旋即罢废。开成元年（836年），李石为相，又恢复贞元旧制，对茶叶征收什一税。

唐代，贡茶成为制度。中国最早的贡茶记载是晋常璩《华阳国志》所记西周初年巴国将所产“丹、漆、茶、蜜……皆纳贡之”，这是封国对宗主国的贡奉，是封土建国经济的常态表现。魏晋南北朝时，有零星贡茶记录。南朝刘宋时期山谦之《吴兴记》记：“乌程县西北二十里有温山，出御荈”，表明此时已经出现了专贡帝王御食的茶叶。这些偶见的土贡方物的贡茶行为，都是秦汉一统之后，中央集权政府以赋税经济为主要经济形态的补充形态。

至唐代宗大历年间，常州、湖州相继开始贡茶。地方政府在二地置贡茶院制茶上贡，成为二州刺史的主要职任之一。湖州长兴顾渚贡茶院最盛时役工3万人，制茶一万八千多斤。

五代十国时期，茶法不复统一。南方产茶地区的南唐和后蜀等实行榷茶专卖。北方五代诸国，所需茶叶从江淮输入，则设置场院，征收商税。

宋代，宋太祖在立国之初就对茶法之事极度重视，两宋政府不仅设置了系列的茶政机构，同时因地因势之不同，还对茶叶的流通制度、运销管理及生产等方面制定了多项茶法，以推行和保证政府茶政茶法政策的实施。

宋代茶法，主要可分为禁榷、通商及榷禁与通商相结合三种基本方法：禁榷法属政府直接经营，即专卖，又包括交引（入中、入边）、三说（三分与四分）、贴射、见钱等具体的形式；通商法属政府间接经营，准许民间自相贩易，官府仅征收茶租与商税；禁榷与通商相结合的具体方式是茶引——合同场法。

东南产茶地区榷茶最初实行的是交引法。太祖乾德二年（964年）始榷茶，先后在茶叶集散地设置六榷货务，并在淮南产茶最多的蕲、黄、庐、光、舒、寿六州建十三山场，令商人在京师榷货务缴纳茶款，或西北沿边入纳粮草、从优折价，发给文券，称为交引，凭引到十三山场和沿江榷货务提取茶叶贩卖。交引实际成为一种有价凭证。但是法久生弊，边防粮食的价格被高抬到内地粮价的几倍乃至几十倍，亏损国课，而边境居民领取交引后，又不能到东南领茶，只得把交引贱价卖给京师交引铺，倍受盘剥，故不愿入纳粮草领取交引，致交引法难以施行。仁宗嘉祐四年（1059年），政府下令取消专卖，实行通商。通商实施以后，茶如同普通货物一样纳税。

徽宗崇宁四年（1105年），蔡京开始推行茶引制度，规定商人买卖茶叶必须向政府购买茶引，再到产茶州军的合同场购买茶叶。茶引制下政府不再收购、销售茶叶，不对茶农发放贷款，对于价格也不再过问，给予茶商和茶农一定程度的自由交易权，有利于茶叶的生产、流通。宋代茶引法茶叶专卖制度相当完备，大大增加了国家财政收入，茶马法解决了战马来源，对维护两宋王朝政治、经济、军事利益都起了重要作用，故为以后历代封建王朝所继承和发展。

宋代贡茶，延续了唐以来官茶园的制度，设于福建建安北苑，督造、纲运贡茶是福建路地方官员的重要职责。自太宗太平兴国二年开始，北苑官焙贡茶的形制、品名、贡数皆有定制并不断增加。

元朝统一实行茶引法，并因全国大一统不再需要以茶与西北边少数民族易马而无茶马贸易。元世祖至元十三年（1276年）灭南宋后，始在江南实行茶引法。严密的茶法，和逐年提高的税率，使得元代的茶课增长迅猛。世祖至元十三年（1276年），全国征收茶税1 200余锭。至元仁宗延祐七年

（1320年），茶课高达289 200多锭。40多年间，茶课增加240多倍，可见元代茶政茶法之苛密。

明代的茶法分为三类：商茶、官茶和贡茶。商茶行引茶法，行于江南；官茶贮茶边地以易马，行于陕西汉中和四川地区。明代引茶法沿用宋元之茶引法，而更加严密。官茶贮边易马是明朝茶法的重点："国家重马政，故严茶法"，先后在今陕西、甘肃、四川等地设置多处茶马司以主其政，垄断汉藏茶马贸易，以保证买马需要。

明代贡茶较之宋元时期有了很大的改变。一是贡茶形制从末茶饼茶改为散茶芽茶，二是贡茶地域扩大，"天下产茶去处岁贡皆有定额"，三是不再由官府直接经营官焙茶园采制贡茶，而是由茶户自行采制贡茶，由地方官府按期解送京师，解送费用则由茶户摊派。

清代茶法沿用明制，分官茶和商茶，而且前期和后期有很大改变。官茶行于陕、甘，储边易马。清初入关之后，出于军事政治的需要，立即整顿恢复明末以来萧条废弛的西边茶法马政。至康熙七年，裁撤茶马御史和五茶马司，雍正九年一度恢复五茶马司，但至十三年即停止易马。至乾隆元年，诏令西北官茶改征银，商人纳银即可于西北营销茶叶，由兰州道管理其事务。乾隆二十七年，将五茶马司裁撤只剩三司，负责"颁引征课"，成为茶叶民族贸易的管理机构。至此，北宋以来的茶马贸易制度彻底终结，完成了它的历史使命。与此同时，雅安、打箭炉（今四川康定）等地成为汉族和少数民族贸易互市的场所，民间茶马互市日益兴盛，促进了民族经济的交流与发展。

鸦片战争以后五口通商，由于鸦片、洋布等洋货大量涌入中国市场，为弥补外贸入超，中国茶叶外销大增，营销方式改变，形成汉口、上海、福州三大茶叶市场。到清末，茶商渐渐成为外国资本的附庸。

同治年间，甘肃改引法为票法，一票若干引。至清晚期，茶票渐代茶引，各省商贩凡纳税者都可领票运销。茶商先纳正课始准给票，并予行销地方完纳厘税。出口茶叶则另于边境局加完厘税。民国时期继续实行票法，其后又废除引票制，改征营业税。1931年，厘金"恶税"也在社会各界的努力下最终裁撤。

清代贡茶制继续实行，各地岁贡俱有定额，初由吏部掌管，后改礼部。顺治七年规定，贡茶于每年谷雨后十日起解赴京，限25 ~ 90天到达，后期者参处治罪。贡茶产地和贡茶新品进一步增多，吴县洞庭碧螺春、杭州西湖龙井等茶，都因为被当朝康熙、乾隆帝品题，而成为贡茶新贵。清代新品贡茶的相关传说，成为茶文化的一个特别组成部分，成为现当代以来很多名茶品牌的重要历史文化依据。

2. 茶会与茶馆

我国的茶会与茶馆，早在唐代已见文献记载。以后各代屡见不鲜，千百年来，长盛不衰。

（1）茶馆源起 据史书考证，茶普及至全国各地人民生活之中为中唐时。唐代封演撰《封氏闻见记》曰："自邹、齐、沧、棣、渐自京邑城市，多开店铺，煎茶卖之。不问道俗，投钱取饮。"卖茶设馆由此开始。此时之茗舍茶馆，尚属初期，茶肆茶亭多设在大路驿道交汇之处，多为行路者解渴之需而设简易茶饮设施，有的仅是路边一口大缸和若干粗瓷茶碗而已。但至晚唐，茶楼、茶肆伴随着社会经济的发展，城镇和商业市场的兴起而盛行。据引《旧唐书・王涯传》载，曾任江南榷茶使等多项茶官要职的贞元进士王涯，"甘露之变"发生后，为宦官仇士良所派军队追杀而仓惶出走，"至永昌里茶肆，为禁兵所擒。"说明当时长安一带以茶馆营生的茶楼、茶肆已普及了。

南宋著名爱国诗人陆游（1125—1210年）在四川任宣抚使王炎幕僚时，有机会接触众多茶事，品饮过许多名茶。他在《茅亭》诗中生动描写了临湖茅亭饮茶流连忘返的情景，也从一个侧面反映了唐宋以来，各种茗舍、茶馆已盛行在巴蜀京师及南方各地。

（2）宋代茶馆之普及 宋代茶馆的普及，应归功于蒸青散茶制法的逐步推广、茶叶花色品种增加及斗茶活动的兴起。宋徽宗时，京城汴梁与临安的茶馆已成为一种相当发达的行业。吴自牧《梦粱录》说："汴京熟食店，张挂名画，勾引观者，留连食客。今杭城茶肆亦如之，插四时花，挂名人画，装点店面，四时卖奇茶异汤。"当时的茶坊可分为三类，以不同的

服务招揽不同层次的茶客。第一类名为“车儿茶肆”“蒋检阅茶肆”的，是士大夫读书做官者经常聚会之处；第二类名为“市头”者，是为人们谈生意提供场所的；第三类“花茶坊”，又称为“水茶坊”的，实为妓院。也有的茶坊又是乐师教人学乐器、学唱曲的地方，称为“挂牌子”。茶坊专业化分工已显雏形。

（3）明清茶馆平民化、多功能化 明、清时期，许多大中城市中的茶馆茶楼已成为重要的社交场所，一座茶馆，可以招来三教九流，俨然是社会的缩影。它既是各种消息见闻的发布中心，又是人们交谈的聚会场所。有渐也成为藏污纳垢的地方，流氓暗娼，坑蒙拐骗，勒索敲诈应有尽有。它也是许多民间艺人、小商小贩借以谋生糊口的场地，说书的、唱曲的、演杂耍的、相面测字的、卖烟卖小食品的，以至于掏耳朵、修脚的等，都汇聚到茶馆里来，使明代茶馆具备了多种社会功能。

清代，封建王朝走向衰败，最终沦为半封建半殖民地，“茶馆”则成这时社会之缩影。各种大小茶馆遍布城乡各个角落，成为上至王公贵族、八旗弟子，下到艺人、挑夫、小贩汇集之地。不仅数量上有很大发展，其文化色彩、社会功能也有相应发展。出现了为不同层次人士服务的特色茶馆，如专供商人洽谈生意的清茶馆，饮茶品食的“贰浑铺”，表演曲艺说唱的“书茶馆”，供文人笔会、游人赏景的“野茶馆”，供茶客下棋的“棋茶馆”。传统的老式茶馆共同特点是：

1）功能扩大。原来只卖茶、饮茶而渐渐成为公众聚会的社交场所，多方面满足不同层次人们的需求。至清代，茶馆已集政治、经济、文化于一体，社会上各种新闻，包括朝廷要事、宫内传闻、名人轶事、小道新闻等都在此传播，犹如一个信息交流站。不仅如此，邻里纠纷，商场冲突等也往往拿到茶馆调解，人称吃“讲茶”，有人戏称茶馆如同“民间法院”。

2）环境改善。进入20世纪，茶馆茗肆逐渐开始讲究装饰和环境的布置。中高档茶馆都配以精美雅致的家具、茶具，挂以名人字画，茶叶和茶水日趋讲究，名水、名茶随客挑选。即使普通茶馆也以营造一个整洁、舒适的环境来吸引茶客。

3）娱乐兴起。宋代时茶馆已有歌舞艺伎的吹拉弹唱，地方戏曲也常在此表演。清代开始，曲艺说唱艺术成了茶馆一项主要内容。茶馆成了评弹、评书、京剧大鼓、梅花大鼓、四川清音、灯影、木偶戏等多种曲艺剧目演出的主要场地。

（4）现代茶馆是人际交流第二客厅　由于社会进步，经济繁荣，文化多元和信息交流更加频繁，使传统意义上茶馆的功能开始发生变化，现代茶馆一些新功能进一步衍生。

1）环境幽静、空气清新、设施完善。现实生活中，人们往往需要一定的空间作为居住空间的延伸，尤其亲朋聚会、商务会谈、情侣约会等，都需要一个相对安全而条件良好的公共空间，现代城市中的新型茶馆因环境舒适，设施齐备，服务上乘可满足人们这一对公共空间的需求。

2）功能齐备、寓教于乐。曲艺、说书、折子戏等艺术形式以及小型室内乐器的表演，成为茶馆中受人欢迎的表演艺术。棋牌活动在茶馆的开展由来已久。开展怡情怡性的棋牌活动，是茶馆业需要面对的一个问题。国内许多地方已将象棋、围棋、扑克列入体育竞技内容。

3）传承优良风俗，体现地方特色。任何一个城市，外地游客所涉足的茶馆，已成为他们了解这个城市文化特色的窗口，比如北京的老舍茶馆，上海的“湖心亭”，成都的“老顺兴”茶馆都是比较典型的代表。成都老顺兴茶馆地处闹市中心，茶馆经营者们利用这里展示“老成都”的城市建筑和食俗文化，定时演出川剧“吐火”“变脸”“围鼓”等特色剧目，使“老顺兴”在几年之内便成为享誉海内外的著名景点，成为展示地方民俗文化和城市特色的重要窗口。

随着时代的前进，人们生活方式也在不断发生变化，将会强化茶馆公共空间的功能，茶馆给人提供多元文化的享受广阔空间，起到文化驿站的功能，成为消费者生活的港湾，心情的驿站，约会的据点，城市特色文化与风格的展示窗口。

3. 茶叶消费与贸易

中国是茶叶生产大国，也是世界茶叶最大消费国和第三大贸易国，茶叶国内消费占生产量2/3以上，出口不到1/3。

（1）国内茶叶消费态势 中国是一个拥有13亿以上人口的发展中大国，并且是多元民族文化的国家。56个民族皆有不同风格的饮茶习俗。这种饮茶习俗为民族的和谐共处、共生共荣作出了重要的历史贡献，并形成了灿烂多姿的民族茶文化，对世界的文明与进步也产生了重要影响。2006年，国内消费茶叶66万吨，平均每人达到0.5千克，基本达到国际水平。2008年达到0.62千克水平。但饮茶较多还是集中在东南部产茶区和国内大中城市（北京、上海、广州）超过人均消费1.0千克。可是与英国的2.46千克、日本1.5千克、爱尔兰3.17千克、香港地区1.37千克等发达地区的人均消费量相比，仍有较大差距，说明国内市场潜力巨大。

其次，中国茶叶消费具有多元化特点。在“茶文化热”及人口发生大量流动和名优茶兴起等多重因素下，传统的茶类消费格局正发生显著变化，并呈多元化的消费趋势。原来北方花茶消费一直占据着茶叶市场的90%，但近两年，其比重已下降到不足60%，绿茶、乌龙茶、普洱茶等迅速成为北方茶市的消费新宠。

第三，城乡消费差距仍然较大。中国目前有2.6亿人口具有经常性饮茶消费习惯，主要集中在广州、上海、北京等大中城市和茶区农村。广东省是中国茶叶消费大省，茶叶年消费量达7万吨以上，人均消费量1千克以上，然而在中国内地一些中小城镇，尤其是北方广大农村，受到经济条件限制，茶叶购买力水平较低，许多地方甚至还是茶叶消费空白点。河南省人口是山东的两倍，但茶叶消费不足山东的1/2。

（2）名、优绿茶消费增长 21世纪开始，大量茶与人类健康关系研究成果见诸媒体，饮茶有利健康的认识已在全国人民中获得认可。但是因为早期茶叶保健作用研究大多数是绿茶作材料进行的，从世界范围来看，绿茶保健作用的宣传最为到位。有些已成为外国超市中茶饮之热门。国内许多绿茶因其特色鲜明，价格适中也受到广大消费者欢迎。

（3）国内消费市场稳步上升 目前中国社会经济发展已处于平稳上升期，随着人民可支配收入的增加，一切关乎民生的合理支出都在不同收入水平消费者开支计划中。除了吃、住、行和教育以外，无论城乡，饮茶已成为大家考虑的必然因素，特别是人们可支配收入的快速增长更为国内茶叶市场拓展提供一个难得良机。因此，国内市场已进入快速上升期，原因是：

1）饮茶有益健康的认识推动消费。茶叶消费心理因素包括茶叶消费者性格和购买行为，随着现代医学多项研究成果证明茶叶中多种生理活性物质如茶多酚、茶氨酸、茶多糖等对预防心脑血管疾病，预防肥胖症、糖尿病有显著效果。饮茶有利健康的心理因素对更重视自身健康的购买行为发生作用，具体体现在中老年人群饮茶者、政府雇员、商人、妇女等，但青少年饮茶者较少。其中，中产阶级妇女更是庞大的潜在消费群体。

2）社会交往促进消费。把茶叶作为礼品赠送给亲朋好友不仅是中国民俗，也是时尚之举。随着送礼送健康的观念深入人心，对礼品茶消费起到了推动作用，增加了茶叶的潜在需求。无论商业往来，或社会交往中，以茶为礼都属高雅行为。

3）气候等地理环境因素拉动消费。气候地理、人口密度、城市或乡村地理位置、交通环境等，也都对茶叶消费产生一定影响。中国地域辽阔，各地经济发展水平差距较大，所以茶叶消费的地理特征差异明显，构成多元化的巨大市场潜力。

4）收入水平提高有利于茶叶消费。职业、教育程度、家庭、宗教、民族、生活方式等多种社会、经济因素中，经济因素与茶叶消费能力的关系最为密切。据调查，中等收入水平以上的消费群体对茶叶的消费需求比较旺盛。

（4）茶叶出口贸易逐渐扩大　中国茶叶对外贸易已有1 500多年的历史，最早输出大约在南北朝时期，473—476年由土耳其商人来中国西北边境以物易茶，这可能是中国茶叶对外贸易的最早记录。中国茶销欧洲始于荷兰经澳门贩茶，威廉·乌克斯《茶叶全书》中记述："明神宗三十五年（1607年），荷兰海船自爪哇来中国澳门贩茶转运欧洲，这是中国茶叶直接销往欧洲的最早记录。"1745年瑞典"哥德堡号"货船装载的700吨货物中，就有中国茶近400吨，还有大量茶具瓷器，于近哥德堡港口处沉没。多年之后打捞出大量茶叶和瓷器茶具，可作资证。

一直延续到17世纪中叶，中国茶叶在国际市场上，大约有200年时间

一直处于霸主地位，一统天下。鸦片战争前1817—1833年的17年里，中国茶叶货值占中国出口总值的比例，除个别年份外，一般都在50%以上，最高达71.7%。直到1886年，中国茶叶出口达到13.41万吨，是近代茶叶出口的最高纪录。此后，由于列强侵略和国内政治腐败以及科技落后等原因，中国茶叶出口走向衰落。1951年中国茶叶出口只有2.02万吨，以后逐渐增长，2012年达到31.3万吨，处世界第二位。

目前，中国茶叶已出口到110多个国家和地区，这就意味着160多个有饮茶习惯的国家和地区中，2/3的国家和地区的人消费中国茶叶。主要出口国是摩洛哥、乌兹别克斯坦、俄罗斯、美国、日本、英国、德国、法国等。

中国茶叶出口贸易，虽然不断遇到农药残留检测标准的越来越严格，在一定程度上增加了出口企业检测费用成本和生产管理的难度。但在出口企业和管理部门的共同努力下，采取注重品牌、扩大宣传、科技创新、转型升级和行业协调等多项措施的配合下，中国茶叶的对外贸易将会更好更快的持续发展。

十二、茶之科教

现当代中国茶叶科教事业有了相当规模的发展，全国已有几十个茶叶科研机构，20多个高等院校设有茶叶专业，还有几所专门的茶叶院校。科技创新能力和培养茶叶专业人才的能力大大增强。

1. 茶业科学研究

20 世纪中叶，在湖南、福建、贵州、安徽等省先后建立起一批试验茶场，在发展生产的同时，也开展了一些茶叶试验研究工作。1939年，农林部在贵州湄潭建立中央农业实验所湄潭实验茶场，这是我国最早建立的茶叶科研机构。抗战期间，当时的国家财政部于1941年在浙江衢县成立了财政部贸易委员会茶叶研究所。后迫于战事，于1942年将研究所迁至福建武夷山赤石镇，利用福建省示范茶场原址充实建所。这是中国历史上第一个被称为茶叶研究所的国家级的茶叶研究机构，吴觉农任所长，蒋芸生任副所长。设有茶树栽培、茶叶制造、分析化验、技术推广等研究小组。在这里集中了一批专业技术人员，开展了不少研究工作，并出版《万川通讯》《武夷通讯》及《茶叶研究》三种刊物，发行《武夷岩茶土壤》等调查研究报告10余种。由于战乱，该研究所于1944年停办。

中华人民共和国成立后，1958年农业部在浙江杭州建立了中国农业科学院茶叶研究所。内设10多个研究中心和实验室，开展了自选种育种、栽培、加工到产品检验茶叶生产全过程的研究。国家茶产业工程技术中心设在该所。2001年6月浙江省人民政府在该所加挂“浙江省茶叶研究院”牌子。中国茶叶学会和农业部茶叶质量监督检验测试中心挂靠该所。

■ 中国农业科学院茶叶研究所

1978年，为进一步促进茶叶加工事业的发展，全国供销合作总社在浙江杭州成立了中华全国供销合作总社杭州茶叶蚕桑加工研究所，1996年更名为中华全国供销合作总社杭州茶叶研究院。国家茶叶质量监督检验中心挂靠该院。

除了上述两个国家级的研究机构之外，各省（区）也先后建立了茶叶研究所。除省级茶叶研究所之外，很多省在不少地市也建立了茶叶研究机构。1968年，台湾省在桃园杨梅镇原台湾平镇茶叶试验场（1903年建场）的基础上建立了台湾省茶叶改良场，该场在文山、鱼池、台东、冻顶还建有分场

或工作站。

各地茶叶研究机构的建立，通过研究工作，适时解决了当地茶叶生产发展过程中的技术难题，从而为当地茶叶生产的可持续发展做出了积极的贡献。

2. 茶业教育

19 世纪末至20世纪20年代，即在清朝末年至民国初期，中国朝野一些有识之士，目睹当时洋茶的兴起，华茶的衰落，深感学习科学技术的迫切需要，竭力倡导兴办茶业学校，学习茶叶科学知识。1898年（清光绪二十四年）7月，“光绪皇帝谕，刑部奏代递主事萧文昭条陈称，国家出口货，以丝茶为大宗，自（五口）通商以来，洋货进口日多，恃此二项抵制。近年出口锐减，若非亟为整顿，恐无以保此利权。为此议请设立茶务学堂及蚕桑公院。”1899年，湖北省正式开办农务学堂，并设置“茶务”一课。这是中国近现代史上设置茶业课程的最早记载，距今115年。1909年（清宣统元年），湖北省“劝业道”（系晚清各省管理农、工、商及交通事务的行政机构——笔者注）在羊楼洞创办茶业示范场，并附设茶业讲习所，聘余景德为所长。同年，四川峨嵋县开办蚕桑、茶业传习所（即茶业学校）。1910年（清宣统二年），四川灌县开办省茶务讲习所。后迁成都，改为省立高等茶叶学校，学制3年，共毕业18个班，1935年停办。这是我国成立最早的茶叶学校，迄今已109年。1917年（民国六年），湖南省建设厅在长沙岳麓山创办省立茶叶讲习所（即省茶叶学校），先后招生8期。1920年迁安化县小淹镇，1927年再迁黄沙坪。1918年（民国七年），安徽省实业厅在休宁县屯溪镇创办安徽省第一茶务讲习所。后改为黄山市屯溪茶叶学校。

与此同时，各主要产茶省还相继派遣留学生赴日本学习茶叶科学技术。最早派遣的留学生是云南的朱文精（1914年），其次是浙江的吴觉农（1919年）、葛敬应（1919年），还有安徽的胡浩川（1921年）、陈序鹏（1924年）和方翰周（1927年）。

上述一批初、中等茶业学校的创办和留学人员学成回国，为推广茶叶科技和开展现代茶叶研究准备了条件。1930年，广州中山大学农学院成立茶蔗部，由林家齐任主任，设有茶作、蔗作两学科，学制2年，1933年改为4年制本科。这是在我国高等学校中首次设置茶作学科。1939年冬至1940年，经复旦大学代理校长吴南轩、教务长孙寒冰和财政部贸易委员会茶叶处处长吴觉农倡议，在重庆复旦大学创立茶叶组（4年制）和茶叶专修科（2年制）。这是我国在高等学校中独立设置的第一个茶叶专业系科。吴觉农任系、科主任。专业课教师有毕相辉、王兆澄、范和钧、王泽农、张志澄、许裕圻、张堂恒等。1940年，浙江省油茶丝棉管理处委托浙江英士大学农学院开设茶丝棉专修科，学制1年。主要专业课教师为陈椽教授，当时他编了《茶叶制造学》和《茶作学》两本讲义。以上史实表明，在20世纪30～40年代，我国个别高等学校中已开办正规的茶业教育。但由于种种历史原因，时办时停，进展缓慢。

高等茶学教育发展可分为三个阶段：

（1）第一阶段（20世纪50—70年代） 1950年，上海复旦大学茶业专修科恢复招生；同年，武汉大学农学院受中国茶叶公司中南区公司委托，创办两年制的茶叶专修科，并在中南6省（区）招生：1951年，西南贸易专科学校茶叶专修科招生（后并入西南农学院）。1952年，全国高等学校院系调整，复旦大学茶业专修科调入安徽大学农学院（即今安徽农业大学）；同年，浙江农学院创办茶业专修科，武汉大学茶叶专修科调入华中农学院。

1954年，华中农学院茶叶专修科并入浙江农学院（即今浙江大学茶学系）。

1956年，安徽农学院、浙江农学院、湖南农学院、西南农学院等4所院校的两年制茶叶专修科均改为四年制本科；同时，制订全国统一的茶叶专业教学计划，并协作编写统一的专业课教材。1957年，浙江农学院首次招收前苏联留学生2名；1962年浙江农业大学（原浙江农学院扩建而成）庄晚芳教授首次招收茶学研究生。20世纪70年代，华南农学院（今华南农业大学）、四川农学院（今四川农业大学）、福建农学院（今福建农林大学）和广西农垦职工大学相继招收茶学专业本科生和专科生。

本阶段高等茶学教育的显著成绩，最突出的就是各有关院校为国家培养了一大批热爱专业、不惧艰苦、理论联系实际的茶叶专业人才，他们在

各自的岗位上，为我国茶叶事业的发展，做出了历史性的重大贡献。

（2）第二阶段（20世纪80年代—20世纪末） 本阶段的茶学教育的特点是，在发展本专科教育的基础上，逐步开展茶学硕士、博士研究生教育。

随着国务院颁布“学位条例”，全国正式实施“学位”授予制度。1981年，浙江农业大学（今浙江大学）、安徽农学院（今安徽农业大学）和湖南农学院（湖南农业大学）3所高校的茶学系首次被批准为具有硕士学位授予权单位。从此，我国开始了正规的茶学研究生教育。1986年，浙江农业大学（今浙江大学）茶学系被批准为全国第一个茶学博士学位授予权单位。经国务院学位委员会先后7次审核批准，至2000年，全国茶学学科具有博士学位授予权单位4个（浙江农业大学、湖南农业大学、安徽农业大学、西南农业大学），硕士学位授予权单位8个，学士学位授予权单位9个。至此，标志着中国高等学校已建成培养学士、硕士与博士等高级茶学人才的完整的教育体系。

（3）第三阶段（21世纪初至今） 本阶段是高等茶学教育全面发展的时期。进入21世纪以来，国内外科学家关于茶与人体健康的研究，不断取得新进展，茶文化活动日益深入人心；茶在建设社会主义新农村和构建社会主义和谐社会中的独特作用，正在逐步显突出来。因此，茶的第一产业、第二产业和第三产业均呈现蓬勃发展的良好势头。奠定高等茶学教育全面发展的社会基础。

除高等茶学教育之外还有茶业中等教育。20世纪50年代初，为尽快恢复茶业生产，培养茶业基层专门技术人才，茶业中等教育得到大的发展。如1950年8月，浙江成立了杭州农业技术学校，专设茶叶科。1951年，安徽省皖南行署在祁门县初级中学内附设茶叶初技班，命名安徽省皖南区祁门初级茶科学校。如此，直到20世纪初，全国设有茶业专业的中等专业学校有杭州农校、屯溪茶校、婺源茶校、宜宾农校、宁德农校、句容农校、常德农校、恩施农校、襄阳农校、安顺农校、安康农校、豫南农校、安溪茶校、浙江供销学校等10余所。如今，许多茶业中等专业学校，根据国家培养人才需要，至21世纪初，多数已晋升并入高等农业专科学校或职业技术学院，只有少数还保留着。

另外，根据国家经济建设发展需要，还新开设一些特色茶业中等专业学校（班）。如21世纪初，四川的雅安财贸学校新设立茶叶生产与加工班，受到茶业经贸部门的关注。

茶业普及教育，是指国家对茶业实施某种程度的普通教育。我国的茶业普通教育，主要的有三个方面。

1）从业人员业务训练。20世纪50年代，中国茶业公司于1950年在杭州举办制茶干部训练班。1952年开始，开办了不同形式、不同业务需求的茶叶技术训练班。50年代末60年代初，农业部经济作物生产局先后两次组织全国14个重点产茶省的茶叶科技干部到福建等地，参观学习茶叶初制加工、老茶园改造、短穗扦插育苗等技术。这种业务技术训练，至今不断。这种训练方式，形式多样，针对性强，时间可短可长，且能紧密结合生产实际，因此效果显著。

2）茶叶职业技能培训。20世纪90年代初期，江西南昌女子职业技术学校在文秘专业中率先开设了茶艺课。2000年由中国国际茶文化研究会、中国茶叶博物馆和浙江省国际茶业商会联合创办浙江华韵职业技术学校，举办各等级的茶艺师培训班。2002年国家社会劳动保障局颁布《茶艺师国家职业标准》，全国各地茶艺师培训开始火热进行。同年秋，江西南昌女子职业技术学校，还开办全国第一个以职业技能培训为目标的茶文化大专班。接着，国家职业技能鉴定中心，以及上海市、浙江省等职业技能鉴定中心，依照茶艺师国家标准，络绎出版了茶艺师系列教材。如今，茶叶职业技能培训已由最初的茶艺师系列，扩展到评茶师、茶叶加工师等系列。茶叶职业培训机构已遍布全国大中城市，不少县级劳动部门也开办了茶叶职业技能培训工作。

3）茶叶科普知识教育。当代，茶叶科普知识教育，一直方兴未艾，从茶树种植、采制、安全、利用，直到科学饮茶等内容，几乎包括茶的全部知识。

1991年，中国科学技术协会主办以农民致富技术为内容的函授大学，开办了茶树栽培和茶叶加工两个函授班，以逐步提高我国茶农的文化和科技知识。1992年，上海市人民广播电台与上海市茶叶学会合作，举办“空

中茶馆”，用聊天形式，弘扬茶文化，宣传饮茶有利健康，为爱茶人架起一座“空中桥梁”。至于利用大众传媒平台，普及茶与茶文化知识教育，更是不胜枚举。

1992年7月，上海第一支少儿茶艺队——沪北苗苗茶艺队成立，为普及茶艺知识，上海还组织出版了《少儿茶艺》一书。作为小学课堂读本在一些小学试行。与此同时，北京、上海、浙江、福建等地的一些小学教学中，也开始有选择地设置茶文化课，让学生零距离接触茶文化。这样做的结果，不但传授了茶文化知识，而且提升了师生的德育教学水平。

2010年2月，全国首个“茶为国饮，健康消费”推进委员会在杭州成立，为更大范围内传播与普及茶文化知识提供了保障。接着，中国国际茶文化研究会又提出茶文化“四进”（进机关、进学校、进企业、进社区）活动，使茶文化更加贴近民众，更加贴近生活，使人民大众真正感到茶文化就在你的身边。这项活动首先在杭州推开，如今已逐渐遍及到全国不少地区。

参考文献

布目潮沨，2001. 茶经详解 . 京都：日本淡交社 .

陈彬藩，余悦，关博文，1999. 陆羽《茶经》. 北京：光明日报出版社 .

陈祖规，朱自振，1981. 中国茶叶历史资料选辑 . 北京：农业出版社 .

程启坤，杨招棣，姚国坤，2003. 陆羽《茶经》解读与点校 . 上海：上海文化出版社 .

程启坤，姚国坤，于良子，1998. 陆羽《茶经》译解 . 杭州：浙江音像出版社 .

傅树勤，欧阳勋，1983. 陆羽茶经译注 . 武汉：湖北人民出版社 .

关剑平，中村修也，2014. 陆羽《茶经》研究 . 北京：中国农业出版社 .

姜育发，2000. 孤舛茶录——茶经 . 韩国出版 .

刘枫，2015. 新茶经 . 北京：中央文献出版社 .

裘纪平，2003. 茶经图说 . 杭州：浙江摄影出版社 .

阮浩耕，沈冬梅，于良子，1999. 中国古代茶叶全书 . 杭州：浙江摄影出版社 .

沈冬梅，2010. 茶经 . 北京：中华书局 .

王郁风，2003.《四库全书》版陆羽《茶经》校订 . 中国茶叶，1-2.

吴觉农，2005. 茶经述评 . 第二版 . 北京：中国农业出版社 .

姚国坤，2015. 惠及世界的一片神奇树叶——茶文化通史 . 北京：中国农业出版社 .

于良子，2011. 茶经注释 . 杭州：浙江古籍出版社 .

张宏庸，1985. 陆羽茶经译丛 . 台湾茶学文学出版社 .